边坡生态工程

辜 彬 陈 娟 王 丽 著

科学出版社

北京

内 容 简 介

    本书较全面地介绍国内外常用的边坡工法和新工法,并随工法导入案例,在此基础上系统论述人工土壤和边坡植被,提出边坡生态工程的分类思想与工程技术方法系统,介绍无人机技术在边坡生态工程应用中的最新进展,用数量生态学的方法对边坡生态工程进行全面的后续评价研究,为边坡生态工程提供新的认知和研究探索的方法。本书共7章,第1章绪论,第2章边坡生态修复的分类,第3章边坡生态工程方法,第4章边坡人工土壤技术,第5章边坡植被,第6章边坡生态修复的评价,第7章无人机在边坡生态恢复中的应用。部分章节附有应用案例,并配有翔实的图表和数据,用以帮助读者阅读和理解。

    本书可作为恢复生态学、生态工程学、水土保持学、土壤学、林学、交通工程学等相关学科的本科生和研究生的教学用书,也可作为从事矿山、机场、水库、工业场址,以及地震、滑坡、崩塌、泥石流等各类边坡治理等相关生态恢复实践工作的技术人员的指导用书。

图书在版编目(CIP)数据

边坡生态工程 / 辜彬,陈娟,王丽著. —北京:科学出版社,2025.3
ISBN 978-7-03-070277-7

Ⅰ.①边… Ⅱ.①辜… ②陈… ③王… Ⅲ.①边坡防护 Ⅳ.①TD854

中国版本图书馆 CIP 数据核字 (2021) 第 221616 号

责任编辑:黄 桥/责任校对:彭 映
责任印制:罗 科/封面设计:墨创文化

科 学 出 版 社 出版
北京东黄城根北街16号
邮政编码:100717
http://www.sciencep.com

成都锦瑞印刷有限责任公司 印刷
科学出版社发行 各地新华书店经销
*

2025 年 3 月第 一 版 开本:B5 (720×1000)
2025 年 3 月第一次印刷 印张:16 1/4
字数:327 000
定价:168.00 元
(如有印装质量问题,我社负责调换)

作者简介

辜彬，重庆人，日本熊本大学工学博士，四川大学生命科学学院教授，2021 年至 2025 年作为教育部"银龄教师计划"的选派老师，在西昌学院旅游与城乡规划学院支教，主要从事生态工程的教学和科研工作。曾担任中国水土保持学会工程绿化专业委员会副主任委员(2014～2023 年)，获评浙江省生态与环境修复技术协会边坡生态修复大师(2021 年)、生态修复突出贡献专家(2024 年)以及中国水土保持学会第三届工程绿化专业委员会"突出贡献"先进个人(2023 年)。

陈娟，四川大学博士，中国科学院成都山地灾害与环境研究所博士后，现为长沙理工大学建筑学院教授，主要从事风景园林和生态修复领域的教学和科研工作。

王丽，日本熊本大学资源与环境学博士，现为四川大学生命科学学院教授，担任四川省植物学会兰花分会会长，主要从事植物生理生态学和植物资源学方面的教学和科研工作。

前　言

从环境友好、与区域环境共生、协调人与自然的关系、可持续发展等这些国外引进的理念，到老百姓都听得懂并认可的"绿水青山就是金山银山"，我国逐步进入了生态文明建设的新时代。人类发展必然会在一定程度上对自然环境带来破坏，再加上地质灾害的破坏，人居环境受到威胁，不能满足人民群众对环境安全、生态安全和景观安全日益提高的需求。因此，生态补偿、生态保护与修复是践行习近平生态文明思想的必由之路，是生态文明建设的重要组成部分。

我国是一个多山的国度，建设项目造成的人工创面和因地质灾害而引起的山体破坏都会形成形形色色的边坡。全国有很多因矿山开采等历史遗留的裸岩山体，随着新建工程项目越来越多，对边坡生态环境造成的破坏也越来越严重。在生态文明建设的新形势下，要对历史遗留生态环境问题进行整治，建设工程项目的生态影响评价和恢复方案已经列入国家行业条例和工作规程。但是，由于我国边坡生态修复工作起步较晚，理论基础相对薄弱，技术方法较为欠缺，因此技术方法多是借鉴国外；而我国地质情况较复杂，单靠引进国外的技术方法又无法匹配，在实施过程中遇到了很多问题，有很多经验教训值得总结。

我国边坡的类型多、数量大，有道路、矿山、机场、水库、工业场址，以及因地震、滑坡、崩塌、泥石流等形成的边坡，其规模不等、生境条件不同、地质条件各异，所造成的环境影响和人居危害特别大。到 20 世纪末，边坡治理以工程防护为主，以保护人类安全（包括设施安全）为最终目的。到 21 世纪初，土壤工程中增加了边坡植被防护的内容，在防护边坡表层不稳的同时还能增加一点绿色。但它的出发点还是边坡的安全防护，采用的植物多以草本为主，危险性稍大的坡面还是简单地以混凝土护面再配合框格梁和锚杆，显得冰冷而没有自然的温度。随着国际交流的深入，我们现在已经认识到边坡防护与生态环境整治是可以结合的，也是必须结合的，无论山体被如何破坏，边坡治理的最终目标就是恢复生态。在人工干预与诱导下逐渐消除边坡系统的异质性，进行演替发展，最后融入大山背景。

边坡生态工程包括边坡及周边规划调查，以及边坡生态工程的设计、施工、监理、施工管理、工程完工验收、竣工验收、验收评价、跟踪调查和不同时期的工程后评价等内容。我国边坡生态工程已开展了近 20 年，从低海拔到高寒地带、从温带/暖温带到热带/亚热带、从第四系松散堆积到三大岩类构成的边坡基岩等都有许多工程实践，部分工程实践取得了比较好的效果。

虽然边坡生态工程属于应用生态学的范畴，生态学是其理论基础，但是边坡生态工程是生态学领域的一个特殊场景，仅依靠生态思想和观念是不够的。边坡生态工程涉及多学科和人工干预，而多学科结合需要方法论，且人工干预的度也需要理论支撑，工程实践需要参数基础，但是在这方面的实践多于研究，单凭工程理论、方法技术不足以应对复杂生境和立地条件。

工程就是要合理地进行人工干预，有蓝图、有结果。工程性是边坡生态工程最为显著的特点，但这又不同于一般工程，其上叠加了生态性，因而边坡生态工程就变得更加复杂。理想的生态工程在理论上可计算、施工上可控制、效果上可动态监测。我们要在借鉴国外技术的基础上进行适合我国国情的技术创新，其重要方面包括边坡土壤的养分机制、群落的竞争机制、外来种和导入种的协同演替机制、获取参数设计依据、参数管理依据和参数动态评价机制。通过技术创新和集成，达到预期的植被群落构建效果，推进边坡水土保持、边坡防护和生态环境的恢复并使其符合经济性原则，这也构成了边坡生态工程学的核心内容。

在技术层面上，边坡生态工程要智慧化、智能化。通过建立大数据信息平台，及时提供不同尺度边坡数据的重复观测技术(如无人机)，建立专业的判别规则，实现智能化的模式学习与识别。只有通用性与特殊适应性相结合，方能应对层出不穷的新型建设项目和特殊的国防基础设施建设所提出的生态修复新模式，提出适应特殊地质微环境的专门处理方法。我国是一个自然灾害多发的国家，地质灾害特别是地震等的破坏导致大规模的山体破坏、水土流失和环境污染，这就需要对岩石的边坡植被恢复工程技术方法进行改进和创新。随着国家"一带一路"建设的逐渐实施，走出国门也要履行生态文明建设，国际化的边坡生态工程也将从生态环境层面为"一带一路"建设提供保障和服务。

本书较全面地介绍国内外常用的边坡生态工程工法和新工法，并随工法导入简要的案例，在此基础上系统论述人工土壤和边坡植被，提出边坡生态工程的分类思想与工程技术方法系统，介绍无人机技术在边坡生态工程应用中的最新进展，用数量生态学的方法对边坡生态工程进行全面的工程后评价研究，为边坡生态工程提供了新的认知。这些与实践紧密结合的研究探索的最终目的是期望丰富边坡生态工程的理论与方法，为建设中国的边坡生态工程学贡献绵薄之力。

辜　彬

2024 年 9 月

目　　录

第1章 绪 论

1.1 文明的困境与新方向

1.1.1 文明之树——艰难的进化之路

40 亿年的时间长河，孕育着星星点点的生命。生命的幸运载体——地球地质的演化可与生命的出现相匹敌，它也是惊天动地与翻天覆地的。大陆板块的漂移运动使海陆分布发生巨变，天外来客、地球磁极倒转及周而复始的冰期、间冰期使地球上的生命命途多舛，地球生物经历了几次大灭绝及大灭绝后的恢复与繁荣。作为生命之树的地球跨越 40 亿年的演化，体现了生命的绚丽多彩、美好的形态及丰富的多样性。其坚实的主干结构向更复杂的结构进化，由单一过渡到复杂。生命之树呈现出多样性分枝，其枝繁叶茂，具有多结构、多层次、多空间的特点。某一生命的枝条会等待数百万年，以便"骰子"落在允许的界限内[1]，从而造就新的物种。人类的出现也许不是随机的而是一种神秘的必然选择，人类自身存在的事实让人惊讶，甚至几乎无法接受，而且周围还存在着如此复杂、无穷无尽、美丽和奇特的生命形式。我们被一个丰富的生态系统(ecosystem)包围，这个生态系统的组成部分有：与我们多少有些近似的动物；与我们相似度低，但我们非常需要的植物；我们死后分解需要的微生物。可见，动植物与其他生物间依存关系的复杂性绝对超出想象，毫不意外——这是非随机自然选择进化的直接结果，即地球上最伟大的表演[2]。

《易经》有云："见龙在田，天下文明"。达尔文的《物种起源》告诉我们，自然本身并无恶意，进化的普遍规律就是繁殖、变异、让最强的生存和让最弱的死亡。毫无意外，我们位于一棵枝叶繁茂的生命之树的一条细小枝条上；毫无意外，我们周围有其他物种，它们进食、生长、游泳、行走、飞翔、挖穴、追猎、逃跑、以快取胜、以智取胜。如果没有数不尽的绿色植物，那么我们将无法获取能量；如果没有捕食者和被捕食者、寄生虫和宿主之间不断升级的"军备竞赛"，没有达尔文的"自然界的战争"，没有他们所说的"饥饿与死亡"，那么就不可能看得见事物的神经系统，遑论欣赏和理解事物。人类都惊讶于其自身的产生过程——复杂性的浓缩体现。同时，人类为其在进化中所经历的磨难而感到自豪、骄傲甚至膨胀。

类人猿中的幼态延续是人类进化的策略之一。感知敏锐、好奇心强、想象丰富、活泼有趣、无所畏惧、热情洋溢、精力充沛、开放态度等特性，使人类开始了文明的创造。人类文明进化体现在各个方面，如语言、音乐、数字、烹饪，甚至是帽子的款式设计等，然而人类文化的力量日益强大，"延伸适应"的结果则反客为主，人工进化使人类产生异化，文明的爆炸式发展让世界变了样，而如今影响生物进化趋势的竟是文化本身。

1.1.2 文明的困境

夏威夷的一个石灰岩山洞(Mahaulepu)[3]记录了过去一万年的灭绝史。从英国博物学家菲利普斯(John Phillips)所画的化石记录所指示的生物兴衰可知，地质历史时期地球上的生物多样性经历了若干次上升和下降，其中明显的骤然升降具有三次，分别对应三大时期(古生代、中生代和新生代)，虽然在地质时期看来其产生巨变的时间是短暂的，但至少也花了几十万年到几百万年。

洞中一万年的化石记录并展现出人类文明的影子：可以当镜子的平滑如玻璃的玄武岩石片、刺青用的针、独木舟的断桨和画了图案的葫芦，人类上岛了。人类——智慧生物的出现及文明的创造导致了生物多样性的锐减，而且减少的速度还在加快。今天物种消失的速度比人类出现之前快了100~1000倍。

人类出现前有过几次物种灭绝事件，但人类出现后就不一样了，创造力越进步，生物进步的时空差异就越大，但这又不像灾变事件的发生，它在有意无意中改变了游戏规则，如种群的繁盛(死亡率远小于出生率)、生态位的掠夺，人类影响了生命自然进化的旅程，并可以清晰地发现生物灭绝事件发生的趋势。

人类是智慧的生物，正因为如此，物质文明与精神文明都是人类自然地发挥聪明才智的追求。就人类对宇宙空间的认识来看，唯物(可能不完全)地认为宇宙是无限的，但人的认识也是无限的，地球是人类的摇篮(就目前的认知而言)，以此为起点，向宇宙空间扩展人类的生态位，想去外星系会会其他智慧生物("生机勃勃的尘埃"可能也飘过了邻近的星系，这里同样存在智慧生物，否则人类可能会感到寂寞)。所以对地球生物而言，由于其来不及适应人类赏赐的新环境、新物质，即完全变了样的有机界与无机界，生物就只好让出自己的生态位，但其实人类并不是有意地侵占这些生态位，而只是让人类创造的副产品加入生境中，这突如其来的生境新要素，使得整个生物界都困顿了。西方现代文明借助工具、现代技术方法创造了辉煌的工业文明，同时也积累了大量的温室气体，为后发国家垒起了可持续发展的障碍。

人类文明日复一日，迫使树林退向更高的坡地，人类把下面的地方围起来进行耕种，在山丘和平原上营造生态环境。古罗马哲学诗人卢克莱修认为，大自然是自由身，不是傲慢主子们的奴隶，她能自主自愿地做一切事情，而不用众神帮助[4]。进化已进入全新模式，这种新局面是人类造成的，物种可以跳上飞机在地球的另一端登陆，这是自然从未应对过的状况，这场新的游戏该如何收场？人类无法回答。人类引以自豪的文明创造，埋下了消灭人类自身的祸根。因为人类仰赖的生态系统正全面地遭到因人类操弄而面临的崩溃——这就是人类文明的困惑！

1.1.3　生态文明

物质文明永远没有尽头，精神文明的层级也将越来越高，同时系统(地球)的负反馈给予人类这个最主要的组成部分的刺激越来越痛，部位也越来越多，情形也越来越多样，好像生命之树在走向枯萎的路上——一条歧路。生命之树上的人类分枝日益繁茂，快挡住了其他大多数的分枝，人类的侧枝让生命之树正在变形、变色、变单调，树干倾斜了，大树快倒了，所以必须扶持树上的邻枝，对其进行改良、修正，或修剪人类侧枝给其他枝叶让出更多的养分、阳光、空间，以重新取得平衡。文明的困惑可能应视为人类进化过程中的一种负反馈，人类的进化还没有走到头，还在前行，但未来的路在哪里呢？值得欣慰的是人类社会已有些许觉悟，《寂静的春天》(1962 年)、《人类环境宣言》(1972 年)、《我们共同的未来》(1987 年)、《里约环境与发展宣言》和《21 世纪议程》(1992 年)等便是国际社会对尊重自然、保护家园的宣誓。

"生态"指万物生存状态(自然、人文与人)的"安乐"、和谐之状[5]。生态文明的构筑就是现阶段中华文明进化的结果，也是中华文明传统的现代传承。智慧的认识将导致行动上的自然选择，而这也是一种非随机选择延伸的进化之路。生态文明是将倾斜的生命之树拉回正道的抓手，是修正树形、修剪枯枝落叶、补充营养液、给足水分并让其重新枝繁叶茂的自然选择之力。

传承中国的传统文明，中国人的自然哲学自古以来就是"和"的精神，顺其自然造化自我，是大同与完美的根基。中国人传统的自然哲学观是天人合一，这是一种朴素的生态哲学思想，其产生的主要基础条件是当时中国人的文明水平还不高，生产生活中随时都需要协调与自然的关系(山洪、水患、旱灾、山火、野兽等常态的自然关系)，它带有一种对自然的敬畏之心，能够做到天人合一就圆满了。人与世界的关系就应该是这样，以此为指导，用什么方法呢？传统以提示"师法自然"(现代概念就是以生态学为基础)。因此中国传统的生态哲学思想体系是非常完整的，既有思想又有方法论。今天在注重生态文明建设的大趋势下，中国文明的传统能更好地支撑生态文明建设并比较容易地取得全民共识。

1.2　国土大建设与边坡

1.2.1　向现代国家迈进

中国作为一个多山国家，山地、丘陵及高原地形约占陆地国土面积的 2/3。中华人民共和国成立后，国家开始了大规模的工业化建设。基础工程建设及大力发展公路、铁路交通成为国家迈向现代化建设的两大类重点项目。广袤的土地是国家建设发展的资源，而复杂多变的地形、地貌增加了工业文明发展的难度。随着国家现代化步伐的加速和经济的大力发展，在工农业生产过程中常伴随着矿山开挖、劈山修路、水库水利工程建设、河流航道建设等大规模基础工程建设，对原有地形山体等进行了人为改造，继而形成了大量的人工边坡。此外，中国地域辽阔且气候类型多样，不同的地质地貌也时有各类地质灾害发生，这在极大程度上促使了自然边坡的形成。

随着现代文明在国家建设中的不断推进，与其相伴相生的人工边坡和自然边坡对自然生态环境造成了极大的破坏，并引发了一系列的环境问题。基于生态学理论，生态位法则指出在自然生态系统中，每一个物种都拥有自己的角色和地位，并占据着一定的空间，发挥着相应的功能。由于生态位法则对自然界所有的生命现象都具有普适性，因此从人类文明的发展历史看，工业文明的出现增强了人类改造自然和利用自然的能力，改变了人类在自然生态系统中原有的生态位，人与自然固有的生态平衡被打破，均衡发展已不可能。更为严重的是，由于资源的有限性，生态系统中的各物种为了自身的生存与发展需要竞争生态位及相应的资源，而工业文明时代人类对资源的大肆掠夺，对自然环境造成了难以修复的破坏并间接地威胁着人类自身的生存与发展。

1.2.2　历史遗留问题

20 世纪以牺牲环境为代价的经济发展促使了大量边坡的形成，特别是某些地区为了支撑地方经济发展而进行的特殊开采，对自然进行一味的索取而忽视了对环境的修复，长此以往积累了一定程度的环境欠账。其中尤以露天矿山开采活动所形成的大量矿山边坡问题最为突出。露天开采的建筑石料矿山破坏了原有山体自然景观的完整性与和谐性，降低了森林和植被的覆盖率，而闭矿后又缺少相应的生态环境治理，多任其继续生态恶化，终成历史遗留问题。以我国浙江省为例，由于浙江省地处东部沿海，多浅丘陵地貌，全省范围内的矿业资源丰富，以建筑石料矿而闻名。20 世纪 70～80 年代，为了支撑上海市的建设发展，以及 20 世纪 80～90 年代受江浙沪地区经济高速发展的牵动，浙江省的建筑石料矿山进入疯狂开采的模式，全省范围内矿山数目急剧增加，而当浙江经济增长挤入全国前列之时，留给浙江土地的则是满目疮痍，人居环境恶化。当浙江省推行"百矿示范、千矿整治"计划以治理修复废弃矿山的自然生态环境时，全省范围内共计8000 多座废弃矿山亟待治理(图 1-1 和图 1-2)，这已然成为严重的历史遗留问题。这些废弃矿山复垦复绿及治理难度大、任务重、资金少、涉及面广，并已经由环境问题演变成为迫切需要解决的社会问题。

图 1-1　凝灰岩采石场(浙江舟山，2010 年)

图 1-2　花岗斑岩采石场(浙江湖州，2003 年)

1.2.3 大型建设边坡

改革开放促进了经济的迅猛发展，更促进了综合国力的全面提升。与此同时，各行各业的发展急需各类建设工程推陈出新。此前人工边坡的产生主要是劈山修路和矿业开采，而随着社会需求的急速扩张，大量高速公路、高等级道路、高速铁路的修建，水库大坝、机场、造船厂、拆船厂的场地选址，以及石油钻井平台、石油化学品储备库等特殊工程项目的涌现(图1-3～图1-6)，促使了大量人工边坡的形成，大型工程建设成为时下人工边坡形成的主要因素。

图1-3 城市的边坡景观(浙江湖州，2003年)

图1-4 高等级道路的边坡景观(重庆梁平，2003年)

图 1-5　炼油厂的边坡景观(浙江舟山，2010 年)

图 1-6　图中央为普陀山的开发景观(浙江普陀，2004 年)

1.3　缝合现代文明的伤疤——边坡生态工程

1.3.1　生态修复的新常态

　　生态系统退化威胁人类生存。历史上的几次生物大灭绝，生命都能复原，甚至复兴。但目前所面临的生物灭绝与生物未来的复原情况，很大一部分与人类的命运相关。

北纬 30°上的景观密集带，以 318 国道为画卷，东西部的人文与自然景观都整合在这一卷之中，串起中国的山水长卷。据说，一个完整的山河是另一种国家意味[6]，318 国道被认为是景观大道，因为它串缀了东部沿海低地、中部山地和西部高原等一系列绝无仅有、波澜壮阔的景观，既有东段的自然美景太湖、鄱阳湖、洞庭湖、黄山、庐山，西段的温泉、森林和冰川，也有美妙的中国文明成就的浙江良渚文化村文化、三星堆等。即便这条国道还能勉强卷起这幅沉甸甸的景观大道画卷，但文明的无奈，亦是文明进步的代价，破败的端倪已显现，湖泊污染、洪水泛滥、土壤酸化、水土流失等已使景观破碎，滑坡、泥石流常使道路阻断。

近些年，中国经济进入"新常态"的发展阶段。中国人的智慧回答了社会经济发展为何必须那么快、慢一点好不好等貌似简单但其实非常难以把控的问题。回到从前是不可能的，文明毕竟更高级了，文明的成果特别是物态成果的大多数为人类接受与赞美。能不能不过度呢？消费不要刺激，让其自然发展增长与衰落不好吗？留点物质资源给子孙后代，维持人类生存与发展匹配的能量消费水平就行了，不奢侈、不铺张，继续文明的创造和大力发展科学技术，这也应该纳入我国经济发展新常态的范畴。要解人类文明发展之惑，目前还没有良药。但有两个途径可以思考：首先，要转变人类发展的方式，少点收益、多点闲，少点量、多点质，少点物质、多点精神；其次，把速度降下来，减少消耗，多留点生态位给地球的其他生物，减少生态位的异化，抑制多样性的灾变，主动修复生态环境。

生态文明建设的"新常态"主要强调生态平衡的价值观、"五位一体"的总体布局、"绿水青山就是金山银山"的新资源观和"保护环境就是发展生产力"的新经济观。"我们既要绿水青山，也要金山银山。宁要绿水青山，不要金山银山，而且绿水青山就是金山银山"。新常态下的生态文明建设将科学地打破环境保护与经济发展的两难悖论，生态文明时代的自然资本将代替人造资本成为稀缺要素，环境也将成为生产力中最为活跃的要素。"绿色发展、循环发展、低碳发展"，生态经济的发展不仅能满足人民日益增长的物质文化需求，也能够为解决生态危机提供有效的基础动力，更是中国提高综合国力、走向世界的必然选择。

生态文明建设的新常态是以尊重自然、顺应自然、保护自然为理念，以实现改善生态环境、人与自然和谐统一、建立美丽中国为目标，坚持节约资源和保护环境的基本国策，树立新的生态价值观、战略观、资源观和经济观，着力增强生态观念、完善生态制度、维护生态安全、优化生态环境，实现生产关系、生产方式、生活方式、思维方式和价值观念的重大优化和变革，建设以资源环境承载力为基础，以自然规律为准则，以可持续发展、人与自然和谐发展为目标，建设生产发展、生活富裕、生态良好的现代文明新社会。

1.3.2　边坡生态工程

1. 人工创面的生态修复

有时人类无意识地靠自然的力量促使物种减少的速度加剧，如引入外来入侵者，即生物入侵。有的入侵者挣脱了原生境对其的钳制力量，密度比原产地大10倍［澳大利亚引入拉丁美洲体型巨大的"蔗蟾(*Bufo marinus*)"消灭了吃甘蔗的甲虫］。动植物生态系统的健康非常重要：人类仰赖湿地过滤水源，蜜蜂与农作物、植物与土壤的互动都关系着生态系统的健康和人类的生存。

生态工程(ecological engineering)是一门既古老又年轻、既通俗又复杂的学科。在中国5000多年的历史中，有许多朴素的自发性生态工程行为。但因这些实践尚未归纳形成体系化的原理及方法论，且未明确研究对象，故而不能称为一门学科。20世纪60年代后，"生态工程"作为一个明确的概念相继被国内外学者提出并进行了大量的探索与实践，继而发展成为一门成熟的学科。

生态工程不同于一般的建设工程，因为它主要与大自然和生态系统打交道，因此必须遵循人和自然和谐发展的理念，必须依据生物和生态系统的发生、生长发育与更新演替的科学规律，特别是物质循环、能流运动和结构与功能协调的规律，它有很强的区域地带性(必须因地制宜)和灵活性(不能机械行事)。正因如此，生态工程也被比喻为生态文明建设的助力器，是美好人居环境建设的重要推手。

中国作为一个多山的国度，自古以来房屋建设等就与起伏的山体相联系，而多样的地貌与气候也使得频发的地质灾害成为边坡形成的重要原因。边坡工程以安全稳定为首要目标，是人类在发展过程中为稳定地质环境并创造适宜人居环境的重要途径。我国有记载的边坡生态工程措施出现在1591年的明朝，当时人们只是简单地通过栽植柳树来加固与保护河岸。到了17世纪，在对黄河的治理过程中，植被防护开始应用于保护黄河河岸。然而我国对边坡生态环境的治理相较欧美等发达国家发展较为迟缓，直到20世纪末，才相继开展相关研究，并从工程和生态两个视角关注边坡问题，国内边坡生态工程的研究也就此拉开序幕。边坡生态工程的出现是建设工程指导思想与规划设计理念的一次革命性突破，是在现代文明发展中重新审视天人合一的古代智慧，它促使人们摆正现代文明中人与自然的位置。在边坡工程中融入生态设计理念，从生态系统的结构与功能出发，巧妙地实现边坡防护与减缓水土流失工程的结合，成为人与自然和谐可持续发展的重要实施途径。

近20年，随着建设工程技术及生态环境治理技术的不断发展，边坡生态工程也经历了从简单到复杂、从单一到系统、从定点示范到普遍治理的发展历程。

边坡生态工程建设之初，其工程设计目标仅停留在边坡绿化或利用植被护坡，所采用的植物也多为草本外来种，难以形成大规模的植被群落。随着发展，现在的边坡生态工程项目越来越注重工程的生态性及生态的系统性。复绿植被物种的选择更应注重多样性，多采用乡土树种进行植被群落构建，注重使施工坡体在项目完成后尽可能地融入原有的自然山体中。

边坡生态工程的实施对象也已由原来的土边坡、土石边坡发展到岩石边坡。由于岩石边坡几乎完全没有土壤条件，不具备植被生长的基础生境条件，故设计施工的难度非常大。此外，工程边坡等由于用地和造价等因素的限制，坡度越来越陡，由开始的 1∶2 发展到 1∶1 及 1∶0.75，局部还可能出现反坡，目前 1∶0.5～1∶0.3 的极陡边坡也可实施边坡生态工程。

边坡生态工程的工程技术方法经历了从传统的撒播草种、铺植草皮工法逐渐到容器苗栽植工法的过程，并发展到机械喷播和基材喷附工法。同时，还因地制宜地开发出了鱼鳞坑、植生袋、挡土翼、挂网喷附等工法[7-9]，提出了地境再造技术[10]，这为边坡生态工程的发展提供了重要的技术支撑。

为了重建边坡的土壤环境，在工程材料方面，先后开采了适应边坡条件的人工土壤基材，此类基材具有质轻、有机成分丰富、保水保肥、不板结等特性。研究人员在尝试了大量材料模拟壤土结构和功能的基础上，发现其有机成分主要是泥炭土、草及秸秆纤维与树皮堆肥，结构材料主要有蛭石、珍珠岩、浮石等，黏结材料主要包括水泥、乳化沥青、高分子螯合物等，此外人工土壤的基材中还含有保水剂、缓释肥、有机堆肥等。

2016 年徐国钢和赖庆旺主编出版了《中国工程边坡生态修复技术与实践》，他们认为高速公路边坡植被恢复在我国的应用研究中取得了巨大的成就，主要体现在植被恢复模式多样、建植规模庞大、景观效果丰富；有了基本的植被恢复工程技术体系和工程绩效初步评价体系；概括了工程边坡生态修复理论体系树图，期待反映传统生态学与现代生态学的传承发展与创新[11]。建设项目的多样性特点及全社会日益对生态环境保护提出的新要求促使边坡生态工程技术及方法得到了空前的大发展，技术开发层出不穷，应用研究不断深入，但相对而言基础研究显得较为薄弱，目前也并未找准边坡生态工程理论体系的位置，基础也未充实。正因如此，工程实践中也出现了许多问题，甚至造成了工程的失败。我国广东省及浙江省在边坡工程项目实践中都曾出现过"一年绿、两年黄、三年见阎王"的大量失败案例。边坡生态工程的研究与实践工作任重而道远。

2. 边坡生态工程的新思维——边坡植被恢复生态元方法

边坡植被恢复生态元方法(slope green matrix method，SGMM)是在现代信息技术支撑下的多学科结合以响应边坡植被恢复系统化和规范化的新探索。生态元边坡生境被视为生态元的集合，相同或相近的生态元构成了边坡子生境。边坡生境由若干子生境组成，它是边坡生态工程规划设计和工程实施的基础。生态元是一定空间尺度的三维边坡单元,其面积尺度的分辨率可达到(1m×1m),第三维呈现坡面微小起伏和岩体表层的风化深度。网格化思想受早期日本鸟取大学早川诚而教授研究气象灾害风险评价与管理的启发[12],为适应耕地管理和控制需要详细的气象信息网格化测定与推测。要科学、符合实际地实施边坡植被恢复生态工程,就有必要对边坡生态环境进行细微化的把握,真正做到因地制宜,点对点地施加人工干预,全面推进边坡植被恢复生态工程。网格即每个生态元包含的立地性质和生境条件,根据生态元的属性可以进行空间相关归类,再由相关生态元构成子生境,按聚类生态元规划边坡植被恢复的工法和植物,设计人工土壤,对独立单元进行特殊设计,最大化地统一边坡空间的整体性和单元聚类个性,这是一种新的边坡生态工程的指导思想,实现了完全遵从现实条件下边坡植被恢复工程规范化、最优化的一种新的系统工程技术方法,即边坡植被恢复生态元方法。生态元网络是复绿的基础,包含了边坡微生境辨识、立地条件微异质性的区分,综合形成边坡单元尺度上的植被恢复难易度定性,形成以单元为基础的边坡分区,最后根据分区确定工法组合、植物物种选择与配置和人工土壤级配。其方法的思想精髓就是从微单元(1m 尺度)聚类相同单位形成同一性区域组分,它明确了边坡区域空间的异质性(1m 精度),这样既考虑了局部又顾及了全局,既有个性化又有整体性。无论边坡位于东部凝灰岩区还是华南花岗岩地带,或是华北灰岩区或是青藏高原,都用同样的生态网格认识坡面本底,从规划设计到施工,实现了统一性,便于边坡植被恢复生态工程的标准化,容易形成定额,使招投标的模糊空间大幅减小,从而有利于政府建设工程管理,促进边坡植被恢复工程的广泛开展和质量的提升,为生态文明建设和美丽中国做出更大的贡献。

1) 边坡生态元尺度

单体边坡尺度一般不超过 10 万 m²,如果单元尺度为 50m×50m, 10 万 m² 的边坡将会被分割为 40 个单元,不同单元尺度与分割网格数的关系见表 1-1。40 个单元对于一个 10 万 m² 的坡面来说,要认识其生境和立地环境的异质性就显得比较粗糙。网格划分越细,微生境将会体现得越充分。从工程防护措施的角度出发,一般考虑小尺度,1m 尺度有 10 万个单元。这样一来,数量就显得比较多了。传统规划设计的基础就是地形图结合现场调查,但陡峻的坡面几乎难以接近,所以基本上不采用样方调查。而地形图无论是 1:10000 还是 1:5000 的大比例尺测图,坡面部分都是体现边坡标志的斜杠线,测得好的图顶多在斜杠线区域出现若干标高点。其结果就是对边坡生境和立地条件认识的大尺度化,而基于此布置的工法、植物、人工土壤的同一性多,差异性少。到目前为止,虽然人们努力认识微生境,但认识程度较低,还没有形成系统的方法论。借助无人机,对边坡生态网格的认识得以实现。

表 1-1　10 万 m² 边坡中不同单元尺度与分割网格数的关系

单元尺度	网格数
100m×100m	10
50m×50m	40
25m×25m	160
20m×20m	250
10m×10m	1000
5m×5m	4000
4m×4m	6250
2.5m×2.5m	16000
2m×2m	25000
1m×1m	100000

2）生态网格单元聚类（斑块动态分类）

从单元水平认识立地条件为植被恢复、人工土壤设计和工法选择提供了精细化展开的基础。

生态网格单元聚类如图 1-7 所示。将边坡区域按四个大小相同的象限进行四等分，每个象限根据单元分类属性判断其是否继续等分为次一层的四个象限，无论分割到哪一层象限，只有当子象限上仅含一种属性代码时，停止继续分割，否则就一直分割到单元为止，这种聚类结果如图 1-7(a)所示。块状聚类结构则用四叉树来描述，如图 1-7(b)所示。按照象限递归分割的原则，所分边坡区域的栅格阵列应为 $2n×2n$ 的形式（n 为分割的层数），边坡区域外统一归类为零，结果不予呈现。边坡的异质性越强，则聚类斑块越多，四叉树越高，底层叶节点也就越多。四叉树聚类可以通过 ArcGIS、MapGIS 等软件实现，并输出生态网格属性表（表 1-2）。在网格单元 D 值聚类后可根据分类标准进行边坡分区，如图 1-7(a)所示。基于该图便可以分门别类地进行边坡植被恢复的规划设计。

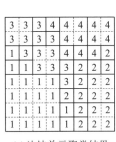

(a) 边坡单元聚类结果

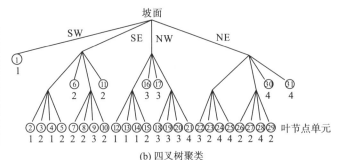

(b) 四叉树聚类

图 1-7　生态网格单元聚类

表 1-2　生态网格属性表

四叉树层次			属性	四叉树层次			属性
1	2	3		1	2	3	
1-SW			1	3-NE	2-SE	1-SW	2
2-SE	1-SW	1-SW	1			2-SE	2
		2-SE	2			3-NE	2
		3-NE	2			4-NW	4
		4-NW	1		3-NE		4
	2-SE		2		4-NW		4
	3-NE		2	4-NW	1-SW	1-SW	1
	4-NW	1-SW	2			2-SE	1
		2-SE	2			3-NE	3
		3-NE	2			4-NW	1
		4-NW	3		2-SE		3
3-NE	1-SW	1-SW	3		3-NE	1-SW	3
		2-SE	2			2-SE	3
		3-NE	4			3-NE	4
		4-NW	4			4-NW	3
					4-NW		3

3）生态网格单元的空间特性测度——空间局部自相关

以单元水平认知得到的 D 值图非常详细，可以想象的是同质化 D 值单元是存在的，确定边坡单元的空间关系有利于增强对边坡立地条件异质性的认识。空间联系的局部指标采用空间局部自相关系数——I（Moran，莫兰）指数［式（1-1）］和 G（Geary，吉尔里）指数［式（1-2）］来评价，即

$$I_i = \frac{(x_i - \bar{x})}{S^2} \sum_j w_{ij}(x_j - \bar{x}) \tag{1-1}$$

$$G_i = \sum_i w_{ij} x_j / \sum_j x_j \tag{1-2}$$

提示存在"热点区"或"冷点区"，即表示在区域单元周围。高观测值的区域单元趋于空间集聚"热点区"，低观测值的区域单元趋于空间集聚"冷点区"，它能够探测出区域单元属于高值集聚还是低值集聚的空间分布模式，从而提高对边坡生境的空间认识，为边坡植物的物种选择和群落规划设计提供依据。

同时可以用空间全局自相关系数——I 和 G 指数，确定生态网格要素空间不相关、空间独立、空间聚类、空间相关及随机相关类型，I 指数的值域为 $(-1, 1)$，当 $I=-1$ 时为负相关，$I=1$ 时为相关，$I=0$ 时为空间独立。G 指数与 I 指

数呈负相关，值域一般为(0, 2)，$G\neq3$，其值越大表明相关性越小。空间自相关特性反映了生态网格斑块的特性，与植被恢复的群落构建相关，即空间相关易于群落构建，而空间不相关则意味着空间独立性强，没有空间规律，立地条件随机分布，不利于全局植被优势目标群落重建。作者多年从事边坡生态工程的应用基础研究工作，并有多年的工程实践，因此作者将工程实践积累的经验与所从事的应用基础研究成果结合起来，以边坡植被恢复生态元方法为主线，系统地介绍了边坡生态工程技术方法，希望对同行有所裨益，为促进边坡生态工程领域的发展增添一块基石。

参 考 文 献

[1] 克里斯蒂安·德迪夫. 生机勃勃的尘埃：地球生命的起源和进化[M]. 王玉山，等译. 上海：上海科技教育出版社，2014.

[2] 理查德·道金斯. 地球上最伟大的表演：进化的证据[M]. 李虎，徐双悦，译. 北京：中信出版社，2013.

[3] 卡尔·齐默. 演化：跨越40亿年的生命记录[M]. 唐佳慧，译. 上海：上海人民出版社，2011.

[4] 卢克莱修. 物性论[M]. 蒲隆，译. 南京：译林出版社，2012.

[5] 孙杰远，刘远杰. "天人合一"与"生态文化"的当代契合：兼论民族地区学校文化发展的应然之态[J]. 广西师范大学学报(哲学社会科学版)，2013，49(3)：136-144.

[6] 单之蔷. 从大上海到珠穆朗玛(上)：中国人的景观大道：318国道[J]. 中国国家地理，2006(10)：60-135.

[7] 王忠伟，黄景春，宁立波，等. 灰岩边坡挂网喷播技术适宜坡度条件研究[J]. 环境科学与技术，2018，41(1)：156-162.

[8] 张鑫，胡海波，吴秋芳，等. 基于挂网喷播绿化的岩质边坡植物多样性及影响因素分析[J]. 南京林业大学学报(自然科学版)，2018，42(3)：131-138.

[9] 兰锥德. 飘板植生槽法在泉州石材矿山高陡边坡治理中的应用[J]. 能源环境保护，2017，31(3)：28-30.

[10] 莫春雷. 宜阳锦屏山无土壤覆盖层岩质高陡边坡的植物地境再造研究[D]. 北京：中国地质大学，2013.

[11] 徐国钢，赖庆旺. 中国工程边坡生态修复技术与实践[M]. 北京：中国农业科学技术出版社，2016.

[12] 早川誠而，真木太一，鈴木義則. 耕地環境の計測・制御[M]. 東京：養賢堂，2001.

第2章 边坡生态修复的分类

边坡总体上可分两大类，即自然边坡与人工边坡。自然边坡是因自然力量如地震、滑坡、泥石流和崩塌等形成的山体破坏与堆积(图2-1和图2-2)。人工边坡是人为开挖或堆积形成的坡体，是边坡生态工程关注的主要对象。通常公路、河道、水电站等工程项目在开挖山体的过程中，都可形成大量不同类型的边坡。道路边坡分为路堑边坡(如上边坡或挖方边坡，图2-3)和路堤边坡(下边坡或填方边坡，图2-4)。露采矿山也可产生大量边坡，如凹陷式开采和山坡式开采两类边坡(图2-5和图2-6)。边坡的出现会产生两大问题，即稳定性问题和自然生态环境破坏问题。稳定性问题可通过地质灾害治理边坡工程措施予以应对，在此基础上针对自然生态环境破坏而开展的修复性工程就是边坡生态工程。

图 2-1 崩塌边坡(四川西昌)

图 2-2　冰川边坡(四川海螺沟)

图 2-3　路堑边坡(深圳盐坝高速)

图 2-4　路堤边坡(四川锦屏水电站)

图 2-5　凹陷式开采形成的采坑边坡(浙江海盐)

图 2-6　山坡式开采边坡(浙江舟山)

2.1　边坡生态环境问题

　　山地水土流失、泥石流、山体崩塌、滑坡等地质灾害时常发生，自然灾害无法避免，但其发生的频度和规模却与生态环境密切相关。无论是地质灾害边坡还是人工创面，其结果就是使区域生态环境遭到大规模的破坏，并以此诱发更多、更大的地质灾害，又促使产生新的山体损毁。大量损毁边坡的出现造成了生境的破碎化，阻碍了生态系统间的物质能量流动与交换，局部形成不利小气候，对大尺度范围的生态系统造成了难以逆转的破坏，对水环境和土壤环境形成扩散性的影响。

2.1.1　水土流失

　　水土流失是指土壤在水的浸润和冲击作用下，其结构变得松散破碎，土粒团聚性降低，无法保持水分，进而影响地层稳定性，引发滑坡、泥石流等地质灾害。降雨是造成水土流失的直接动力。暴雨具有雨滴大、降雨动能大、溅蚀能力强、径流来势凶猛、历时短、强度大等特点。边坡的坡度越陡、坡面规模越大、植被越稀少，其水土流失的强度就越大。坡体地层的强度越低，如软岩或强风化岩、土石坡体等，越容易发生水土流失(图 2-7)。岩石边坡坡面的绝大部分土壤和植被都破坏殆尽，坡面自身几乎没有保水能力，坡面边缘表层的土体部分直接裸露，植物根系局部暴露甚至悬空，山体的整体性被破坏。由于破损部分的水土流失，山体表层的土壤-植被生态系统被蚕食(图 2-8)。植被是影响水土流失的关键因素，它是控制水土流失强度的重要部分。通常无论是自然边坡还是人工边坡，由于其土壤厚度有限、土质贫瘠，因此植物在边坡上无法正常生长，植被不能发挥迟滞径流、减缓流速、改良土壤的作用，这就加大了水土流失的风险。

图 2-7　强风化花岗岩边坡沟蚀(浙江舟山)

图 2-8　变质岩边坡的边缘土体裸露(四川锦屏水电站)

2.1.2 生物多样性破坏

生物多样性作为一种自然资源，是指一定范围内多种多样活的有机体(动物、植物、微生物)有规律地结合所构成的稳定的生态综合体。生物多样性是生物及其所处环境形成的生态复合体，体现了生物资源的丰富性及生物与环境间的复杂关系。边坡环境的出现，改变了该地区的生态环境状态，使原有生境受到干扰与破坏，打破了生物与生物之间、生物与环境之间的自然平衡，部分生物种群无法适应恶劣的边坡生态环境而出现迁徙、死亡或消失等状况，物种的种类和数目出现不同程度的减少，破坏了该地区的生物多样性。由于生物与环境是息息相关、相互影响的，因此生物多样性的破坏导致了生态环境的恶化，而生态环境恶化会加剧对生物多样性的破坏，如此出现恶性循环，直到所有生物全部消失。即使采取人工干预的植被恢复措施，但植物多样性与山体自然植被相比仍相差甚远，特别是木本植物恢复缓慢(图2-9)。

图2-9 背景山体与恢复边坡植被多样性的巨大差异(浙江舟山)

2.1.3 生态系统的整体性破坏

生态系统是指在自然界的一定空间内生物与环境所构成的统一整体，系统中生物与环境之间相互影响、相互制约，并在一定时期内处于相对稳定的动态平衡状态。作为一个开放系统，生态系统为了维持自身的稳定，需要不断地进行能量交换与物质循环，并具有自我调节与反馈机制。然而，裸露边坡的出现破坏了原有的自然生态环境，打破了原有生态系统的稳定，从结构和功能等多方面破坏了生态系统并超出了其自我调节的阈值，使其无法自行恢复。继而，该生态系统中生物的生存能力下降、物种减少、生物多样性降低，系统的柔韧性急剧下降，最终使生态系统整体崩溃。公路沿线特别是高速公路两旁的外来物种数量较多，而生物入侵引起了全球性的经济损失，这已成为生态学家们研究的焦点，也正受到越来越多的关注[1]。加拿大一枝黄花(*Solidago canadensis*)作为入侵植物的代表，已在浙江众多废弃矿山现身，其在坡脚、马道及缓坡坡面都有分布(图 2-10)。

图 2-10　边坡加拿大一枝黄花入侵(浙江舟山)

2.1.4　环境污染

工程项目建设形成了人工创面，产生的弃渣可增加水体污染的风险，影响环境水体与土壤。矿山露天开采形成了不规则的开采边坡，而开矿和闭矿矿山的环境污染风险更大。由于特殊的矿山开采形式，地形结构产生了巨变，例如，凹陷式开采会形成巨大的采坑边坡(图 2-11)，此类边坡的坡面高差大，坡度较陡，由此引发的地形地貌破坏不易修复。此外，此类型的开采改变了原有的地质地貌结构，积水成湖后影响了正常的水系统循环，严重的还会造成地下水位降低、水资源枯竭、城市下垫面下沉等问题。而开采过程中所堆存的尾矿占用了大量的土地资源，若其含有重金属元素或放射性元素将极大地破坏周边的生态环境，造成环境污染。

 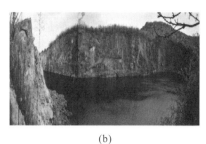

(a)   (b)

图 2-11　矿山开采：(a)宕口成垃圾堆场；(b)采坑积水呈褐黑色，
边缘藻类滋生(浙江海盐)

2.1.5　景观破碎化

在边坡形成的过程中，除了会引起众多的生态问题，也造成了环境的视觉污染，主要体现在景观的破碎化。开挖、堆渣及地质灾害等形成的边坡干扰了地表景观面，极易发生表层土与植被的剥离，从而造成岩体裸露，破坏原有的山体自然景观。而短期内新的生态景观难以形成，多在边坡上留下"马赛克"一样斑驳嶙峋的斑块，与周围的整体环境景观极不协调，出现了景观破碎化现象，造成视觉冲击甚至是视觉污染(图 2-12 和图 2-13)。

图 2-12　人文环境背景(回峰寺)

图 2-13　码头背景(岑港)

边坡的形成引发了大量的生态环境问题,如未能及时解决并修复环境问题,那么日积月累后终将造成对生态系统的彻底性破坏,使其难以恢复重建,进而威胁到周边环境,影响人类的生产生活,出现大尺度的生态环境问题,导致一系列难以预估的生态危机。

2.2　边坡分类

由于作用方式、形成条件和自身地质环境的不同,边坡类型多种多样。根据不同的分类方式和破坏机制,边坡的分类也存在较大的差异。常见的边坡主要按地质特征、水文状况、岩石性质、土壤性质、土力学性质、断面形式、坡高、坡长、坡度、坡向、使用年限等进行分类。从边坡的成因、物质组成、岩体结构、坡高和坡度、岩层倾向与坡面走向的关系、变形与破坏等角度出发,国内外都提出了多种关于边坡的分类方法或体系。但由于地域地质条件、应用工程领域的不同,其分类目的、原则和方法也不完全相同[2-4]。从其成因上看,边坡主要分为自然边坡和人工边坡,即工程边坡,除非特别提及,后面的讨论对象均为工程边坡。

2.2.1　常见边坡工程的分类

1. 断面形式

人工开挖基坑等工程活动可形成直立式边坡、倾斜式边坡、台阶式边坡及三种类型边坡的复合形式。

2. 岩石性质

边坡可分为土质边坡、岩质边坡、岩土混合边坡三种类型。土质边坡可分为碎石土边坡、砂土边坡、粉土边坡和黏性土质边坡等。根据岩体强度，岩质边坡可分为硬岩边坡、软岩边坡、风化岩边坡、混凝土边坡等。根据岩体结构可分为整体状边坡、层状边坡、碎裂状边坡、散体网状边坡等。根据岩体的风化程度可分为强风化边坡、中风化边坡、弱风化边坡。

3. 坡高

低边坡为坡高小于 8m 的岩质边坡和坡高小于 5m 的土质边坡。中高岩质边坡的坡高为 8～15m，土质边坡的坡高为 5～10m。高岩质边坡的坡高为 15～30m，土质边坡的坡高为 10～15m。超高边坡主要指坡高大于 30m 的岩质边坡和坡高大于 15m 的土质边坡。

4. 坡长

长边坡是指坡长大于 300m 的边坡，中长边坡是指坡长为 100～300m 的边坡，短边坡是指坡长小于 100m 的边坡。

5. 坡度

缓坡坡度角小于 15°，中等坡坡度角为 15°～30°，陡坡坡度角为 30°～60°，急坡坡度角为 60°～90°，而坡度角大于 90°的边坡则称为反坡[5]。

6. 水文状况

按水文状况可将边坡分为干燥边坡、潮湿边坡、滴水边坡、泉涌边坡等。

7. 岩层倾向与坡向的关系

按照岩层倾向与坡向的关系，边坡可分为顺向边坡、反向边坡、平叠边坡。

8. 使用年限

按照边坡的使用年限，边坡可分为临时性边坡和永久性边坡两类。临时性边坡是指工作年限不超过两年的边坡，而永久性边坡是指工作年限超过两年的边坡。

边坡分类对于边坡工程防护具有重要的指导意义，在边坡生态工程中应该对此进行深入理解，只有在了解工程防护中边坡分类含义的基础上，才能更好地理解工程防护措施的机制与作用。稳定是边坡生态工程的基础，深刻理解边坡工程的分类及工程护坡才可能做好边坡生态工程，并进一步考虑与工程防护的融合与发展，最终从边坡生态工程的角度出发提出合理的边坡生态分类。

2.2.2　基于边坡植被恢复需要的分类

基于边坡植被恢复需要的边坡分类与上述工程防护分类有所不同。顾卫等[6]从坡面植被恢复的角度，根据中国北方地区的公路岩质边坡植被恢复实践，考虑了坡度、坡面结构、坡面平整程度、坡面风化程度等因素，将岩质边坡划分为四种类型，即微风化整体结构平整坡面、弱风化块状结构凹凸坡面、强风化碎裂结构平整坡面、碎石覆盖填方坡面。

国家标准《裸露坡面植被恢复技术规范》(GB/T 38360—2019)规定了裸露坡面植被恢复的坡面分类(表 2-1)，并将植被恢复坡度与工程安全允许坡比相联系(表 2-2)。尽管如此，坡面分类仍然缺乏针对性。表 2-2 虽然与植被恢复相联系，但只是泛泛概况，无法适应千差万别的实际情况，实用性不够。徐国钢和赖庆旺主编的《中国工程边坡生态修复技术与实践》[7]一书中也有一节专门介绍了工程边坡分类，边坡分类要素涉及岩性、坡高、坡长、坡度和稳定性，对岩质边坡从岩石大类(三大岩类)、岩体结构(整体、块状、层状、碎裂、散体)和岩层走向、倾向与坡面走向、倾向的关系进行分类，同样更多地考虑了边坡工程(稳定)，但对与植被恢复规划设计的关系着墨不多。

表 2-1　裸露坡面分类

坡面性质		坡面名称								
		缓坡段			陡坡段			崖坡段		
		微坡 (<5°)	缓坡 (5°~15°)	斜坡 (15°~25°)	陡坡 (25°~35°)	急坡 (35°~45°)	险坡 (45°~55°)	崖坡 (55°~65°)	陡崖 (65°~75°)	崖壁 (>75°)
土质	松软土	松软土 微坡	松软土 缓坡	松软土 斜坡	松软土 陡坡	×	×	×	×	×
	粉砂土	粉砂土微坡	粉砂土 缓坡	粉砂土 斜坡	粉砂土 陡坡	粉砂土 急坡	粉砂土 险坡	×	×	×
	粉黏土	粉黏土 微坡	粉黏土 缓坡	粉黏土 斜坡	粉黏土 陡坡	粉黏土 急坡	粉黏土 险坡	粉黏土 崖坡	粉黏土 陡崖	×
土石	砂砾土	砂砾土 微坡	砂砾土 缓坡	砂砾土 斜坡	砂砾土 陡坡	×	×	×	×	×
	砾石土 (极软岩)	砾石土 微坡	砾石土 缓坡	砾石土 斜坡	砾石土 陡坡	砾石土 急坡	×	×	×	×
	巨砾土 (软岩)	巨砾土 微坡	巨砾土 缓坡	巨砾土 斜坡	巨砾土 陡坡	巨砾土 急坡	巨砾土 险坡	×	×	×

续表

坡面性质		坡面名称								
		缓坡段			陡坡段			崖坡段		
		微坡 (<5°)	缓坡 (5°~15°)	斜坡 (15°~25°)	陡坡 (25°~35°)	急坡 (35°~45°)	险坡 (45°~55°)	崖坡 (55°~65°)	陡崖 (65°~75°)	崖壁 (>75°)
岩质	较软岩	较软岩微坡	较软岩缓坡	较软岩斜坡	较软岩陡坡	较软岩急坡	较软岩险坡	较软岩崖坡	×	×
	较坚硬岩	较坚岩微坡	较坚岩缓坡	较坚岩斜坡	较坚岩陡坡	较坚岩急坡	较坚岩险坡	较坚岩崖坡	较坚岩陡崖	×
	坚硬岩	坚岩微坡	坚岩缓坡	坚岩斜坡	坚岩陡坡	坚岩急坡	坚岩险坡	坚岩崖坡	坚岩陡崖	坚岩崖壁

注1：9类坡质与 GB 50854—2013 中表 A.1-1 和表 A.2-1 对接；其中岩质完全符合 GB/T 50218—2014，并按 GB/T 50145—2007 分别对土石、土质的命名进行修正。

注2：表中简要列出了 10m 高程地质安全允许坡度范围内不同坡质、坡度的典型坡面；"×"号代表工程设计限制区。

注3：粉黏土特指稳固密实的母质，如老黄土、红黏土。

表 2-2 植被恢复坡度与工程安全允许坡比对照表

坡面性质		坡比								
		缓坡段			陡坡段			崖坡段		
		微坡 (<5°)	缓坡 (5°~15°)	斜坡 (15°~25°)	陡坡 (25°~35°)	急坡 (35°~45°)	险坡 (45°~55°)	崖坡 (55°~65°)	陡崖 (65°~75°)	崖壁 (>75°)
土质	松软土	—	—	—	1∶1.5	×	×	×	×	×
	粉砂土	—	—	—		1∶1	1∶0.75	×	×	×
	粉黏土	—	—	—	—		—	1∶0.5	1∶0.3	×
土石质	砂砾土	—	—	—	1∶1.5	×	×	×	×	×
	砾石土 （极软岩）	—	—	—		1∶1	×	×	×	×
	巨砾土 （软岩）	—	—	—			1∶0.75	×	×	×
岩质	较软岩	—	—	—	—			1∶0.5	×	×
	较坚硬岩	—	—	—	—			1∶0.5	1∶0.3	×
	坚硬岩	—	—	—	—		—			1∶0.2

注1：表中列出了不同坡质 10m 高程的低坡允许坡比，以及对应的植被生态修复坡度段。"×"表示工程设计安全限制坡面，"—"表示临界坡比范围内的任意坡比。

注2：岩质坡面坡高参考范围为 8~12m；土石质坡面坡高参考范围为 5~10m；土质坡面坡高参考范围为 6~12m。

注3：粉黏土特指稳固密实的母质土层，如老黄土、红黏土。

注4：松散堆积物即填方堆积体的安全允许坡度视同松软土。

日本道路协会制定的《道路土工-边坡稳定工程技术指南》[8]以硬度为基准，把边坡简单分为土边坡、软岩、硬岩，其中软硬指标综合体现了坡面的物质组成和构成状态，加之日本道路工程边坡的修坡平整，这样简单的分类基本可与其复绿工法系统相匹配，但这并不适合我国粗放的道路边坡。我国高陡边坡多，规模大，削坡成本制约了工程方法，而且平整度与日本相比要大得多，更不用说矿山等微生境更加复杂的边坡了。因此有必要对面向边坡植被恢复的边坡分类要素做详细的探讨，分析影响边坡植被恢复的关键指标。

2.2.3　影响植被恢复的关键要素

坡面状况即与坡面有关的生境因子，如边坡浅层坡体岩土的物质组成、坡度等诸多要素都会影响植被恢复的过程与效果，关键要素分述如下。

1. 风化程度

边坡坡体浅表层岩石的风化程度与岩体强度有关，可以用岩体硬度进行度量。实际中可使用简易硬度计进行原位测定。硬度可以大致区分土质、岩质和土石混合质边坡，总体来讲岩土强度由弱变强或由软到硬，对边坡植被恢复来讲则越来越不利。日本边坡工程绿化界[8]以硬度作为边坡工程绿化设计、技术方法组合的重要依据。硬度指标蕴含了坡面物质组成的总体状况(岩性与风化)，它是一个度量坡面植被恢复难易程度的重要边坡性状要素。硬度分级(1~5 级)为：软(1 级)—较软(2 级)—较硬(3 级)—硬(4 级)—很硬(5 级)。硬度分级与坡体组成的大体对应关系是：1 级相当于自然坡体土壤或回填土边坡；2 级对应开挖硬土或压实回填土边坡；3 级对应土石边坡；4 级对应强风化岩石边坡；5 级对应岩石边坡。

就岩石边坡而言，硬度测定值是一种岩面特征的软硬综合表示，而对植被恢复影响意义重大的风化性质的反应敏感度比较差且不直观，所以需要增加地质观测判断，以明确表层(1m 范围内)风化的程度。

2. 坡面完整度(破碎)

岩石坡面物理性状的一个重要表现是裂隙(包括节理和断裂)，它表示了岩面的完整性，用每平方米裂隙数量表示(条/m^2)。坡面完整度分为 5 级，1 级可同时表征土边坡和土石边坡：完整(1 级，0 条/m^2)—较完整(2 级，<0.01 条/m^2)— 一般(3 级，<0.1 条/m^2)—不完整(4 级，<1 条/m^2)—极不完整(5 级，≥1 条/m^2)。

3. 坡度

边坡的坡度影响植被恢复的异质性、保水性和稳定性，是关系边坡植被恢复难易程度的重要因素。坡度划分为 5 级：缓坡(1 级，<1:2)—较缓坡(2 级，

<1∶1)—较陡坡(3 级，<1∶0.75)—陡坡(4 级，<1∶0.5)—急陡坡(5 级，≥1∶0.5)。

4. 平整度

平整度反映坡面凹凸不平的程度，野外用 1.5m 花杆来度量，通过在测点上方转动，可测得最大、最小花杆与坡面的垂直距离，取平均值作为该点的平整度，可测量若干点取平均代表整个坡面的平整度。平整度划分为 5 级：平整(1 级，<2cm)—较平整(2 级，<5cm)—较不平整(3 级，<10cm)—不平整(4 级，<15cm)—极不平整(5 级，≥15cm)。

5. 顺直度

坡面在水平方向上的起伏状况用顺直度表示，野外用 3m 花杆沿水平方向在坡面不同标高取点测量，经多点测量取平均作为该坡面的顺直度。顺直度分为 5 级：顺直(1 级，<10cm)—较顺直(2 级，<20cm)—较不顺直(3 级，<30cm)—不顺直(4 级，<50cm)—极不顺直(5 级，≥50cm)。

6. 坡面规模

用坡高与坡长之比作为度量坡面规模的指标。坡面规模可分为 5 级：小规模(1 级，<1∶3)—中规模(2 级，<1∶2)—较大规模(3 级，<1∶1)—大规模(4 级，<2∶1)—极大规模(5 级，≥2∶1)。

2.2.4 边坡生态的分类

由前面的介绍悉知工程分类主要考虑边坡防护，以稳定性为核心，方便有序地顺利采取工程措施进行边坡维持、加固、治理等，为边坡工程设计、工程管理及工程核算提供技术方法的选择和工程计费的依据。简而言之，边坡工程是以边坡稳定性过程和边坡安全为终极目标。边坡生态恢复工程在生物防护层面的目的与工程护坡是相同的，但空间层级不同，它仅在浅层对边坡进行防护，避免水土流失、浅层小规模崩塌或滑塌及小尺寸落石等。虽然它在客观上起到了防护作用，但从生态恢复领域考虑，其目的则完全不同于边坡防护工程。边坡生态工程的核心目标是使遭到破坏的主要由植被、土壤等关键要素构成的生态系统恢复并进行正常演替，基于这个中心任务就必须考虑边坡分类。

1. 分类原则

根据边坡生态工程发展的技术水平和我国边坡生态恢复的工程实践，植被恢复是边坡生态工程的主要内容，植被恢复的难易程度是边坡分类思想的核心。

综合性：依据边坡的不同性状可将其分成不同的类型，这对边坡认识是有意义的,对边坡工程也有实际意义,即高性价比地采取措施进行防护。安全性是其终极目标,即如果不进行人工干预,边坡将朝失稳的方向发展,其结果是破坏;治理之后,能维系安全若干年,其间边坡的演化发展还是朝失稳方向,最终还是被破坏。与工程防护的不可持续性不同,边坡生态工程是以活的生态系统重建为目标,因此边坡分类是为系统重建提供基础辨识,这是一个总体的认识,所以要选择与生态系统重建关联的代表性指标联合表征边坡生态恢复特征,以便高性价比地导入初期生态系统,使其进行正向演替。

定性与定量相结合:能够定量尽可能定量,但在边坡生态工程领域,目标是边坡生态系统的重建,活的生态系统的部分指标宜以定性的方式表述,目的是留下地域空间。结合地域性与工程实践将定性标度变成符合地域实践特色的定量测度。

重视地域分异:坡体物质受区域地质构造的控制,存在地域特征,即使是相同指标也存在地域差别,所以在边坡生态工程中既要把握其中的重要类型特征同时也要考虑呈现的地域分异,即建立一个框架,分地区落实。

智慧化:建立生态网格,形成信息立体层,以网格单元形成原胞,构成多维信息单元,细化分辨率进而提高单元认知,通过数据挖掘从单元到空间的分布规律,经深度学习认知后自动适应不同区域、不同生境条件和不同重建目标。

2. 定性分类

依据边坡硬度、坡度、平整度、顺直度、规模和完整度 6 大边坡性状表征指标,将边坡生态工程中的边坡类型分为 5 类,其生态工程性表现出不同的难度差异,见表 2-3。

表 2-3　边坡综合分类表

边坡综合分类	硬度(级)	坡度(级)	平整度(级)	顺直度(级)	规模(级)	完整度(级)	生态工程性
I 类	1	1	2	1	1	1,5	易
II 类	2	2	3	2	2	2	易-较易
III 类	3	3	3, 4	3	3	3	一般
IV 类	4	4	4	4	4	4	难
V 类	5	5	1, 5	5	5	1	极难

3. 边坡生态智慧分类

基于上面的分类模式,以生态网格思想定义植被恢复难度的生态网格单元 D 值。

1）生态网格单元 D 值

边坡植被恢复的难易程度用 D 值来度量，D 值越大则植被恢复越容易，反之难度越大。D 值模型见图 2-14，决定 D 值的要素包括坡面的风化程度、破碎程度、坡度、坡向及坡高等。因此，每个单元的 D 值可以由公式(2-1)表示，即

$$D_{ij} = \sum_{s=1}^{k} W_s \times L_{sij} \qquad (2\text{-}1)$$

式中，D_{ij} 为位于第 i 行、第 j 列单元的 D 值；W_s 为第 s 个要素层的权重；k 为决定 D 值的要素个数；L_{sij} 为第 s 个要素层单元 ij 的要素取值。模型要素取值和权重见表 2-4。

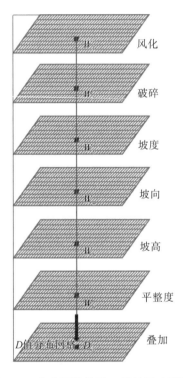

图 2-14　生态网格单元 D 值的影响要素

表 2-4　模型要素取值、权重和 D 值边坡分类

要素	取值归一化说明	权重	D 值	分类	类型描述
风化	由弱(1)到强(0)，以风化深度测度	W_1=0.15	0.85～1	Ⅰ-易	坡缓，有风化破碎裂隙
破碎	裂隙由无(0)到多(1)，有利于植物根系的加筋作用，初期草本后期木本	W_2=0.25	0.6～0.85	Ⅱ-较易	坡较缓，有一些裂隙或一定风化

续表

要素	取值归一化说明	权重	D 值	分类	类型描述
坡度	平地取值为 1；$l_{3ij} \geq 90°$取 0，坡度越大对 D 值的贡献越小	$W_3=0.35$	0.2~0.6	Ⅲ-较难	坡度开始变陡
坡向	N 取 0，S 取 1，$l_{4ij} > 180°$则减去 180°	$W_4=0.05$	0~0.2	Ⅳ-难	立地条件都不利
坡高	相对高度>100m 取 0，平地时取 1	$W_5=0.1$	≤0	Ⅴ-极难	反坡等极端局地
平整度	单元平整度≥30cm 时取 30；凹凸不平有助于增加基质的附着性	$W_6=0.1$			

$$L_{1ij} = l_{1ij} / 30 \tag{2-2}$$

式中，l_{1ij} 为单元风化深度，$l_{1ij} \geq 30cm$ 则取 30。

$$L_{2ij} = l_{2ij} / 5 \tag{2-3}$$

式中，l_{2ij} 为单元裂隙条数，$l_{2ij} \geq 5$ 条则取 5。

$$L_{3ij} = 1 - l_{3ij} / 90 \tag{2-4}$$

式中，l_{3ij} 为单元坡度角，$l_{3ij} \geq 90°$则取 90。

$$L_{4ij} = l_{4ij} / 180 \tag{2-5}$$

式中，l_{4ij} 为单元坡向，$l_{4ij} > 180°$则取 $l_{4ij} - 180$。北倾阳坡，南倾阴坡。

$$L_{5ij} = 1 - l_{5ij} / 100 \tag{2-6}$$

式中，l_{5ij} 为单元坡高，当 $l_{5ij} \geq 100m$ 时，l_{5ij} 取 100。

$$L_{6ij} = l_{6ij} / 30 \tag{2-7}$$

式中，l_{6ij} 为单元平整度，当 $l_{6ij} \geq 30cm$ 时，l_{6ij} 取 30。边坡适当的凹凸不平有助于植被恢复，以增加基质的附着性。决定边坡植被恢复难易程度的主要要素测度由上述六个归一化公式确定，加权求和可得到 D 值分布网格。

2) 生态网格边坡分类

通过风化程度、裂隙分布密度、坡度、坡向、坡高等立体条件的单元识别或判定可得到边坡立地的各要素图层，通过图层叠加可得到测度边坡恢复难易程度的 D 值分布，将 D 值分为 5 档，构成边坡植被恢复难易程度的 5 个类型，即 Ⅰ-易、Ⅱ-较易、Ⅲ-较难、Ⅳ-难和 Ⅴ-极难。

参 考 文 献

[1] Forman R T T，Sperling D，Bissonette J A，等. 道路生态学：科学与解决方案[M]. 李太安，安黎哲，译. 北

京：高等教育出版社，2008.

[2] 宋胜武，徐光黎，张世殊. 论水电工程边坡分类[J]. 工程地质学报，2012，20（1）：123-130.

[3] 姜德义，王国栋. 高速公路工程边坡的工程地质分类[J]. 重庆大学学报（自然科学版），2003，26（11）：113-116.

[4] 《工程地质手册》编委会. 工程地质手册[M]. 4 版. 北京：中国建筑工业出版社，2007.

[5] 辜彬，王丽. 浅议露天开采矿山生态环境治理的基本理论与方法[J]. 中国水土保持科学，2006，4（S1）：134-137.

[6] 顾卫，邵琪，戴泉玉，等. 基于坡面植被恢复的岩质边坡分类及生境再造技术研究[J]. 应用基础与工程科学学报，2012，20（5）：745-758.

[7] 徐国钢，赖庆旺. 中国工程边坡生态修复技术与实践[M]. 北京：中国农业科学技术出版社，2016.

[8] 日本道路协会. 道路土工 のり面工・斜面安定工指針[M]. 東京：日本道路協会，2003.

第3章　边坡生态工程方法

　　边坡生态工程方法是基于生态学、地质学、工程力学、植物学及水力学等相关学科的基本原理，将活性植物与土工材料结合，力求在边坡坡面构建一个较为稳定且具有自生长能力的生态功能系统而采取的工程技术方法。大量的工程实践证明，当边坡植被的覆盖率达到 30%以上时，可承受小雨冲刷；当覆盖率达到80%以上时，可承受暴雨冲刷；当植物生长茂盛时，可抵抗冲刷的径流流速高达6m/s，是一般草皮的 2 倍以上。边坡生态工程方法是在边坡稳定或工程护坡的前提下，从边坡生态工程的工程性、生态性、景观性三个特点出发，通过工程参与为边坡植物恢复提供适宜的生境，从而实现边坡环境下人工建植群落向自然群落的过渡，最终实现向顶级群落的演替。边坡生态工程方法的意义在于它的出现使边坡生态工程的开展成为可能，使人工创面恶劣的边坡植生环境得以改善，为边坡生态系统的重建及边坡生态景观的塑造提供了科学可行的技术方法和手段。

　　由于边坡的成因多样，边坡类型与环境特征也各不相同，多样化的边坡特点促生了多样化的边坡生态工程方法。边坡类型有土边坡、土石边坡和岩石边坡[1]，其中岩石边坡生态恢复的难度大、技术要求高。围绕岩石边坡的植被恢复，国外从20世纪70年代开始陆续研究开发并应用了多种技术方法，如纤维土绿化工法[2]、种子喷射工法、客土喷附、厚层有机基材喷附[3]等基于机械施工的工法，这标志着边坡生态工程方法的确立。我国西南交通大学的周德培团队 2000 年开始对厚层基材喷附工法(TBS 技术)的系统研究，为 21 世纪全国高速公路和铁路工程建设边坡绿化提供了科学技术支撑[4-6]。在此基础上，多家单位总结了边坡植被护坡技术，提出了如植生基材喷射技术(PMS 技术)[7]、高寒高海拔地区岩质陡边坡生态基材护坡技术(JYC 技术)[8]。作者也在 2001 年参与鉴定了"坡面生态防护技术"(川科鉴字[2001]第 326 号)。针对复杂的工程对象，例如，将混凝土护面上植被恢复的挡土翼工法改良设计到我国浙江舟山庆丰矿山生态环境治理中[9]，为适应局部生境立地条件，利用岩面凹凸可增加基材稳定性的植生袋等技术方法，拥有了多项发明专利[10-13]。多样化的边坡生态工程方法在满足不同边坡开展生态工程实施的同时，更为个性化边坡生态工程的设计与施工提供了基础方法，成为个性化设计施工顺利实施的重要保障。

　　边坡生态工程方法的多样性主要体现在工程方法形态特征的多样性。所谓形态特征的多样性，即根据不同边坡的需要所采取工程方法的工程形式多样、外部形态多样、工艺流程多样、实施材料多样及工程效果多样等。从多年边坡生态工程的实践来看，边坡生态工程方法的多样性主要体现在形式多样化，功能上还是非常明确地集中于辅助重建土壤环境和一段时期稳定性的维持。此外，日本还研发了高次团粒工法，但也只是从重建土壤质量的角度而提出的新工法，其核心是人工土壤，工程技术还是基于挂网喷附工法，并没有颠覆工法的整体格局。

　　边坡生态工程技术方法即工法，从辅助稳定工程措施形态大致可以归纳为 3 大类，即格稳类(有格类)、网稳类(有网类)和集稳类(制成品类)[14]。基于国内外的考察和工程实践，本书总结了国内外的部分工法，包括一些新的试验工法(某些工法具有专利或新技术登记保护)，形成了工法一览表(附表 3-1)。本章主要对工法的类型特点、典型工法和常用工法结合的实践应用进行介绍，最后提出工法选择的基本要素并展望工法的发展趋势。

3.1　格稳类工法

3.1.1　格稳类工法概述

　　格稳类工法即通过钢筋混凝土在坡面上进行现场浇筑或制成预制件的方式，形成 1m×1m～2m×6m 的框格或格子状构造物，以防止坡面浅层岩层的风化剥蚀及滑塌。格子内可回填 20～30cm 的植壤土，可栽植浅根系木本植物或种植适宜的草本植物。另一种格子方法是利用合成纤维或塑料加工成菱形格子状，以固定回填土壤。此类格子厚(高)通常为 15～20cm。此外，随着技术的不断发展，格子的形状也随应用地区的实际情况发生相应的改变，但其主要目的是创建植被生长所适宜的生境。

3.1.2　主要的格稳类工法

1. 自由框格梁法

　　自由框格梁是框格梁(格构梁或格子梁)的一种简易形式，随坡浇筑，没有锚固，框格空间安放客土以恢复植被，靠自身重量和一体构型来防止水土流失和边坡表层不稳，是一种工程防护与植被恢复相结合的护坡方法，在道路边坡和库岸边坡得到广泛应用。其特点包括以下几方面。

　　(1)框格梁随坡面可自由变形，重量轻。框格尺寸一般为 1.15m×1.15m、1.5m×1.5m 和 2.0m×2.0m。

　　(2)构型材料被浇筑成一体，省了模具撤收的工序。

　　(3)砂浆或混凝土的现浇方式，作业条件要求简单，占用空间小。

　　(4)针对坡面情况设计相应的梁断面，非常经济。其中，坡面情况、气候条件是考虑的主要因素，同时设计者自身的知识水平和经验也极为重要。考虑到植被生长，梁断面尺寸一般不小于 150cm×150cm。但坡面凹凸不平，风化侵蚀明显，当有掉块等危险时，梁断面可设计为 200cm×200cm。

　　(5)框格梁依坡面浇筑，与坡面有机结合成连续整体，故强度可得到保证，可以很好地抵抗坡面崩塌、掉块，自身也不易受到侵蚀。

　　(6)框格有助于保护客土使其不易发生水土流失，容易进行植被恢复。图 3-1 为施工完成一年后的植被恢复情况，绿化初见成效。图 3-2 是经过五年后的景观效果，框格梁完全被植物遮挡，稳定的灌木群落形成，与周边山体的自然环境逐步调和。

图 3-1　施工完成一年后的植被恢复情况

图 3-2　五年后的景观效果

　　一般框格梁预制并配合锚杆(或锚索)可对边坡深层不稳进行防护,框格内的绿化方式与自由框格梁类似。由于框格梁的长宽一般都不小于 3.0m×2.0m,故一个格子的面积较大,与自由框格梁小尺寸框格相比其基材稳定困难,如果工法设计不当,所得到的工程效果就不会理想。如图 3-3 和图 3-4 所示,框格内的客土用植生袋堆砌,但由于坡度较大,稳定性差,大多垮落,植被基本无法恢复。这种情况在设计时就要完善基材保护工法,如在加网、植生袋的情况下加锚钉固定等。框格尺寸越大越要注意客土稳定工法,否则绿化将无法正常进行,进而影响边坡防护的效果。

图 3-3　成渝高速的框格梁(一)(2003 年)

图 3-4　成渝高速的框格梁(二)(2003 年)

2. 预制框格法

预制框格是在工程施工前，在工厂里按照一定的规格制成既定模具，再由混凝土浇筑成预制件，然后运输到边坡工程施工现场进行组装施工。一般每个构件尺寸都比较小，单边长度通常在 40cm 左右，常见的有菱形、四边形、十字形等 (图 3-5)，工程中也能见到尺寸较大(1.0~1.5m)的拱形形态(图 3-6)，格子内可人工充填客土，厚度一般在 5cm 左右。预制框格多用于下边坡、挖方土边坡和土石边坡，坡度通常缓于1∶2。绿化采用草灌种子喷播或混入客土填充框格的方法。当坡度稍大(坡比在 1∶1左右)时，为了保证充填客土的稳定性，通常使用黏性土，但在保证稳定性的同时，可能使表层土壤板结，不易保水，影响种子萌发及苗期生长，景观效果较差。

图 3-5 预制框格(成南高速)

图 3-6 拱形预制框格(麻昭高速)

　　相比于现场浇筑的自由框格梁，预制框格可以依照地形状况进行适应性改变，但它对施工场地有更高的要求。对进行预制框格施工的边坡坡面要求规则平整，施工前多需较高程度的削坡、清坡处理。

　　尺度更小一点的用于城市道路边坡改善景观的护坡，且兼有植被栽植功能的还有空心砖方法[15]。

　　3. 土工格室法

　　土工格室是由塑料、合成纤维、高密度聚乙烯或玻璃纤维等合成材料制成的一种蜂窝状三维连续结构。土工格室具有较高的侧向限制及防滑动、防形变特性，耐蚀性强，经固定后能有效地平衡荷载，可固稳边坡，防止浅层掉块、滑塌。格子直径多为 10～30cm，常见形状有菱形、方形、圆形等，其具有较强的固土作用。如图 3-7 所示是形态众多的土工格室方法的一种，其雏形是 1978 年由法国 ARMATER 公司发明，1982 年在美国举行的第二届国际纤维土木会议上正式将其确立为边坡生态防护工法，并迅速在世界各地推广。依据蜂巢原理，其荷重分散，强度高，可充分耐受土砂积雪的重荷，使用半硬质材料制造的蜂巢构造可以应对现场曲面进行施工，也可适应坡面若干凹凸的微地形；因其高度一致，所以可以将土砂、砂石等材料均一地充填，达到标准化施工、计量。由排水保水性能优异的无纺布通过特殊工艺制成框格，防坡面侵蚀效果显著。它在河堤（河床）、路基上作为增强材料也呈现了很好的效果。无纺布制成的蜂巢状成品不仅轻巧、体积小、操作省力，而且在土中耐侵蚀，与框格梁的抗拉强度类似，可用作混凝土、沥青的增强材料，甚至还可用于滑雪场蓄雪。

图 3-7　土工格室

绿化时，回填客土，喷播种子，植物生长后由于隔离作用，水分坡向流在格室空间减弱，根系只能向下生长并超过格室高度后才能侧向展布，在立体空间上构成了植被-土壤-土工格室的一体化系统，其稳定性倍增，进一步提高了护坡效果。土工格室可伸缩折叠，极大地减小了运输体积。施工时，将其张拉成网，连接固定即可。在回填土的情况下，格室各角落都能充分碾压，而且都可进行机械作业。

影响土工格室生态护坡工程效果的要素主要是坡度与坡面的规模，坡度角大于 35°和坡高超过 20m 就容易出现稳定性不足的问题，所以运用时要结合边坡条件，考虑土工格室的自身参数、锚钉配置与客土容重等工程参数。图 3-8 是 2001 年成南高速公路 k21 段土石边坡上四边土工格室施工时的状态。

图 3-8　路堑土工格室铺设覆土施工(成南高速公路)

4. 挡土翼工法

挡土翼最初是由日本牧野先生提出的一种用于混凝土护面的方法，它是一种具有生态物理隔离的强碱性边坡扩大绿量的工法(WING ROCK 工法，ウィングロック协会[16]，图 3-9)。在土木工程中，由于未普及边坡绿化(基材喷附、简易格子架等)，故水泥、砂浆、混凝土护面的边坡工程已大量实施。随着时间的推移，护面层开始老化，可以预知修缮工程将逐渐展开，到时护面层的破坏、垃圾处理、工程的长期化等都是问题。再者越来越引起关注的景观不协调问题，白花花的护面层造成的景观异质性将非常显著。而该工法实现了工程护面绿化和抑制护面老化的双重作用，具有减少建筑垃圾、降低成本、不破坏护面层而提高安全性、不需要建围栏进行安全阻隔、减少对第三方生活的影响、工期缩短、整体费用降低的特点。护面层打孔将被护面层隔开的山体与表层土壤-植被层相联系，山体水分可以补充表层，表层的根系也可通过孔洞插入山体，促进根系的深度侵入，从而增加了基材的稳定性，为植物的生长提供了良好的环境。打孔数，绿化目标为木本 3 个/m²，草本则 7 个/m²，底部砂层 12cm，上层植物基材 3～5cm，共计 15～17cm，上部厚度由坡比和坡向确定。挡土翼锚杆便于稳定植生基盘：依坡比 1 根/(1～2m²)，喷附的表层植生基材可以抵御暴雨的侵蚀，而且从山体浸出的水很容易从底部的砂层迅速排走，使植生基盘不受降雨侵蚀的影响，其适用坡比可达 1∶0.5～1∶0.7。

图 3-9　混凝土护面上的挡土翼工法(日本)

2004 年作者在对浙江舟山庆丰矿山边坡的设计中引入并改良了挡土翼工法，施工后抵抗了最大雨量达 600mm/24h 的冲刷，客土土体的厚度稳定在11.8～15.0cm[17](图 3-10 和图 3-11)，这比未采用挡土翼的边坡客土土体明显增加了约 7cm 的厚度，且未采用挡土翼的边坡产生了溜塌和多条冲沟，出现严重的水土流失情况。后来，该工法陆续在浙江等地矿山的边坡生态环境治理和公路高陡边坡中广泛应用[18,19]。

图 3-10　庆丰矿山边坡挡土翼工法施工(2005 年)

图 3-11　庆丰矿山边坡 10 年后效果(2015 年)

　　挡土翼由翼板和锚杆两部分组成(图 3-12)，根据坡面的坡度、平整度和岩面破碎程度等情况，设计翼板和锚杆的规格，翼板宽度小于坡面的覆土厚度，长度在 1.0m 左右，局部特殊地形与沟壑宽度一致，板面呈波浪形，以增加翼板与土壤间的摩擦力。翼板材质可选用金属板如钢板、铝板等，也可选用合成材料板，但其承载力应大于设计土层的厚度分力。锚杆以螺纹钢等坚硬材质为支撑，施工时必须保证锚杆末端可延伸至坡体的岩石稳定层。翼板与锚杆焊接牢固，翼板表面喷附防腐漆，锚杆顶部配塑料管套，这样可增强其抗腐蚀性。挡土翼对边坡土体具有超强的支撑和稳定作用，能够稳定较大厚度的土体，防止边坡土壤中的营养元素流失，有利于支撑小乔木的生长和坡面植被的演替。此外，挡土翼的制作材料简易、造价低廉，施工过程省时省力，经济效益显著。

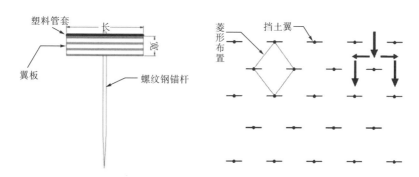

图 3-12　挡土翼工法及其安装布置图

注：图中箭头为渗透水流向

5. 挡土匣工法

　　挡土匣工法是挡土翼工法的延伸，其构成要件基本相同，主要针对矿山的不规则开采或削坡极为粗放的岩石边坡中出现的特殊地形而提出的一种改进方法，是挡土翼的一种变形工法。其大规模坡面实施又称为板槽法或"V"形种植槽法。由于坡面局部存在的极度凹凸不平、坡度突然变化形成的转折端及存在有汇水的凹槽等微地形，不能设置挡土翼或效果不好，因此需要适应地形的弧形翼板（大规模时用平板，与坡面构成"V"形）。而挡土匣的弧形构造正好满足了场地需求，解决了挡土翼工艺在此类地形下应用的不利，减少了岩面槽型汇水或破碎带裂缝处大流量雨水的冲刷，有利于对植被土的保护和植被的生长。

挡土匣工法的构造如图 3-13(a) 所示，挡土匣呈弧形，如开口的匣子把上方的荷重兜住。匣板宽度原则上小于设计的覆土厚度，长度一般不超过 1.5m，可视微地形的宽度而定。通常支撑锚杆的螺纹钢的直径为 15mm，长度为 0.5～1m，但可根据岩性情况进行调整，将匣板厚 3mm 的钢质板与锚杆焊接牢固，联合支撑上部客土的下滑力，布设时沿坡面从上向下按既定距离设置挡土匣，锚杆钉入的角度与坡面垂线偏水平线方向呈 15°。匣板内部呈凹凸状(1cm)或波浪纹路(间距 2cm)，纹路方向与匣板长度方向一致，以增加土壤与匣板的摩擦力。在工程中，可以根据坡面的具体情况灵活设定挡土匣的规格，即根据微地形状态设计不同夹角、弧度的挡土匣。该工法在深圳和浙江绍兴有较多应用，图 3-13(b) 和图 3-13(c) 是深圳的应用状况，土层厚为 20～60cm，栽植植物主要有云南黄馨、大红花、金合欢、银合欢、箣杜鹃、台湾相思、类芦等。图 3-13(b) 和图 3-13(c) 都是预制匣板，安装便捷但存土量小，其中图 3-13(c) 中还有局部损坏。图 3-13(d) 坡面的规模大、坡面状况复杂且植被自然恢复有难度，采用大小匣板间隔现场浇筑，称为飘台种植槽[20]，施工五年后小匣板已被植物掩盖，但大匣板的痕迹还非常明显。深圳属于南亚热带季风气候，尽管雨量充沛，但裸露岩体在高温阳光的照射下，温度可以达到 60℃，所以要尽快用植被覆盖岩面以迅速改变坡面的温度场分布并及时补充水分。该区域的工法案例说明，工法设计时要充分考虑边坡的特点，其中坡向是关键，匣板间隔大小关系到工法的成败。太密则工程造价不能承受，而这个平衡点需要在详细了解坡面生境立地条件的基础上获得。

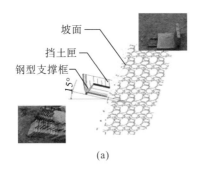
(a)

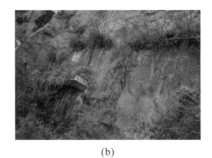
(b)

(c)　　　　　　　　　　　　　　　　(d)

图 3-13　挡土匣工法的构造：(a)示意图；(b)预制不连续匣板；(c)预制连续匣板；
(d)现场浇筑连续匣板(深圳花岗岩边坡的实际应用，2011 年)

3.1.3　小结

　　常见的格稳工法主要有自由框格梁法、预制框格法、土工格室法、挡土翼工法及挡土匣工法，此外还有植生棚、植生栅等工法。尽管格稳方法的原理相似，但在工程建设过程中各有特色。根据各工法的稳定施工形式、适用坡形、坡质及技术特征，综合归纳见附表 3-1。

　　格稳方法在工程施工中，需要对表层边坡的稳定性进行评估，实施时尽量与地质灾害处理工程方法结合使用。格稳方法的支撑措施多要依靠锚杆或锚钉来维系载荷的稳定，锚固方法应遵从边坡工程的基本技术要求。实施时需要对坡面进行清坡处理，采用机械设备或人工清除坡面的危石及浮石，尽可能地提高坡面平整度。调查设计阶段由于边坡的特殊立地条件，坡面调查通常不能近距离实现，此时精确反馈坡面的实际情况是此方法成功实施的关键，甚至会影响边坡的整体设计和修改，因此每个工法环节的信息反馈都非常重要，这有助于工程过程管理。

3.2　网稳类工法

3.2.1　网稳类工法概述

　　网稳类工法是指在边坡生态工程中采用挂网的工程措施，稳定植被恢复基材(质)，防止坡体表层风化剥落，使植被在边坡上稳定恢复的一类方法。目前网稳类工法在工程中所采用的网从材质上主要有合成纤维网和金属网等，它们可适应不同类型的边坡植被恢复，与之相应地形成了不同的具体工法。特别强调，挂网喷附工法是岩石边坡植被恢复的一次重大技术集成创新，开拓了边坡生态工程从理论到工程应用的新局面。从挂网材料、基材到施工机械都直接体现了现代技术的进步，从不可能到可能，从效率低下的人工操作到机械化的大面积施工，适应范围得到了拓展，即由坡度陡于 1∶0.5 的岩质坡面到 1∶0.75 的硬质土、裂隙发育坡面、积雪地区、冻土地带、表层掉块和落石的坡面、平滑且透水极端困难的黏性土坡面、海岸沙丘地、消落带、不适宜木本植物导入时期的施工、无种子型工法的实现（自然植物诱导工法）等，其能迅速覆绿以掩盖自然画卷上的创面疤痕，达到保护创面的目的，减轻风化侵蚀。

3.2.2　主要的网稳类工法

1. 三维网法

三维网又名土工网垫、防侵蚀网垫，是一种由聚乙烯、热塑树脂等合成纤维材料制成的三维结构网。三维网含有抗紫外线成分，不易老化、无毒，但难以降解，网眼直径为 2～5cm，一般三维结构由 2～4 层网构成。底层是具有高模量的基础网，常由 1～2 层平网组成；表层网是呈波浪起伏状的起泡蓬松网包，这有利于增加表土与网的摩擦力，起到了固定表土的作用，网包内可填充种植土和草籽，可保护和促进植被恢复（图 3-14）。

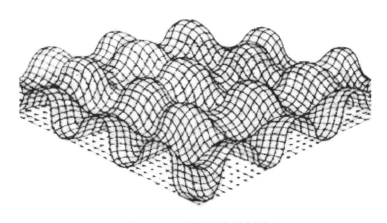

图 3-14　三维网结构示意图

三维网技术综合了传统土工网和植被护坡技术的优势，通过植物的生长活动达到根系加筋、茎叶防冲蚀的目的，在表土层可形成盘根错节的根系，与三维网、泥土形成一个牢固的复合力学嵌锁体系，有效地抑制了暴雨径流对坡面的冲蚀，增加了土体的抗剪强度，减小了孔隙的水压力和土体的自重力，从而起到稳固表层的护坡作用。三维网的纤维材质具有吸热保温的作用，可促进种子萌发，有利于植物的生长，在土（石）质边坡生态护坡中的应用较广。三维网的特性与边坡工程的应用要点如表 3-1 所示。三维网有多种规格，要依据坡比和坡面规模选用，该工法对回填的种植土有较高的要求，以土粒粒径不能太大、不含碎石和黏性壤土为宜。同时，三维网的工程造价较低，仅为浆砌片石的 1/3，其施工简便[21]。

表 3-1　三维网的特性与工程应用要点

三维网	强度/(kN/m)	厚度/mm	适宜边坡类型	边坡性状
EM2	≥0.8	10	I	土边坡：坡度 1 级，坡面规模 1 级
EM3	≥1.4	12	I～II	土(石)边坡：坡度 1～2 级，坡面规模 1～2 级
EM4	≥2.0	14	II～III	土(石)边坡：坡度 2 级，坡面规模 2 级
EM5	≥3.2	16	III	路堑土(石)边坡：坡度 3 级，坡面规模 3 级

2. 平面网法

平面网由新型合成材料(尼龙、聚丙烯、聚酯和聚乙烯等)或土工织物(植物纤维材料：黄麻纤维、椰壳纤维、剑麻纤维、谷类秸秆、棉纤维和棕榈树的树叶等)构成，主要应用于具有一定土壤条件的土石边坡或强风化边坡。平面合成材料网的网眼直径常为 3～4cm，在工程实践中，主要有两种应用方式。第一种方式是直接铺设于坡面，并在其上喷附 1～3cm 的种植土或有机基材及混合草种用于植被恢复。第二种方式是将平面复合网置于岩土或有机基材的表面，固定后以防止表层水土及植物种子等的流失(图 3-15)。

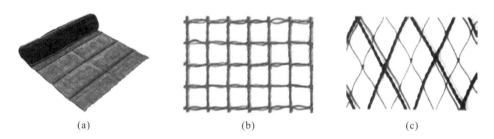

(a)　　　　　　　　　　　(b)　　　　　　　　　　　(c)

图 3-15　平面网：(a)间隔肥料带双层网；(b)单层罗素网；(c)双层网

注：表层玻璃纤维无结节编织网，底层尼龙活扣编织网，摘自日本植生株式会社内部资料

3. 金属网法(挂网喷附工法)

该方法奠定了工程绿化的基础，也是边坡生态工程方法技术的重要标志，该法目前依旧是我国工程实践和应用基础研究的主要方法和基础[22]。历史上，欧洲国家进行了大规模的道路建设，在阿尔卑斯山地区形成了大量的地堑边坡，众所周知阿尔卑斯山地区风景优美，是著名的度假观光胜地，但裸露的岩石边坡大煞风景。阿尔卑斯山地区的国家如奥地利、瑞典、德国等为了改善道路两侧丑陋的

景观，尝试用泥炭、细粒黏性土、肥料与水混合成泥浆状的喷射法。开始是人工涂抹于岩壁(0.5~2cm)，后来美国、日本等研发了喷附机械，该方法得到了改进，形成了客土喷附、厚层有机基材喷附(3~10cm)等一大类方法，并纳入德国DIN 18918 标准。我国综合各国的方法形成了厚层客土喷附工法，厚度为 6~20cm，配合其他工法(如挡土翼工法)厚度可以达到 20cm 以上，在公路、矿山、铁路等领域得到了广泛应用。

工程实施的基本模式是坡面清理—挂网—喷附。国外一般采用湿喷方式及湿喷机(图 3-16)，用湿喷机将与水充分混合的复合材料附着于坡面，材料混合均匀，使其密度适宜植物生长。与国外不同，我国多用干喷方式，由于机械设备的原因，干喷水平与垂直扬程都比湿喷机大得多，特别适宜我国边坡规模大(大的超过 8 万 m²)、相对高差大(>100m)、施工效率高、空压机压力大、复合材料容易板结的特点。基材喷附工法的示意图如图 3-17 所示，空压机结合喷射机，将干的配合材料(总体含水<5%)送到相应的喷射高度，在材料出管前 0.5m 左右与输水管相遇，混合适当水分并附着于坡面。配合水量与材料有关，太多则材料容易流失，太少则材料中的黏性物质不能充分发挥作用，材料不易附着于坡面，因此需要在正式喷附前结合材料配比、坡面状况(坡度、平整度、高度)和机械能力来确定喷附参数。一般需要多次(层)喷附才能达到设计厚度，且一次喷附不超过 2cm。

图 3-16   用于边坡绿化的湿喷机(摘自日本植生株式会社内部资料)

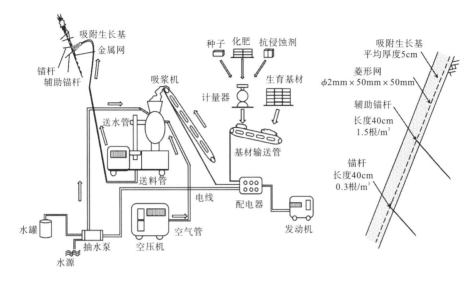

图 3-17　基材喷附工法示意图

　　工程材料主要有种子、肥料、土壤改良材料、黏结材料等。其使用量受边坡性状、生境条件和地域环境的影响，表 3-2 是欧洲生态工程学者的先驱雨果(Hugo)先生在其经典著作——《生态工程学基础》中给出的一个例子(与原著中的表相比，有修改)[23]，从中可发现挂网喷附工法革新了边坡绿化材料的组成、拓宽了材料领域，是最传统的古老植物栽植材料和现代工业及科学技术发展的新材料的完美结合，而且从中还可以了解欧洲边坡绿化喷附技术方法的具体内容和方式，并与我国的工程实践做比较。关于人工土壤的内容将在第 4 章进行专门讲述。

表 3-2　喷附工法材料($1m^2$ 草本)

材料		最低量/g	平均/g	最高量/g	实物状态	1kg 的容量/L
种子	平均混合粒数大于 800 粒/g	10	15	20	自然干燥	2.5~3.3
	平均混合粒数为 100~ 800 粒/g	15	22.5	30	自然干燥	1.5~2.5
	平均混合粒数小于 100 粒/g	20	40	60	自然干燥	1.2~1.5
肥料 (一般土壤的养分标准)	矿物性，如 N：P：K (含量比)=12：12：17	30	50	70	干燥	0.9~1.0
	有机性肥料	50	100	150	湿-干	1.0~2.5
土壤改良材料	黏土与火山土	125	250	375	湿-干	0.5~1.0
	浮石、火山石、轻质硅酸盐等	500	1000	1500	湿-干	1.0~1.7

	材料	最低量/g	平均/g	最高量/g	实物状态	1kg的容量/L
	树皮等有机基材	2	4	8	块状压缩	3.3～10
	纤维素等有机基材	100	150	200	40%(全干)	5(湿)
	混合肥料土	1000	3000	5000	湿	1.4～1.7
	含水硅酸盐	80	140	200	干燥	1.25
	藻酸盐	依据产品而定			液状、干燥	—
	合成发泡材料	15	27.5	40	干燥半固体	50～80
黏结物质	喷附工法用沥青	150	225	300	25%～30%水混合乳胶	0.9～1.0
	干燥播种工法用沥青	250	500	750	不用水	—
	扩散型合成物	20	40	60	液状	0.9～1.0
	乳胶合成物	10	30	50	液状	0.95
	有机黏结剂	5	10	15	液状	0.9
	浓缩合成物	100	175	250	干燥	2.75
	硫化木质素	100	200	300	干燥	1.5～2.3
	甲基纤维素	20	40	60	干燥	0.5～0.7
	醇油制品	50	75	100	液状	0.9～1.0
草绳、干草及其他植物纤维	喷附工法、干燥播种工法	250	350	450	干燥、低压缩态	10～20
	覆盖播种工法	300	450	600	干燥、高压缩态或低压缩态	8～12

锚网结构加固作用的机制就是骨架的支撑作用和加筋作用。金属网埋在土体之中，可以分散土体的自重应力，增加土体的弹性模量。另外，可利用金属丝与土体应变的协调性来限制土体的侧向变形，从而提高复合土体的抗剪强度。金属网是一种以镀锌铁丝为基本材料的编织型防护网，网眼直径为 3～5cm。为了防止金属网锈蚀，多在工程前对金属网进行镀塑处理或采用不锈钢丝作为使用材料，金属网的使用寿命可达30年以上。考虑到边坡坡面多起伏不平，相比于柔性较弱的焊接网，编织网具有更强的适用性，且多用于岩质高陡坡防护。在金属网的固坡措施下对应使用的边坡植被恢复方法是厚层有机基材喷附法。

在施工时，将按照特定比例配好的有机基材通过喷播机械喷播在挂有金属网的坡面上，然后在其表面喷播混合草种，待植被恢复后，植被与金属网连成地表网系，固定在坡面上，形成了由坡面表层、金属网、植被及加固机械共同组成的坡面防护体系，这极大地增强了坡面的稳定性。金属网法主要适用于坡比≥1:0.3的岩石边坡、弱风化石质边坡及不稳定岩质边坡的边坡生态工程，其施工简单、造价成本低廉，具有广泛的适用性。

选用镀锌铁丝网时，应该注意以下几个方面：①审核铁丝网厂家的出厂材质书或第三方出具的质检报告，通过中性盐雾试验(neutral salt spray test，NSS 试验)检测其耐蚀性，符合相关规范的铁丝网方可采用；②对全部材料按 2%的比例抽查，抽查的样品中，85%以上的镀锌铁丝网的测点厚度应达到设计厚度，且厚度相差不应大于 5μm；③在使用之前，若发现材料有穿孔、裂纹、虚焊等缺陷，则应及时更换，不能直接用于工程之中。另外，可通过对铁丝网进行喷漆，以提高其耐腐蚀性[24]。

网稳方法的施工工艺流程包括：清坡处理→铺设防护网→基材(覆土、喷附)喷播→覆盖→养护管理。在清坡处理时，要特别注意将低洼处回填并夯实平整，以确保坡面的平顺。铺设防护网要将网沿坡面从上向下铺设，保持网面与坡面间的平顺贴合，避免出现悬空区使草籽无法着床以致护坡垮塌的情况。同时，边缘位置要预留延伸 40~80cm，预埋到土中压实，然后用固定锚杆经辅助锚钉加固，施工时要注意锚杆间距以 2m 左右为宜。防护网铺设完成后，可覆土喷播草籽，并在边坡表面覆盖黑色无纺布，以保持坡面的水分及温度适宜，这样能有效地减少降雨对喷播种子的冲刷，促进种子萌发，植被生长。但在覆盖时，应做好温度监测及草坪的管理养护，若温度过高，则需撤布通风，以防止病虫害的发生。待植被长至 5cm 时，揭开无纺布即可。当施工中出现渗水坡体时，需用软管导流，引排至坡下。

4. 主动防护网(布鲁格网、安全防护网、格宾网)

主动防护网主要用于边坡工程防护并兼具生态绿化功能。由钢绳构成 1m×2m 或 2m×3m 两种规格的骨架网，在骨架节点用锚杆锚固，并依靠节点处的扣拴向岩面施加预应力，骨架网内为网眼直径 5~10cm 的铁丝网。主动防护网可直接置于岩土表面，它能够有效地防止浅部破碎体，并能抑制坡体崩塌及落石。铺设布鲁格网后，即可进行植被恢复(图 3-18)。

图 3-18 青藏公路羊八井段(2004 年)

3.2.3　网稳方法的比较

边坡生态工程中，网稳方法的应用机制是在一定的厚度范围内，通过增加防护网的保护性能和机械稳定性能来稳固边坡以提供植物生长的有利生境。当植物的根系生长出来之后，金属网与植物的根系通过缠绕作用，增加了客土与根系之间的摩擦力，进而提高土体的稳定性；在植被生长茂盛时，庞大的根系与网筋连接在一起，形成一个稳固的岩面-植物-土壤结构，该复合体所产生的下滑力通过网与锚杆的连接部分传递给锚杆，再通过锚杆传递给稳定的岩层，使得加固目的得以实现。这相当于为边坡表层土壤加筋，从而增强防护网的抗张强度与抗剪强度，抑制边坡表层滑动的发生。常见的网稳方法主要有三维网、平面网、金属网和主动防护网。根据各工法的施工机械设备、适用坡形与坡质及技术特征，可作如下归纳(表 3-3)。

表 3-3　网稳方法比较

技术方法	施工机械设备	适用坡形与坡质	技术特征
三维网	主锚杆、辅锚钉	岩层的风化边坡	表层网呈波浪起伏状，有利于增加表土与网的摩擦力，起到固定表土的作用
平面网	锚钉	具有土壤条件的边坡或强风化边坡	将其置于岩土或有机基材的表面，防止表层水土、植物种子等的流失
金属网	主锚杆、辅锚钉	岩质陡边坡	对起伏不平的岩石坡面，编织网的适应性强
主动防护网	主锚杆、辅锚钉	石质土边坡或岩质边坡	直接置于岩土表面，可有效防止浅部破碎体，抑制崩塌和落石

3.3　集稳类工法

3.3.1　集稳类工法概述

所谓集稳法即制成品法，集成植被恢复的所有要素，野外施工仅安装或铺装，就如傻瓜相机只做按快门的动作就完成拍摄一样，无须养护，自然降雨后集成系统会启动生长程序，这是智慧边坡植被恢复的一个重要领域，可以减轻现场施工的压力，降低对现场操作技术的要求，更容易融入土木工程的普通工序流程，降低对专业化的要求。制作时，预先在工厂中将肥料、种子、有机基质等以精良的配比按照一定的工艺附着在介质上，形成制成品。在使用时，将制成品铺设于目标坡体表面，适当加固即可达到边坡生态防护的作用。目前，工程实践中常见的制成品包括植生毯、植生袋、植生杯等，详见附表 3-1 边坡植被恢复工法一览表。

3.3.2　主要的集稳类工法

1. 植生毯

植生毯分两种类型，即薄型与厚型，薄型称为植生带，厚型称为植生垫。

1) 植生带

植生带(图 3-19)作为一种新型绿化产品，以特制的无纺布或木浆纸作为载体，其上配置优质植物种子及适量肥料基质，通过专业的植生机械工厂化生产而成。植生带具有出苗整齐、快速成坪、操作简单、省时省工等特点，可有效抗击雨水冲刷和风蚀，在水土流失区域的生态恢复及边坡生态工程中有着广泛的应用。作为制成品的一种，植生带的工厂化生产方式不受季节与气候的限制。

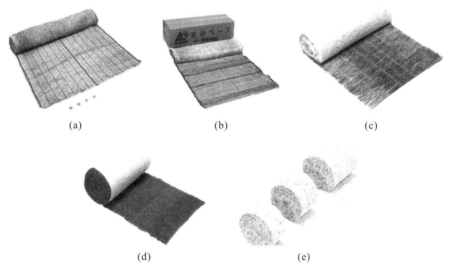

(a)　　　　　　　　(b)　　　　　　　　(c)

(d)　　　　　　　　(e)

图 3-19　植生带：(a)单层有机网(横向为再生纸，纵向为人造丝、人造纤维、黏胶纤维、可降解塑料纤维，网上铺薄棉，附着种子、肥料、保水剂、土壤改良剂等，具有可与坡面密切接触、可接受网上的凝结水、均匀分布于坡面、防止土壤微粒流出、保温等特点)；(b)乡土种植生带——双层网(玻璃纤维，间隔超长缓释肥料带，保证生长缓慢的乡土种得到养分供给，含有乡土草木本和牧草种)；(c)稻草帘；(d)天然麻网；(e)草筋(用于填方边坡层间连接)
[摘自日本植生株式会社内部资料]

植生带多应用于坡度较缓的土质边坡绿化，在高陡边坡及岩质、石质边坡工程中，可与其他边坡生态工程方法配合使用。在植生带的工程施工中，在坡面长度大于 3m 且坡度缓慢平整处，可纵向铺设植生带，并加设"U"形钉或竹木片固定，使植生带与土壤充分接触贴合以防止植生带悬空而导致植物成活受阻的情况出现。在坡面长度小于 3m 处，以横向铺设为宜。

植生带的施工流程主要包括：清坡整修→铺钉防护网→选择植生带→铺设植生带→养护管理。

在选择植生带时，小于 45°的较缓边坡适宜采用绿网种子植生带、稻草帘植生带或肥料胎植生带。较陡边坡(45°＜坡度角＜60°)宜采用复合泥炭基质植生带和秸秆基质草坪植生带，并通过植生带堆叠的方式进行施工。大于 60°的高陡边坡需采用挂网与植生带相结合的方式进行工程护坡。

在植生带铺设前需架设排水沟，并在坡面浇透底水，铺设过程中各植生带间不留缝隙，可重叠 5～10cm，并保证植生带与坡面充分接触，两块植生带之间用由粗铅丝制成的"U"形钉进行固定，植生带中间位置用竹签等固定，以防止植生带被风吹走或发生蜷曲，通常每平方米可固定 3～6 枚"U"形钉。在植生带表面覆盖 2cm 左右肥沃的植生土壤，喷少量水以保证植物发芽即可。

汇流水力作用是边坡水土流失的重要原因，植物生长可有效增加边坡的稳定性，在减少水土流失和改善生态环境方面有着积极的作用。在边坡生态工程建设中，通过铺设植生带，可在坡面浅层形成一个根系发达、盘土固结能力强、萌蘖抗旱能力强的植物群落防护体系。致密的根系群能够截流、分流雨水冲刷，减少水土流失，积聚土壤和营养物质，有利于边坡植被的生长和植物群落的恢复。

由于植生带兼具工程防护与生物防护的优点，因此植生带作为边坡水土保持、废弃矿山治理复绿的新产品，能有效地起到减少水土流失、促进边坡植被恢复的工程护坡作用。目前，各类型的植生带产品广泛适用于公路边坡、铁路路堑、水库消落带、江河堤防等边坡生态工程的建设中。

植生带的品种分类如下。

(1)草坪种子植生带。

草坪种子植生带是将混合有植物种子和肥料基材的混合材料均匀地撒播在特制的无纺布上而形成的带状植生制成品。

(2)绿网种子植生带。

绿网种子植生带是一种通过在草坪种子植生带上覆盖一层可降解的环保绿网而制成的带状植生制成品。在使用初期，绿网种子植生带比草坪种子植生带更能固着植物种子和肥料基材，防止种子在萌发前受到水流及风蚀的影响，提高了种子的成活率。

(3)肥料胎植生带。

肥料胎植生带是在原有绿网种子植生带上，按照一定间距添加一根装有缓释肥料的肥料胎而制成的具有缓释肥料功能的植生制成品。由于肥料释放期一般为30～120 天，因此使用肥料胎植生带在工程完工后的短期内可以无须施肥，从而减少养护费用支出，它较适宜于养护要求较低的边坡。

(4)稻草帘植生带。

稻草帘植生带是在种子植生带的表面加盖一层稻草帘而制成的带状植生制成

品。加盖的稻草帘在种子萌芽期间可有效地起到防雨水冲刷及保温和保湿的作用,待稻草帘腐烂后还可为植物生长提供一定的养分。此类型的植生带多用于坡度较缓的边坡绿化。

(5)复合泥炭基质植生带。

复合泥炭基质植生带是利用泥炭资源经过特定的工艺提取出对禾本科草类的生长有显著促进作用的有效成分,再与其他材料配合通过机械化加工而制成的植生制成品。在生产制作过程中,通过泥炭提取物的筛选,可以培育出不含杂草、品质优良的草毯。此类型的植生带施工方便、建坪迅速、便于养护管理,适用性较广。

(6)秸秆基质草坪植生带。

秸秆基质草坪植生带是利用天然作物如秸秆、麻、椰壳、棕榈等纤维作为原材料,通过喷播植物种子和一定量的肥料而生产出的植生制成品。由于纤维材料质轻,可以有效地减轻坡体的承压力,因此它较适宜于高陡边坡施工,此外纤维材料的透气、透水性较好,有益于植物生长。

2)植生垫

(1)植生垫的特点。

植生垫(图 3-20)具有抗侵蚀能力强、持效期长等特点,具有三维加筋作用。构成植生垫的植物纤维材料因木质素含量高而具有较强的抗生物降解和抗紫外线降解的能力,可以在田间保持 3～5 年不腐烂,并且植物纤维中的全氮、全磷和全钾含量分别为 0.30%、0.001%和 1.50%,能够充分满足植物生长的基本需求。由于植物纤维较细,所以有利于植物种子萌芽和穿透,具有保温和保湿作用。植物纤维的蓬松多孔结构可增强植生垫与土壤间的摩擦力,并具有较强的透水性。植物纤维的强度大,能够在土壤中起到类似植物根系的加筋作用,增强土体的抗剪强度,减少雨水侵蚀,从而可大幅提高边坡的稳定性和抗冲刷能力。

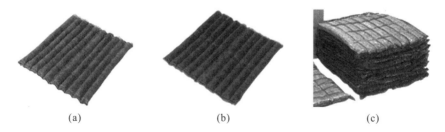

(a)	(b)	(c)

图 3-20　植生垫:(a)植物纤维制品(可降解);(b)玻璃纤维网(不可降解);(c)小尺寸方便(局部立地)

(图片源自日本植生株式会社内部资料)

植生垫作为植生制成品，由工厂规模化加工成型，施工时操作简单、铺设迅速，成本较低，具有广泛的适用性。

(2)植生垫的制作。

植生垫分为不带种子植生垫和带种子植生垫。

不带种子植生垫由塑料丝编结网和植生纤维层组成。植生纤维层由稻草、麦秆、棕榈等植物材料经粉碎后铺絮而成。将植生纤维层置于中间，上下两层包裹塑料丝网并经机器缝制而成。

带种子植生垫是在植生纤维层与下层塑料丝网间加入种子层，种子层两侧加入衬纸，形成 6 层带种子植生垫。

植生垫的质地较坚硬，表层呈棕黄色丝网状。植生垫产品分 1m×1m 和 1m×8m 两种规格，平均厚度在 1.5cm。

(3)植生垫的应用。

植生垫在国内外的公路、铁路及河道等的边坡防护中有着广泛的应用，能够有效地控制水土流失、促进植被恢复，生态护坡的效果显著。特别是在马来西亚、印度、菲律宾等棕榈植物种植大国，用椰棕制成的植生垫广泛应用于水土保持工程领域。欧美、日本及我国台湾地区对植生垫的使用也较多，国内南方地区的使用量大于北方地区。工程实践证明，铺设植生垫的边坡其土壤含水量均有所提高，特别是冬春季节，土壤的水分含量显著增加，土壤的有机质含量也有所增加。我国的植生垫又叫生态毯，有引进德国技术编织的草毯(椰纤维、秸秆)，也有国内开发的技术和研发产品，但所见产品种类不多，应用比较有限，且多用于覆盖[25-28]。

2. 植生袋

植生袋是在草坪种子植生带的基础上发展而来的一种新型植生制成品。依据特定的生产工艺，将植物种子、土壤有机基质、肥料、保水剂等按照一定比例混合后，装入具有自然降解能力的聚丙烯等高分子复合材料内，按照一定的规格经滚压缝制而成的带状植生产品。

在边坡生态工程中，植生袋的稳定性高，能够有效地避免雨水冲刷，防止坡面土石滑塌，并为坡面植被提供生长所需的营养物质。植生袋可为坡面提供15~40cm 的种植土层，种植方式多样，极大地增大了植被种类的选择范围。

1)植生袋的制作

植生袋一般由最外层、次外层、中层、次内层、最内层共 5 层组成，袋的横截面呈条形或环形闭合形状(图 3-21)。植生袋的最外层和最内层为尼龙纤维网，次外层是呈微孔状的加厚无纺布，中层由植物种子、长效复合肥、生物菌肥及营养基质的混合材料构成，次内层是能在短期内自然降解的无纺棉纤维布。

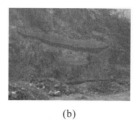

　　(a)　　　　　　　　　　　　(b)　　　　　　　　　　　　(c)

图 3-21　植生袋：(a)拦沙坝开槽排放植生袋绿化混凝土构造物(摘自日本植生株式会社内部资料)；(b)矿山边坡植被恢复用植生袋形成局部围堰栽植木本植物(浙江舟山，2008 年)；(c)机械注入式覆盖坡面植生袋，可适应土砂、风化岩、裂隙不发育的光板岩面、急陡坡面、积雪寒冷的立地环境(BIO ORGANIC 工法，日本特殊绿化协会)

　　植生袋中层的植物种子应选择品种优良、适应能力强的物种，以适宜护坡的乡土树种为宜，并依照速生种与慢生种相结合并兼顾景观效果来设计植物种子的配比，再由生产厂家统一加工缝制。施工时，在植生袋内装入适宜的基质以利于植物生长。基质由种植土、有机质、河砂按照 5∶2∶3 的比例，再配合适量的肥料、保水剂、酸度调节剂和消毒剂均匀混合而成，种植土、有机质需粉碎过筛，颗粒粒径不得大于 15mm。植生袋内的种子在吸收基质营养后萌发生长，植物根系在坡面连接成片，从而抑制水土流失，实现边坡防护与工程绿化。植生袋的规格一般分为 50cm×50cm 和 60cm×60cm 两种，造价成本每只约 50 元。

　　2) 植生袋的特点

　　植生袋的工程防护技术原理在于充分利用了边坡岩面的凹陷空间，在凹陷处通过植生袋围堰，并在围堰内填土种植植被来实现边坡生态工程修复，或者在坡面外侧直接用植生袋堆砌形成一个呈梯形的植生袋面层，通过植生袋内的植物生长来实现边坡绿化。采用"U"形锚钉对植生袋进行固定，使其与植生袋绿化基材及岩石风化层等共同作用，组成坡面生态恢复系统，以保持边坡的长期稳定[29]。

　　植生袋的主要特征包括质量轻、强度高、弹性好、透水性强、稳定性好，可保水保肥、透水不透土，它所形成的密集且孔径合理的网孔结构，创造了一个可透气、保水、调温的环境，为黏附在细小多层网孔中的种子提供了适宜萌发和生长的良好环境条件。袋内种子分布均匀，出苗率高，可抗冲刷风蚀，绿化效果持续稳定。袋内植物的生长可有效地改善边坡土壤的理化性状，土壤改良效果明显。

　　植生袋体积小、可折叠，方便运输，规格尺寸可根据施工需要进行灵活剪裁，特别适用于特殊的微地形边坡环境；同时，植生袋的施工工艺简单迅速、设备投入少，相比于其他植生制成品的成本较低，并且可降解、环保性强。

　　植生袋工程最大的限制性在于在工厂规模化生产时，种子需预先设计配比好并缝入袋内，故在种子的选择上存在局限性，针对不同坡面实行个性化设计较困难。

3）植生袋的分类

植生袋主要分为单体植生袋、连体植生袋和截水植生袋三类，其他类型的植生袋多在此三种类型的基础上改良而成。

单体植生袋具有可塑性强、适应性强、造价低的特点，施工快速简便，能适用于多种复杂地形。工程中，单体植生袋多用于坡度较大的坡面，但坡面垂直高度不宜超过 20m。

连体植生袋具有抗拉扯和稳定性强的特点，较适于铺钉在坡度角大于 45°的岩质坡面。连体植生袋能够较好地适应不均匀沉降，且结构间不产生温度应力，无须设置温度缝，适于大面积的连续性绿化。在工程中，连体植生袋多用于半风化岩石或纯岩石坡面及坡面所处地质条件复杂、工程机械难以进入的地区和反坡。

截水植生袋具有较强的截水能力，能够防止雨水对坡面的强力冲刷，并能有效地保持植生袋内的水分，降低水分的蒸发速度，可为植被的生长提供持续的水分供给。同时，截水植生袋不会产生浆砌截排水沟的生态阻隔效应，保持了生态连通性，解决了坡面排水与供水的矛盾。

4）植生袋的工程施工

植生袋的施工工艺流程包括：植生袋基质灌注→植生袋码放堆砌→植生袋加固稳定→养护管理。

基质灌注时，通常将基质装至八成满后扎紧袋口，封口要规范，并确保植生袋内的基质尽可能紧压充实，做到结实牢固、不漏不破。填充后，要将袋体拍打成型，使其压实度达到70%以上，土壤容重在 $1.1\sim1.4g/cm^3$。将其水平分层，错位码放，各植生袋间紧密衔接，不留缝隙，踩压紧实，边角及顶部用小规格植生袋补齐。对于坡度角大于45°的边坡，植生袋外用铁丝网和"U"形钉加固。当码放高度大于 2m 时，每隔 2m 加固一排锚杆，锚杆直径 12mm，间距 40cm，以插入深度 30cm 为宜。最后进行浇水养护，要一次性浇水并浇足浇透。反坡坡面施工必须覆盖铁丝网加固以防垮塌。

5）植生袋的景观应用

在边坡生态工程中，植生袋的应用因地制宜地体现出了它的特点与优势，有效地控制了边坡的水土流失，为植被恢复提供了有利环境，生态护坡效果明显。同时，植生袋对丰富边坡的生态护坡景观也发挥着积极作用。

在稳固坡面的前提下，植生袋在边坡景观设计中的应用主要体现在以植被覆盖为主，根据边坡地形及坡面状况选取相应的植生袋铺设堆砌方式及适宜造景的植被种类，通过植被生长对裸露岩体实现覆盖，从而创造坡面植被的绿化景观。针对不同的边坡类型，将植生袋的景观设计应用归纳为如表3-4所示的几种情景模式[30]。

表 3-4　植生袋边坡的景观设计应用

边坡类型	坡面特点	造景手法	工程措施	植被选择	景观效果
低缓岩质边坡	坡度角通常不大于45°，坡面平整，植被种植面积大	坡面植被种植、复绿	沿坡面整体垒砌植生袋	前期袋内播草、灌、花种；后期袋上种植灌木、小乔木	大面积整体绿化，植被层次丰富，色彩多样
高陡岩质边坡	类型1：坡面高陡，坡面长，工程机械难以到达，表面覆土难	植生袋创造植生基础，藤本植物坡面复绿、造型	设计区域内坡面植生袋锚固	以藤本植物为主，草本植物搭配使用	创造坡面带状几何图案，复绿的同时增加艺术美感
	类型2：坡度角接近90°甚至反坡，坡高低于20m	坡脚创造植生基础，种植高大植物遮挡裸露岩面，坡面整体复绿	设计区域内植生袋围堰填土利用锚杆在坡面整体悬挂植生袋	以干高、枝长的乔木为主，辅助种植灌草	高大植被遮挡裸露岩面，同时可形成小范围植物群落
	类型3：高陡，裸露面积大，不易覆土，坡面相对平整			草、灌为主	出苗整齐，复绿面积广，效果持续稳定
复杂岩质边坡	类型1：反坡、鱼鳞坑	见缝插绿	植生袋围堰、填补排水区、截水植生袋锚固	乔、灌、草	绿化平整坡面
	类型2：排水沟、汇水线等	植生带生态截排水	混凝土工程防护框内垒砌植生袋	草、灌为主，乔木辅助	美化排水设施
	类型3：框格梁	植生袋填塞框格梁		草、灌为主，乔木辅助	种植出苗整齐，复绿面积广，景观效果好

3. 植生杯

植生杯是一种将有机肥料及多种植物残体纤维与泥炭、黏土混合为一体，经压制成型而制成与基质合一的育苗杯体，是一种呈敞口圆柱形状的新型植生制成品(图 3-22)。

(a)　　　　　　　　　　　　　　　(b)

图 3-22　植生杯：(a)日本称为有机保育块，似蜂窝煤状；

(b)浙江试验，培育胡枝子苗(2006 年)

1)植生杯的特征

植生杯具有成本低、易降解、施工简单的特点，并且成苗连杯，移栽也不损伤根系，也无须缓苗。

在边坡生态工程中，将植物种子播种在植生杯中，待植物出苗后，将幼苗连同植生杯一起移栽到边坡上，实现边坡绿化。因为植生杯可自然降解，移栽后无须脱模，随着幼苗的生长，植物根系将穿透植生杯基质并扎根坡面土体，根系盘根错节并与土壤形成一个稳定的固锁系统。由于植生杯基质是由可自然分解的植物残体纤维与肥料混合的泥炭黏土制成，因此其具有良好的吸水、保水性，能够改善土壤环境，可为植生杯中幼苗的生长提供所需的肥力及适宜的环境，对边坡植被恢复有着积极的作用。

2)植生杯的制作工艺

植生杯的制作工艺较为简单，将有机肥、纤维、泥炭和黏土按照 3∶2∶1∶3 的比例，均匀混合后放入模具，加压成型，再通过黏土及胶水固定成型。自然风干 2~3 天即可使用。其中有机肥可为牛粪或湿地和池塘的底泥，纤维是可降解的植物残体纤维。

3)植生杯的应用

植生杯因为实现了杯体与基质的合二为一，既可自然降解又具有植物生长的有机营养基质，可广泛地应用于石质边坡、土壤贫瘠的矿山边坡及公路边坡恢复。对于不需要移栽的可直接播种的植物，可将播有种子的植生杯按一定密度直接置于坡面上，后浇足水分即可。

3.3.3 集稳型产品的比较

边坡生态工程中，制成品的使用在固稳边坡的基础上对植被恢复有着积极的作用。然而这些植生制成品虽然与边坡防护的原理相近，但在其适用情况及技术特征等方面却有着显著的区别。根据各工法施工的机械设备、适用坡形与坡质及技术特征，作如下归纳(表 3-5)。

表 3-5　集稳型产品工法比较

技术方法	施工机械	适用坡形与坡质	技术特征
植生带	固定绳、锚钉或竹签子	填方边坡或土质挖方边坡及坡度角小于 45°的土质边坡	精细播种、薄膜育苗、养分供给均匀、施工省时省工、操作简单。棉网状植生带覆于坡面表面，植被形成覆盖前的防护效果好

技术方法	施工机械	适用坡形与坡质	技术特征
植生袋	锚杆或固定桩、刚性防护骨架	各类土质边坡、石质土边坡和岩石边坡	具有固土、保湿、调温、保肥等多种生态效应，制作简单、施工方便、适用范围广。点状分布、自身防护效果好
植生杯	固定板、锚钉	土质边坡或石质边坡	具有成本低、易降解、施工简单的特点，适用范围广，但在植被形成覆盖前的防护效果较差
植生垫	土筛、搅拌机、洒水车	坡度角小于 35°的土质边坡或强风化岩石边坡	固土能力强、化学成分稳定、抗老化能力强、操作方便、施工速度快、工程造价低，植被形成覆盖前的防护效果差

3.3.4　集稳型产品的广阔前景

随着工业和交通的发展，高速公路两侧的石质边坡不断地增加，而废弃开采的矿山多呈现岩质边坡。伴随生态文明建设的推进，传统的混凝土喷护边坡防护形式正不断地向生态防护形式过渡。植被混凝土护坡技术利用工程手段，通过植被根系的力学加固和地上生物量的水文效应达到护坡和改善生态环境的目的。植生制成品因其形式多样、适应性强、施工简单、工程防护效果好等优点被越来越多的工程建设者所认同和采用。虽然植生制成品的初期成本较高，但其持效性强，工程防护效果比其他工程方法要好很多，并且植生制成品能够有效地控制水土流失、固稳边坡，为植被恢复提供有利环境，同时对丰富边坡生态护坡景观也发挥着积极作用。此外，随着制成品类型的不断增多，广适性也不断增强，许多河流消落带、水利堤坝及风景区道路的边坡岩面均采用植生制成品进行绿化、美化，还可以根据景观的需要在植物物种的选择上设计混合搭配特色乔灌种子及花卉种子。而为了满足特殊边坡环境的绿化、美化需求，由现有植生制成品所衍生出的附属产品，如植生砖、植生花盘、发泡型植生混凝土等也应运而生，满足了不同类型的边坡生态工程需求。岩石边坡一般属高陡边坡，对于节理发育、不稳定的岩坡，宜采用植生混凝土绿化技术，即先在岩坡上挂网，采用特定的配方和含有草种的植生混凝土，用喷锚机设备将其喷洒到岩坡上，使植生混凝土凝结在岩坡上，草种从中生长，覆盖坡面。

集稳型产品是智慧边坡植被恢复发展的重要方向，我国研究者已进行了十多年的研发努力[28]，锲而不舍，从产品的基质特性、卷材制作工艺、生境适应性等方面都做了大量的试验研究[31-34]，目前已进入全国典型生境试验阶段，我国出现了智慧植被护坡产品，实现产业化生产是可以期待的。

3.4 智慧工法的选择原则和配置

3.4.1 智慧工法的选择原则

工法的创立和改进都是围绕解决岩石边坡的植被恢复这个中心问题而推陈出新，才有了如附表 3-1 所示的形式多样的工法。针对一个具体工程，如何选择工法或工法组合，是业主选择设计施工队伍的出发点，更是工程设计必须面对的大问题，这既关系到施工队伍的工程技术实力(投标能力)，也关系到招投标公司是否能顺利完成招标公告。工法选择与组合所涉及的问题门类复杂，是智慧边坡生态工程探讨的关键问题。要实现智慧工法的选择就必须探讨其选择的原则，制订学习算法规则，这里主要从质量(恢复目标)、立地条件和成本三个方面讨论工法选择的条件及相关组合。

1. 质量(恢复目标)

各种工法的创立首先要考虑的是边坡生态工程问题，即在岩石边坡上恢复什么样的植被系统，也就是要达成的恢复目标是什么，即绿化、生态还是景观再造。目标群落的确定对工法的选择至关重要，例如，如果道路边坡以行车安全功能为前提，那么其简单要求就是建立草本群落的绿化，而工法选择就比较简单，工法组合也不必复杂，通过单一工法或两三个工法的组合即可达成目标；如果目标是植被生态恢复或景观再造，那么情况就比较复杂，矿山边坡常需要有这样的考虑，植被生态恢复及要求具有多样性，强调植被环境和乡土种，乔灌草是满足目标群落的关键和基础，那么工法选择就必须考虑木本植物的重建保障，植物多样性则意味着只有工法及组合具有多样性才能满足其需求；而景观再造就更复杂了，既要满足绿化又要求生态恢复和环境协调，而且在景观上还要有异质性，完全野化是不允许的，这样的边坡常分布在城市周边的采石场，其规模大、高度大，是人居环境中的远景，有时甚至是近景，这种情况下工法的选择是多样的，有大规模的基调工法，也有分区局部甚至有微环境下的特色工法组合。

2. 立地条件

边坡的地质地形状况会影响工法选择。考虑的因素有岩层性状、坡面地形、构造等，要具体审视岩层性状，即顺坡还是反坡。岩性：沉积岩要特别关注砂岩和泥岩互层的情况，岩浆岩要注意花岗岩的深度风化情况，变质岩要关注板岩顺层滑脱的危险。地质构造要考虑地层和裂隙的分布性状，特别要注意开放性构造和构造破碎带，这容易引起崩塌和涌水；边坡地形的平整度和顺直度为坡面形态的基本量度，对边坡坡度的影响极大，高陡边坡对工法强度的要求高，其微地形变化是工法组合的依据。

3. 成本

工程花费是工程可行与正常施工时保证效果的前提。在客观科学地认识立地条件并确定生态恢复的目标后，工法选择与组合直接影响恢复工程的造价。工法的种类繁多，选择合适的工法并将其巧妙组合是降低成本的关键。开发新的工法是降低成本的有效途径，新的工法因为没有先例，没有现成的核价标准，因此可以通过形成技术溢价从而降低总体成本。

3.4.2 基于生态网格的智慧工法配置

边坡植被恢复的方法多样，其主要目的是适应不同的边坡。基于生态网格的智慧植被恢复工法面向边坡对象，通过单元信息分解，再综合系统认知，即在网格解析与网格系统结合的思想指导下，明确了工法系统性的理念，创造了若干新概念，得到了新的工法认知和工法规划设计新方法，丰富了生态网格法的智慧内涵。

1. 工法强度与分区匹配

涉及全局或同一分区水平的主工法，适用面积大、便于规模化施工、降低成本、提高效率和提升景观效果(工程痕迹掩饰)。其他工法点缀称为副工法，即与主工法并用的工法都可称为副工法。

工法强度指采取固土措施的强度，这关系着植物长期稳定生长。所谓工法强度，如锚杆比锚钉强、金属网比塑料网强、多层网比单层网强、厚层基材(>10cm)比薄层基材(<6cm)强，这反映了边坡立地条件的难易匹配。工法强度高、施加的措施力度大、分量重也预示着造价高。因此，工法强度与分区强度配比显得尤为重要。

2. 分区接合部工法搭接

两个分区边界如何保证交会带植被的正常安全恢复，这就需要考虑工法的圆滑过渡，可采用工法搭接的方法，规定分区难度大的区域匹配的工法沿边界覆盖领域的一个单元网格，搭接样态如图 3-23 所示。

1) V 类分区工法单元拓展

崖坡甚至反坡区在边坡生态网格中，面积一般不大，占据几个网格单元，或只有一个单元就可涵盖，其呈现点状分布。为使匹配 V 类分区工法更好地发挥作用，分区工法沿分区坡向延展一个单元格，并以该单元为中心左右各扩展一个单元共计拓展三个单元以匹配该区工法(图 3-23)。

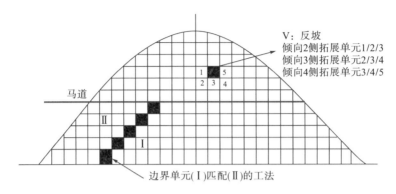

图 3-23　边坡工法强度与分区匹配示意图

2)马道平台与坡脚

马道标高基本沿等高线,宽度变化比较大(0.6~6m),一般为 2~3m,道路边坡比较规范,矿山边坡不规则,标高略有起伏。虽然基本平整,但覆土条件一般达不到园林绿化乔木和栽植条件(土层厚为60cm)。坡脚场地的道路边坡比较狭窄,矿山坡脚空间大。地形经整理均可以达到园林绿化的形态,但基础比较差,削坡渣土或宕渣多,也不易达到园林绿化的要求,所以将该类立地条件归类于植被极易恢复区(Ⅰ)。

3.5　工　法　展　望

美国等发达国家从 20 世纪 30~40 年代就开始在公路边坡开展植被恢复工作。加拿大的边坡绿化强调注重人与自然的和谐统一。在施工中,尽量降低对自然的干扰,强调生态管理,提倡采用本土植物代替草坪,创造接近自然的景观,从而发挥更大的生态效益[35]。德国、法国、瑞士、澳大利亚均十分注重公路边坡的绿化和植被重建,强调边坡植物选择的“因地制宜”原则[36]。日本的边坡生态恢复研究处于世界领先地位,在高速公路生态建设尤其是岩石边坡的生物防护方面做了大量工作。20 世纪 80 年代以来,绿化工程理论和技术体系不断发展和提高,新技术在工程实践中不断涌现(如高次团粒 SF 绿化工法、连续纤维绿化工法、吹附工法、拥壁工法、筋袋工法、网垫工法、框格植被绿化工法和绿化网等)。高陡岩石边坡的植被恢复通常采用工程防护与植物防护相结合的综合防护方法,如利用厚层基质挂网喷附、水泥混凝土框格喷附和生态水泥喷附等技术。新技术不仅具有绿化速度快、坡面保护效果好的特点,还强调了道路与自然的协调、景观与生态的统一。在边坡植被的构建上强调木本植物群落的功能,通过提高有机质基材的配比,以促进木本群落建成。我国边坡植被防护起步较晚,目前主要的技术理念多源于国外,在理论和实践方面的研究不足。我国是多山地国家，自然山坡类型多样。随着国家经济的发展，在交通、水电、采矿、机场修建等工程实施和城市建设的过程中形成了许多人工边坡创面，因此对边坡植被恢复工法的实施有急迫的现实需求。目前，关于边坡工程的理论与实践研究已总结了多样化的边坡植被恢复工法，如附表 3-1 所示。多样化工法的目的是适应不同生境立地条件，实现构建更为高效和可持续的边坡植被生态系统。由于边坡类型多样，存在许多异质的微生境和微立地环境，因此与之相适应的工法创造空间巨大，未来的边坡植被恢复实践期待创造更多因地制宜的且具有实际应用价值的新工法。同时，我们应看到，未来的工法应着眼于景观美化，以恢复自然景观特征，减少工法痕迹，或是利用植被的生长进行修饰。最好的工法应用方式是将工法代入景观之中，成为自然景观的一部分。新的工法应有利于促进和构建可自我维持的、少或无须人力管理和维护的边坡植被生态系统。此外，新工法的研究应考虑以对环境的少干扰和低影响为原则，在材料和施工工法上更多地考虑环保性，避免对边坡和周围自然生态系统的污染与干扰。边坡工法中在材料选择上多考虑资源的循环利用。目前，在我国乡村振兴战略下，农村污染治理日益受到重视。结合农业固体废物资源化处理，可选择固体废弃物秸秆、菌渣、厩肥、污泥等作为原料制备绿化基质以用于边坡植被恢复。研究表明，此种绿化基材的有机质含量和氮、磷、钾养分含量丰富，可以满足植被生长的长期需要。因此，农业固体废弃物的利用既可改善乡村环境，又可促进边坡植被恢复，未来应加强对相关工法的研究[37]。

　　未来应关注边坡生态工程中生态工法的理念和工艺，实现工程效益与生态环保效益的融合，以促进土工结构与环境相适应[38]，构建动植物生境适宜和景观良好的边坡生态系统。此外，利用新的技术手段，如借助三维数字摄影测量系统，基于岩体结构和空间特征的数字识别技术，结合水文地质、工程地质、土壤、气候等条件，根据岩体结构面的空间几何信息和岩体的质量等级，选取与之相适应的各类岩质边坡生态恢复与重建方案，增加所应用工法的合理性[39]。为了系统科学地进行边坡植被恢复，应多方面综合考虑立地因子、气候条件和功能需求，如城市建设导致的人工创面边坡和自然山地边坡的景观塑造需求的显著不同。未来应针对特定地域，分析裸露边坡的水土资源特征及其存在的生态修复问题，利用多学科、多技术交融来推动新工法的研究与应用，如可利用计算机模拟或构建模型来分析和确定人工土壤基材配比和植物的选择。对于土质边坡的稳定性，可根据草本植物和木本植物与边坡土层之间的力学分析模型，研究提高土体抗剪强度和根系锚固效果的植物配置方法[40]。

附表 3-1 （岩石）边坡植被恢复工法一览

类型	特征	工法名称	工程样态	工法构成及特点	备注
网稳类工法	金属网	基材喷附（包含客土、厚层基材、有机基材喷附等）		①镀锌、镀塑的四边或六边编织铁丝网； ②空压机、喷射机； ③效率高； ④适应各类边坡	边坡人工土壤恢复的基础工法，能与大多数工法并用；可带横条肥料带
		焊接网护坡		①高强度焊接网； ②挡土、透水、透绿； ③下边坡	工程护坡与生态绿化相结合
		主动防护网		①预应力主钢索； ②钢索骨架的钢丝网； ③路堑边坡防落石； ④人工土壤绿化	布鲁格网，类似的有高强度钢丝格栅（TECCO）网
	合成材料网	三维网		①网眼直径为 2~5cm，三维结构由 2~4 层网构成，底层是具有高模量的基础网，由 1~2 层平网组成； ②表层网呈波浪起伏状，形成蓬松网包，有利于增加表土与网的摩擦力，起到了固定表土的作用； ③网包内可填充种植土和草籽，可保护和促进植被恢复	又名土工网垫、防侵蚀网垫
		平层网：间隔肥料带网		①长效缓释肥料基袋； ②化学纤维双层网防止表层侵蚀和基材流失； ③肥料带形成小型水平阶，利于固定植生基材； ④土石边坡	与有机基材喷附工法并用
		粗密织条网		①一般纤维网，间隔条带加粗加密，强化防侵蚀功能，防止土壤微粒流失； ②土石边坡	与有机基材喷附工法并用
		超级纤维网		①高强度、低伸缩、低蠕变； ②轻量化、柔软化	补强填方边坡

续表

类型	特征	工法名称	工程样态	工法构成及特点	备注
格稳类工法	—	自由框格		又称简易框格，可以随坡面地形起伏，并根据微立地条件设计框格形态，形成形态各异的框格结构，具有自由性	框格内基材喷附或植生袋绿化；因地制宜，维护木本植物
		预制框格		就近场地预制混凝土格构，尺寸比较小，便于坡面安装	一般充填黏性土，适于坡比不大于1:1的土石边坡
		土工格室		防止坡面风化物脱落，设置便利，可以在较大坡面展开，锚钉固定，依靠植物根系形成整体，发挥植被护坡的功能	机械或人工回填客土后喷播植物种子
		挡土翼		①翼板加锚杆稳定植生基材；②超厚(20cm)基材；③布置灵活	强大的支撑力，抗雨水冲刷
		三角隔室		①带状金属钢网，现场拼接；②金属网格与植物根系联系成为一个整体，提高护坡效果；③柔性，可适应坡面变形	相比框格梁等工法，基材更加稳定，植物生长良好
		蜂巢法		①玻璃纤维、无纺布；②强度高，土壤耐蚀性强；③高度可变；④缓坡覆土	具类似于框格梁的抗拉强度
		TACOM工法		合成纤维制成轻质、高强度框格，将混凝土(水泥砂浆)注入，形成具有一定厚度的混凝土格构	可用于护岸；1:1边坡
集稳类工法	—	网环隔室		①金属网构成圆环；②柔软结构应对凹凸坡面；③雨水排泄均匀；④植物根系一体化，不分割基材	与基材喷附、植生袋、客土回填、苗木栽植等并用

续表

类型	特征	工法名称	工程样态	工法构成及特点	备注
集稳类工法	—	植生棚		①辅助框格支撑，坡面变缓更稳定；②设置自由，内填土可与客土喷附一起进行；③易植物造景	播种与栽植并用，可以实现多种植物的导入
		挡土匣栽植		①高强度材料现场安置；②沿等高线平行布置；③土量调节立体绿化造景（大中小木本植物、草本、地被等多样性）	又称板槽法；岩石边坡不削坡，或用于构造物绿化（大坝表面等）
		植生栅		①挡土透水；②网孔状开放空间有利于植被生长；③弱化工程痕迹	代替土袋形成土边坡的工法；岩石边坡上及马道平台边缘适用
其他类	—	注入式生态袋工法		①袋状毯，部分可降解纤维、种子基材注入毯袋，种子从腐烂处长出芽，使大粒种子的导入成为可能；②防止雨、雪、霜的侵蚀，在高海拔、寒冷地带的任何季节都可以施工，绿化得到保证	商品名为金字塔法
		植生袋工法		无土生境确实保证了植物基质，可灵活适应微立地条件	有利于木本植物生长
		生态孔工法		边坡局部创面光滑完整，不利于植被恢复，设置生态孔，诱导根系扎入孔中，起加筋作用，生态孔设置直径5cm，深度20cm	受挡土翼工法在护面墙上钻孔生态连接山体的启发，提出了生态孔工法，在浙江舟山石油储备库和石油钻井平台项目设计应用
		锥孔容器苗		①不用挖开表土，直接插入，效率高；②锥孔容器比一般的培苗容器小，根能够在四方活跃伸长，形成健全的根系；③使用可降解塑料，不会产生多余的垃圾	木本类栽植

续表

类型	特征	工法名称	工程样态	工法构成及特点	备注
其他类	—	种植钵木本栽植	种植钵	①种植钵(可降解材料制成的容器)、防草保水垫、草绳、木本植株; ②将草绳以格子状铺设于坡面,格子间距为木本植株栽植间距,然后将种植钵固定在坡面上,在种植钵周围盖上防草保水垫,最后将木本植株移入种植钵内	木本植物在草本植物的保护下成长,经过3~4年树木成林,草本与木本的共生关系逐渐加深,最终成为一个与周边环境相协调的自然生态景观
制成品类工法(M)	—	再生纸植生网毯		单层有机网:横向为再生纸,纵向为人造丝、人造纤维、黏胶纤维、可降解塑料纤维;薄棉,附着种子、肥料、保水剂、土壤改良剂	与坡面密切接触,可接受网上的凝结水,均匀分布于坡面,防止土壤微粒流出,保温
		乡土种植生网毯		超长缓释肥料带保证生长缓慢的乡土种得到养分供给;双层网(玻璃纤维)	早期复绿和可持续生态恢复结合,草本、树木融合生长
		草毯		麻网、稻草生物降解材料,附着种子、肥料、保水剂、土壤改良剂;附缓释肥料袋	又称生态植被毯;类似的有合成材料网制成的草毯
		植生袋		植生袋内面附着种子、肥料,装入基质;或仅为纤维袋,填装客土	尺寸灵活,布设自由;单级边坡高度不高于10m,路堑边坡坡度不陡于1∶0.75
		厚层客土袋植生毯		厚层客土袋植生毯由麻制成,中空,现场注入基材,附着种子、肥料、保水剂;可降解	有合成材料(不可降解)形式
		植生棒		由麻制成,含基材、种子、肥料、保水剂;可降解	多功能养护棒

注:资料来源于杭州临安锦大绿产业技术有限公司、日本植生株式会社、フリー工業株式会社、簡易吹付法枠協会、ウィングロック協会、太陽工業株式会社、エコスロープ協会、長繊維緑化協会、ライト工業株式会社等。

参 考 文 献

[1] 周德培，张俊云. 植被护坡工程技术[M]. 北京：人民交通出版社，2003.

[2] 池田桂，松崎隆一郎，長信也，等. 伐採木を有効利用した資源循環型短繊維混入植生基材吹付工による野芝吹付事例[J]. 日本緑化工学会誌，2012，38(1)：176-179.

[3] 日本法面緑化技術協会. のり面緑化技術-厚層基材吹付工[M]. 東京：山海堂出版社，2007.

[4] 张俊云，周德培，李绍才. 厚层基材喷射护坡试验研究[J]. 水土保持通报，2001，21(4)：44-46.

[5] 张俊云，李绍才，周德培，等. 岩石边坡护植被坡技术(3)：厚层基材喷射植被护坡设计及施工[J]. 路基工程，2000(6)：1-3.

[6] 郑碧仿，张俊云，李绍才，等. 岩石边坡植被护坡技术(4)：厚层基材基本特性研究[J]. 路基工程，2001(3)：1-4.

[7] 王琼，柯林，辜再元，等. PMS 技术在高速公路岩石边坡生态防护工程中的应用[J]. 公路，2009，54(2)：180-185.

[8] 李天斌，徐华，周雄华，等. 高寒高海拔地区岩质陡边坡 JYC 生态基材护坡技术[J]. 岩石力学与工程学报，2008，27(11)：2332-2339.

[9] 辜彬，王丽. 露天开采矿山生态环境治理的基本理论与方法[J]. 中国水土保持科学，2006，4(S1)：134-137.

[10] Fonne G J. Growth medium to cover the surface of the ground：US3938279[P]. 1976-02-17.

[11] Roberts R D，Bradshaw A D. The development of a hydraulic seeding technique for unstable sand slopes. Ⅱ. Field evaluation[J]. Journal of Applied Ecology，1985：979-994.

[12] 全国 SF 绿化工法協会. 高次団粒 SF 绿化システム[R]. 東京：全国 SF 绿化工法協会，2009.

[13] Vincelli F. Hydroseed substrate and method of making such：US8163192[P]. 2012-04-24.

[14] 邰凤超，彭国涛，许小娟，等. 边坡植被恢复技术体系及应用模式[J]. 北方园艺，2010(19)：127-130.

[15] Cao S X，Xu C L，Ye H H，et al. The use of air bricks for planting roadside vegetation：A new technique to improve landscaping of steep roadsides in China's Hubei Province[J]. Ecological Engineering，2010，36(5)：697-702.

[16] ウィングロック協会. ウィングロック植生工法[R]. 大垣：ウィングロック協会.

[17] 周顺涛，辜彬，蔡胜，等. 挡土翼工法在石质边坡生态恢复中的应用研究[J]. 水土保持通报，2009，29(2)：188-191.

[18] 金洪. 浅谈公路路基上边坡整治[J]. 浙江交通职业技术学院学报，2011，12(1)：16-19.

[19] 朱凯华，尹金珠，许小娟，等. 石油储备库等特殊建设项目区的生境特点及生态治理对策[J]. 水土保持通报，2012，32(6)：177-181.

[20] 黄东光，魏国锋，刘水，等. 边坡绿化技术浅析[C]//第二届全国水土保持生态修复学术研讨会，2010.

[21] 李家君. 三维网植被护坡技术在广巴高速公路的运用和改良[J]. 西昌学院学报(自然科学版)，2012，26(3)：55-57.

[22] Fu D Q，Yang H，Wang L，et al. Vegetation and soil nutrient restoration of cut slopes using outside soil spray seeding in the plateau region of southwestern China[J]. Journal of Environmental Management，2018，228：47-54.

[23] Schiechtl H M. Sicherungsarbeiten im Landschaftsbau[M]. 東京：築地書館，2004.

[24] 罗阳明. 喷混植生护坡体系的长期稳定性研究[D]. 成都：西南交通大学，2012.

[25] 张利，李杨红，范宇，等. 生态毯覆盖对若尔盖沙化草地土壤环境及植被恢复的影响[J]. 林业与环境科学，2017，33（1）：24-28.

[26] 姬慧娟，扶志宏，张利，等. 生态毯在地震滑坡区植被恢复中应用效果研究[J]. 四川林业科技，2014，35（2）：4-8.

[27] 刘冲，李绍才，罗双，等. 护坡植物在植物卷材中的适应性研究[J]. 中国水土保持，2012（5）：52-56.

[28] 郭文静，赵平，王正，等. 植被恢复用植生卷材制造技术及其应用[J]. 世界林业研究，2011，24（6）：39-42.

[29] 刘冯，徐堃，范剑雄. 生态袋边坡防护施工技术[J]. 上海铁道科技，2018，164（4）：121-123.

[30] 陈冀川，辜彬. 论植生袋在岩质边坡上的景观应用[J]. 中国水土保持，2014（5）：32-35.

[31] 叶飞飞，孙海龙，李绍才，等. 秸秆网厚度及用量对土壤水分蒸发的影响[J]. 中国水土保持，2011（1）：60-63.

[32] 张琼瑛. RX 基质水分设计研究[D]. 成都：四川大学，2013.

[33] 张湧，李绍才，孙海龙. 伸根空间对植物卷材养分含量的影响[J]. 北方园艺，2017（20）：115-121.

[34] 苏晓敏，李绍才，孙海龙. 屋面绿化卷材降雨入渗及蒸发特征研究[J]. 新型建筑材料，2018，45（10）：121-125.

[35] Froment J，Domon G. Viewer appreciation of highway landscapes：The contribution of ecologically managed embankments in Quebec，Canada[J]. Landscape and Urban Planning，2006，78（1/2）：14-32.

[36] 马欣欣. 京郊公路生态绿化模式的初步研究[D]. 北京：北京林业大学，2008.

[37] 宋法龙. 以基材-植被系统为基础的生态护坡技术研究[D]. 合肥：安徽农业大学，2009.

[38] 丁文儒. 基于生态工法理念的成都市深圳路景观改造[D]. 长沙：中南林业科技大学，2019.

[39] 陈天旭. 基于岩体结构数字识别的高速公路岩质边坡生态重建模式研究[D]. 武汉：武汉纺织大学，2017.

[40] 肖代全. 基于三大目标的高速公路绿化工程优化研究[D]. 西安：长安大学，2011.

第4章 边坡人工土壤技术

边坡生态工程，特别是岩石边坡，植被恢复的关键是土壤环境的重建。随着边坡生态工程研究的不断深入，边坡人工土壤技术已成为边坡生态工程建设中的重要内容。由于边坡上重力的分力即下滑力的存在，故要求重建土壤不能太重，即土壤容重要小，又要求其应有非常强的抗侵蚀能力，即重建土层厚度受到限制，从而制约了植被恢复。为了解决重建土壤容重、厚度与稳定性的矛盾，我们研究并开发了以用于岩石边坡植被恢复的基材(即人工土壤)喷附(喷射)为主流的工程技术方法。利用工程措施，主要是挂网(金属网、合成网、土工网等)，将植生基材利用空压机结合喷射机喷附于岩石坡面，形成一层厚度为 3~15cm 的重建土壤层，即人工土壤层。

围绕岩石边坡的植被恢复，国外从 20 世纪 70 年代起就开始陆续研究、开发并应用了多种技术方法，如纤维土绿化工法[1]、种子喷射工法、客土喷附、厚层有机基材喷附[2]等多种喷混植生工法及喷混植生基材配方，利用间伐树木短纤维构成植生基材，增加基材孔隙度、减小基材容重、提供缓释有机养分，以及在混凝土护面上实施植被恢复的挡土翼工法，利用岩面的凹凸性以增加基材稳定性的植生袋等技术方法，并在技术方法和基材配比上申请了多项发明专利[3-5]。

基于对边坡土壤环境的正确认识，合理地设计人工土壤配比方案，适当地进行边坡加固，创造植被生根发芽成长的基础，并能持续促进人工导入植被与周边环境融合，协同演替发展，减小边坡的异质性，恢复土壤的生态功能，这正是边坡人工土壤恢复技术的目标意义所在。

4.1 边坡的土壤环境

土壤是气候、生物、地形、母质(岩)、时间等因子综合作用而发展生成的结果。边坡植被恢复所涉及的植被生长基有当地的自然土壤，也有其他地方运来的土壤(客土)，同时也有相关模拟自然土壤性质的人工植被生长基质。无论哪种土壤或生长基都应满足：

(1)可供植物根系充分伸展的土层和土量。

(2)具有一定的强度，能够支撑植物体。

(3)有充分的水分和空气的供给(排水、保水、通气良好)。

(4)能长期提供养分[有机质、腐殖质、阳离子交换量(cation exchange

capacity，CEC) 等]。

(5) 有利于土壤生物活动(物质循环)。

(6) 无对植物有害物质的存在。

土壤是边坡植被恢复生长的基础，特别是岩石边坡，土壤条件将影响植被的重建和恢复的效率[6]。由于边坡的构成情况比较复杂，所以边坡的土壤环境存在较大差异[7]。首先，坡体在自重力的作用下会有向下滑动的趋势，不同坡度的边坡坡体沿着某一潜在滑动面发生的剪切破坏不同，这使得边坡坡面上土壤的有效养分会有所差异。其次，同一坡体中，受坡向及坡位的影响，水分、光照、温度及风化等条件分布存在差异，因而其对应的边坡土壤养分及各项环境指标均呈现差异性变化。暴露的边坡容易受到土壤侵蚀和发生地质灾害[8]，从而产生土壤退化，同时伴生多种生态隐患和安全问题，包括土壤侵蚀、岩石暴露、栖息地破坏、山体滑坡等[9]。

边坡生态工程在保证边坡安全稳定即不发生地质灾害的前提下，首先要解决的就是对边坡土壤的恢复，这是边坡植被恢复的基础工作。然而边坡原有土壤通常因土壤结构或理化性质等不能为植被恢复提供基本的植生环境，特别是岩石边坡更无适宜生境可言。在此情况下，人工土壤成为开展边坡生态工程的重要基石。目前边坡人工土壤恢复技术有许多种，其土壤特点和应用条件也各不相同。因此，在对边坡生态工程开展人工土壤恢复技术时，须在掌握边坡及其周边土壤环境要素信息的基础上结合边坡的地形、地貌及气象水文条件，根据相关测试分析及治理规划选定与边坡土壤环境相适宜的人工土壤恢复技术。

不同类型边坡的人工土壤环境主要取决于边坡的地质特征、坡面特征、稳定状况等。边坡坡面的生态恢复必须以坡面具有持续健康生长的土壤环境为前提，由于土质边坡与岩质边坡在构成上存在较大差异，因此二者的边坡土壤环境也不尽相同。

4.1.1　正常植被生长的土壤环境

1. 土壤断面的特征

一般山地土壤断面如图 4-1 所示，其具有显著的土壤分层特征，即表层 A_0 层为有机物堆积层，下面的 A 层为含有大量腐殖质土层，B 层仅有少量腐殖质，B_2 层介于 B 层与 C 层之间，C 层为风化的土壤母质层，C 层下面就是坚硬的基岩。

2. 土壤参数

山地土壤的差异性比较大，可由土壤质地进行区分，表 4-1 概括了山地土壤参数与树木生长特性的关系。

图 4-1　山地土壤断面示意图

表 4-1　山地土壤参数与树木生长特性的关系

调查项目		影响强度基准			
		1	2	3	4
		有利于树木的生长	多数树种正常生长	经若干改良后多数树种正常生长	树木正常生长困难
物理性	硬度	<21	21～24	24～27	>27
	孔隙度/%	40～60	30～40	20～30	<20
			60～80	80～90	>90
	土性	Lic、CL、SC、SCL	Sil、SiCL、Sic	HC、S、LS	
障碍性	含砾率/%	0	20	25～60	76
	透水率/(cm/s)	>10^{-2}	10^{-8}～10^{-5}	10^{-7}～10^{-5}	<10^{-8}
自然肥沃度	盐基交换容量/(meq/100g)	>15	15～17	3～7	<3
	磷酸吸收系数/(meq/100g)	<400	400～1500	1500～2300	>2300
	pH	5.6～6.8	4.5～5.6、6.8～7.9	3.5～4.5、7.9～9.0	>9.0
	置换性石灰饱和度/%	>40	20～40	<20	<0.5
	腐殖质含量/%	10～5	5～10	0.5～5	>30
			15～20	20～30	
养分含量	全氮/%	>0.15	0.08～0.15	0.03～0.08	<0.03
	有效磷(P$_2$O$_5$)/(mg/100g)	>30	10～30	<10	
	交换性钾/(meq/100g)	>0.6	0.25～0.6	<0.25	
	交换性钙/(meq/100g)	>6.0	3.0～6.0	<3.0	
	交换性铝/(meq/100g)	>0.8	0.3～0.8	<0.3	

　　注：meq/100g，即离子交换容量单位，代表每 100g 离子交换树脂所能交换的离子的毫克当量数。Lic 表示 light clay，轻质黏土；CL 表示 clay loam，黏壤土；SC 表示 sandy clay，砂质黏土；SCL 表示 sandy clay loam，砂质黏壤土；Sil 表示 silt loam，粉砂壤土；SiCL 表示 silty clay loam，粉砂质黏壤土；Sic 表示 silty clay，粉砂黏土；HC 表示 heavy clay，重黏土；S 表示 sand，砂土；LS 表示 loamy sand，壤砂土。

通过对山地自然土壤的了解进一步深入农业生产和园林绿化，植物能够正常生长的土壤层构成模式包括植物根系的无限伸展，养分、水分能够自如吸收，土壤层及基础稳定(图 4-2)，即理想植被生长的土壤层应满足如下条件。

1)物理条件

(1)具有透水性，下层岩层的边界部分不发生水的滞留。
(2)合适的硬度。
(3)适度的保水性。
(4)具有与植物种类和大小相应的深度及横向延展度。

2)化学条件

(1)无阻碍根系伸展的有害物质。
(2)适当的土壤酸度。
(3)一定的养分。

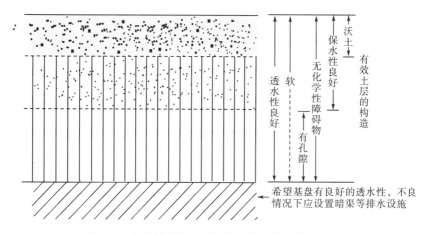

图 4-2　栽植植物能够正常生长的土壤层构成模式

4.1.2　地质灾害与人工创面下的边坡土壤环境

地质灾害与人工创面下的边坡土壤环境有非常大的区别，相比较而言地质灾害驱动是一种不规则扰动，所形成坡体状态的异质性明显，而人工创面是一种从上而下对已有山体的剥离，对原有土壤环境的垂直结构并没有太大的影响。

1.地质灾害边坡

1)滑坡

山体的一部分沿岩层软弱面(不同岩性层面或断层面)整体产生位移，滑动一段距离，在这个过程中表土会产生扰动，滑坡体前段会产生挤压，土石产生混杂（图4-3）。

图4-3 汶川"5·12"大地震形成的滑坡体

注：北川羌族自治县擂鼓镇石岩村，滑坡体造成下部紧邻的河道阻塞，形成了堰塞湖

2）崩塌

部分山体由于重力作用产生剥离下坠，土石混杂沿坡体滚落，在重力分力的作用下形成倒石堆。崩塌物按块径、粒径顺坡堆积，砾石分布于表层，土粒沉积于底层（图4-4）。

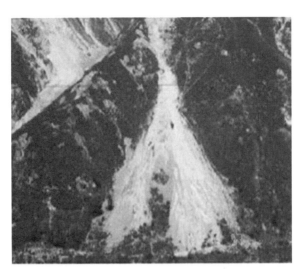

图4-4 汶川"5·12"大地震形成的崩塌体（汶川县绵虒镇和谐新村）

3) 地质灾害边坡的土壤特点

如图 4-5 所示，地震扰动后的坡体其土壤颗粒组成不均匀，坡上细、坡下粗，坡表层粗、坡底层细，底层土体松散堆积。由于基质岩性风化程度的不同，界面表现出不规则、有较大起伏的特征。地震导致周边山体的岩体结构变质，边坡上方大面积山体垮塌滑动，大量残坡积碎石土向坡体中下部移动堆积，改变了土壤容重、孔隙度，影响了土壤的水文过程和植物生长及水分的利用，形成了全新坡体的表层构造[10,11]。

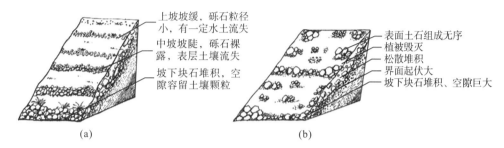

图 4-5　地震前后山地岩土结构对比示意图：(a)地震对表层岩土的扰动；
(b)震后水土流失重构表层土

北川滑坡体在受地震扰动之前，其坡体上半部分为林地，下半部分为耕地，土壤颗粒组成均匀，底层土体密实，呈层状分布(表 4-2)。

表 4-2　北川边坡的土壤颗粒组成[12]

边坡位置	颗粒名称	粒径/mm	坡下/%	坡中/%	坡上/%
震损边坡	块石	>200	17	13	7
	砾石	10~200	28	21	23
	砂砾	1~10	12	11	9
	粉粒	0.1~1	18	20	21
	黏粒	0.01~0.1	14	18	21
	胶粒	<0.01	11	17	19
自然边坡	块石	>200	3	1	0
	砾石	10~200	14	15	16
	砂砾	1~10	16	19	17
	粉粒	0.1~1	23	23	21
	黏粒	0.01~0.1	29	31	27
	胶粒	<0.01	15	11	19

2. 人工创面

1) 土边坡

断面上的坡顶表层为壤土或熟土，其下大部分为生土，基层不利于植物生长但提供了一定的伸根空间（图 4-6）。

图 4-6 四川锦屏水电站对外专用公路土边坡（2006 年）

2) 土石边坡

创面结构——土石互层或没有明显界限的混杂状态，上部薄层为壤土层，其下大部分都为土夹石的砂土层，无有机质，透水通气，植物根系有一定的伸展空间（图 4-7）。

图 4-7 土石边坡（日本）

3）岩石边坡

坡面开挖后断面显示沿坡顶线有一层土壤层，其下为岩石风化层和基岩层，完全没有植物生长的空间，除个别岩体存在裂隙、节理或断层空间（图 4-8）。

图 4-8　砂泥岩石边坡（四川天府新区，2018 年）

4.2　人工土壤的理论

土壤生态系统是植被生态系统重建的基础，岩质边坡工程中人工土壤的重建技术是建立稳定、高效的人工植物群落的基础与前提。岩质边坡原有的表土和植被几乎被完全剥离，而且坡面高陡、表面稳定性差。应用土壤生态学系统理论，通过物理化学和生物技术及相应的工艺和工程措施，开展人工土壤结构的重建，加速其熟化演变，恢复土壤的生物多样性，提高理化稳定性，从而在岩质边坡上建立起结构稳定、功能完善、能够自我维持的土壤生态系统。

如 4.1 节所述，边坡的土壤环境基本上在短期内都不能维持边坡的自然生态恢复。为了实现边坡生态工程，首先要考虑边坡土壤环境的重建，这就需要结合边坡坡面的特点，重建具有良好持水性、透气性、坡面依附性及稳定性的土壤环境，使其既能保水、保肥、透气、透水、适于植物生长，又能有效抵抗水蚀和风蚀，抑制水土流失，即创建能用于引导植物生长和逐渐正向演替的人工土壤层。

人工土壤是经人类活动的影响在部分耕作熟化土壤、大量未经耕作熟化的深层土壤或其他外源土壤中添加泥炭、纤维、保水剂、复合肥、土壤改良剂、pH调节剂、固化剂等非土壤成分并均匀混合形成的土壤基质[13]。作为边坡人工重建过程中的重要基质，将其覆盖在原有的土壤层上，可使边坡土壤获得新的特性，从而有利于植被恢复。人工土壤的基质组成和数量是根据不同立地条件及植被恢复目标确定的。在极度贫瘠和高陡的裸岩坡面，人工土壤应有丰富的营养物质，具有良好的持水性、透气性、坡面依附性和稳定性，能有效抵抗水蚀和风蚀，并抑制水土流失。

边坡人工土壤层的建立是人工干预边坡生态系统恢复最快速且最直接的方式。在人工土壤的组成、性能和建立方式等方面，国内外学者都做了不少试验研究和工程实践，并通过试验来评估人工土壤结构与再生植被之间的关系[14]。目前，国内外学者对岩石边坡植被恢复的人工土壤的研究多集中在添加物的种类和配比及喷射工艺对其性能的影响方面[15-17]，而对岩石边坡人工土壤重建后的跟踪研究则相对较少。

4.2.1　人工土壤

人工土壤(简称基材)是指用于岩石边坡植被恢复的土壤，其由工程土(生土，含较多砂石)、壤土、泥炭土、植物纤维材料及有机和无机添加剂等构成，又称植生基材或基质。基材稳定性是指在一定的生境条件下(坡度、岩面平整度、降水量)抵抗破坏的能力。其核心是基材厚度在没有辅助工程措施的条件下与基材剪切破坏和岩面滑动破坏的关系，以及基材构成与侵蚀强度的关联。人工土壤的基本特征主要体现在稳定性与植物相容性两个方面。

1. 人工土壤的稳定性与构造的关系

人工土壤的稳定性与其构造的关系密切，人工土壤的构型材料与结构保持材料同植物相容性存在阈值，当不超过其阈值时，人工土壤的稳定性与人工土壤的构造存在内在关系，这主要从人工土壤能抵抗浅层滑落(人工土壤自身的稳定性及界面的抗滑性)和抗侵蚀等方面得以体现。

把握岩石边坡植被恢复工程实践中基材材料构成、基材材料配比、工程施工参数、边坡条件、设计基材厚度、降水等岩石边坡植被恢复工程设计参数、工程施工参数(喷射压力参数等)和环境因子与基材稳定性的关系，深入了解基材的侵蚀模式、形变破坏方式、施工后的基材结构状况等，为合理有效地设计实验来研究人工土壤稳定性的作用机制提供依据和试验参数是非常重要的。

2. 植物相容性良好的人工土壤构造

在岩石边坡的生境与工况背景条件下，稳定性和植物的可生长性是人工土壤的两个基本特性，但同时又是矛盾的两个方面，而人工土壤构造是矛盾统一的关键，找到构建利于植物良好生长的人工土壤构型材料与结构保持材料用量的阈值是解决问题的关键点。

人工土壤构造是指构成基材的材料、用量、配比等，不同的构造方法将影响所形成的基材性能如稳定性等，且与造价相关联。通过工程实践积累，经过实验和现场模拟试验，分析基材稳定性与基材构造的关系，可探讨岩石边坡植被生长背景下的基材构成方法。

　　不同类型的边坡对人工土壤的具体要求存在差异。各地区因边坡土壤环境的差异巨大，且人工土壤配比原材料的质地有所不同，故难以拟定统一的人工土壤混合配方。但是降低土壤的容重、加大总孔隙度、增强土壤原有特性是人工土壤配制的基础要求。

4.2.2　人工土壤的物理特性

1. 人工土壤的三相结构

　　与一般土壤的结构相同，人工土壤也是由固体、液体和气体三相物质以不同比例组成的多相分散的复杂体系。固相部分是人工土壤的组成骨架，由颗粒状的矿物质、有机质和土壤生物等构成；液相部分则保存有土壤发育所必需的水分，其对溶解在水溶液中的养分流动起着重要作用；气相部分则是土壤中的空气。合理的三相分布有助于边坡土壤的生态恢复。

　　人工土壤的三相结构的形成是一个过程，而且湿喷与干喷所形成土壤的三相结构也有所差异。物料混合时有一个结构，在工况条件下（干喷或湿喷、压力、分层、施工时期）有一个结构，成立坡面后有一个综合结构，并在短时期内的初期养护期有一个较大的变化，然后趋于大致稳定。

2. 人工土壤的质地

　　土壤质地是土壤的一种自然属性，是土壤中各种大小的矿物颗粒的组合状况。根据土壤的颗粒组成可将土壤质地划分为砂土、壤土和黏土三类。砂土类土壤的砂粒多，土壤颗粒间的孔隙大，黏粒少，黏结性小，易漏水漏肥，土壤温度变化幅度较大，故在进行此类人工土壤配比时须增施有机肥；壤土类土壤的砂粒、黏粒和粉粒含量均衡，质地较均匀，是较理想的土壤，有良好的保水、保肥、透气性能，在进行边坡人工土壤配比时，可将此类土壤作为原料土壤；黏土类土壤的质地较细、结构致密，土壤中有机质含量较高，保水、保肥能力强，但遇降雨时，水分在土体中难以下渗，透气性能较差。通常配比完成的人工土壤是将不同质地的土壤进行客土调剂而成的。

　　针对人工土壤的质地要分两个大的阶段来进行认识，即初期阶段和发展阶段。

　　初期阶段：重建成立并支撑植物生长。稳定和提供植物生长的基本要素，而不是符合山地土壤要求的土壤质地，此时的人工土壤缺氮、缺水等，属于贫瘠土壤。

　　发展阶段：植被与土壤和边坡形成了初步融合的共生系统，系统要素开始自组织，各要素互利共生，例如，盐坝高速边坡经过十年发展，浆砌片石护坡上的人工土壤开始野化，其重要特征就是表层 A_0 层的枯枝落叶堆积和拦截山体流失的土壤颗粒形成了腐殖层，使整个土壤层增厚了 3～5cm[18]。

3. 人工土壤的结构

土壤结构是土壤中颗粒的排列状况，良好的土壤结构能够促进土壤水分的有效利用和养分循环，提高土壤的生物多样性和植被覆盖率，降低土壤水蚀和风蚀强度[19]。良好的土壤结构能较好地调和土壤中的水、肥、气、热间的矛盾，是保证边坡人工土壤特性的结构基础。在土壤结构体的类型中，以团粒结构对土壤肥力的影响最佳[20]。土壤团聚体是土壤结构最基本的构成，在进行边坡人工土壤配比时，常加入土壤结构改良剂，这样既可改善土壤的松散状况，形成稳定的团聚体，又能使土壤内的可移动颗粒减少，防止土壤表面形成土壤结壳，减轻边坡的地表径流和对边坡土壤的侵蚀。一般水稳性团粒含量高的人工土壤，其边坡土体抵抗雨滴的溅蚀力较强，土粒与水的亲和力较低，土壤不易被径流分散和悬浮。透气透水性良好的砂壤土、黏性极好的黄壤土等都不是或不完全是人工土壤的结构形态，因稳定性需要黏性，保水、保肥需要团粒性，故日本开发的高次团粒工法的核心就是构造团粒结构良好的人工土壤。

分层结构是人工土壤结构的重要特征，是工程构造对象的特点和生态修复与社会经济的调和。没有土壤条件就要人为完全构造，特别是岩石边坡，要模拟土壤过渡带，建造表层植物萌发层。若都用萌发层样的基质则造价太高且没有社会经济性，所以分层构造人工土壤是边坡生态恢复中土壤重建的必然选择。

4. 人工土壤的抗蚀性

土壤的抗蚀性是指土壤抵抗水分散和悬浮的能力，它是衡量边坡生态土壤修复效果的基本因子。边坡人工土壤技术虽在常规养护施工时已有一定的人工防护措施，但在很多情况下，由于边坡本身存在一定的坡度，故仍难以抵抗坡面降雨径流对土壤的侵蚀。雨水是土壤养分流失的溶剂和载体，坡面径流是土壤养分流失的动力，这样往复循环必然会导致边坡土壤层养分的大量流失(图4-9)。

(a)   (b)

图4-9 水土流失：(a)未防护边坡产生的岩体风化和沟蚀(四川天府新区，2015年)；
(b)基材侵蚀露网(渝合高速，2003年)

　　经过添加不同添加物配比而成的人工土壤，其以胶结作用产生的水化硅酸钙凝胶、针棒状钙矾石晶体及少量氢氧化钙等水泥水化物以纤维的形式与材料颗粒物搭接形成网状结构，这种由水泥胶结物形成的骨架作用将会使人工土壤颗粒间的连接力增强、水稳性能加强，从而使其具有较强的抗侵蚀性能。国内外多项研究已表明，长期施用有机物料能促进耕作土或林地土壤团聚体的形成和稳定，进而形成良好的土壤结构。边坡植被恢复工程的人工土壤中广泛应用的有机物料主要有泥炭土和动物粪便有机肥[21-26]。杨晓亮[27]研究显示，鸡粪有机肥添加后的人工土壤的水稳性团聚体含量、团聚度和分散率 3 项指标都显著优于泥炭土添加后的人工土壤。

5. 人工土壤的持水性

　　水分是人工土壤形成和发育过程中重要的限制性因子，它在很大程度上参与土壤的物理化学和生物化学过程，如矿物的风化、有机质的分解与合成、大多数成土作用的发生等。边坡在经过人工土壤恢复技术后，为了达到改良当地边坡土壤的目的，所使用和配比回填的人工土壤必须具备良好的持水和保水性能。

　　人工土壤的保水是一个难点，通常人工土壤为很薄的一层，厚度平均在 10cm，而下界面又是性状截然不同的物性，特别是岩石界面很难存储水分。下雨时容易产生面流和底流(界面流)，形成重力水，很容易流失，毛管水存储有限，而且还有因高度差所产生的水分的分布梯度。为了尽可能多地保存毛管水，人工土壤通常需添加保水剂，但保水剂在边坡上的功能是否具有与农业生产和植树造林等用途一样的效果是需要特别注意的。其原因就在于施工方法和坡度差异导致其释水和吸水不同于自然条件下的施用。土壤的持水性是土壤重要的物理性状，土壤水分的蒸发是影响其性能的关键因素(图 4-10)。蒸发是陆地水循环的重要环节，但在土壤缺水的条件下，蒸发对边坡土壤中有效水分的保持则起着负面作用。通过在人工土壤中添加适量的聚丙烯酰胺或高吸水树脂等保水剂，会在一定程度上提高土壤的降雨入渗量，增加有效水的含量，提高土壤的水分容量，同时抑制、减缓土壤水分的蒸发作用，以延长土壤水分在人工土壤中的驻留时间。

(a)　　　　　　　　　　　　　　　　(b)

图 4-10　基材缺水：(a)夏天高温缺水，岩石边坡恢复 3 个月高羊茅大片死亡(成南高速，2001 年)；(b)裸岩温度可高达 50℃，板槽单元没有形成系统关联，板上客土干透，植物几乎不能生长(深圳，2011 年)

6. 人工土壤的附着性

人工土壤不仅要有自身的抗侵蚀性，还要具有与边坡界面的黏结联系，即附着性。无论是土质边坡还是岩质边坡，其在进行边坡土壤恢复技术时，都会面临土壤层不能稳定附着在坡面上的难题，故在进行人工土壤配比设计时，都会加入少量黏合剂，使其具有一定强度的抗冲刷能力，并有一定的黏聚力以起到固结作用。附着性是人工土壤的重要特征，其区别于其他土壤，哪怕是山地土壤，其克服重力存在都是自然选择的结果。而人工土壤没有这个过程，一开始就要将设计有一定厚度的人工土壤附着于对象边坡，且必须马上克服重力，而后在植物的生长过程中才逐渐产生与生物和岩面的进一步作用，即互利共生作用。人工土壤在坡面的附着性和稳定性涉及土壤的黏结性和可塑性，可通过添加黏合剂、土壤稳定剂和植物纤维等来防止风和雨水造成的人工土壤的流失(图 4-11)。黏合剂和稳定剂的使用应考虑土壤的类型，从而提高人工土壤的机械强度、透水性和耐冲刷性。

图 4-11　基材脱落，铁丝网锈蚀，露出大片浆砌片石护坡体(深圳盐坝高速，2011 年)

7. 人工土壤的渗透性

土壤的渗透性能决定着降雨进入土壤及浅层坡体的数量。人工土壤的结构良好，可提高土壤的孔隙度，从而使土壤可维持良好的渗透性和透气性。土壤的渗透性越强，其储存水分的数量越多，因此可提高边坡土壤对降雨的利用率。

由于机械施工，人工土壤容易板结(图 4-12)，因此需要从材料选用、配比和施工方式上进行综合考虑。另外，有的工程为了节约经费，就地取材，选用客土为建渣土，几乎没有壤土成分，仅有生土，更有甚者生土都比较少，砾石成分居多，这使人工土壤的孔隙度过大、透水性太好，不能保水、保肥。

(a)   (b)

图 4-12 边坡基质附着牢固但板结：(a)海边边坡(经历台风、高强度大暴雨后基质稳定，但种子多数未能发芽，浙江舟山海洋开发，2019 年)；(b)基质保水不易(植物生长困难，成南高速，2001 年)

4.2.3 人工土壤的化学特性

1. 人工土壤的矿物质和有机质

土壤的矿物质是土壤的骨骼，是经过物理风化和化学风化的共同作用形成的，其主要的矿物质元素有氧、硅、铝、铁等。有机质则是土壤的重要组成部分，主要是腐烂的动植物残体分解的物质和以它们为原料合成的新物质，通常含有多糖、木质素、纤维素和钙、镁、钾、钠、硅、磷、硫、铁、铝、锰等灰分物质。人工土壤中常会根据原料土壤的肥力状况适当添加有机物来提高土壤的营养状况，以调节土壤结构。土壤中的有机质经矿质化过程后会释放大量的矿质营养元素，且大量有机质的存在可使人工土壤的质地疏松，增强其保肥和供肥能力，同时通过络合作用其可吸附人工土壤中的重金属及其他一些有害物质。土壤团聚体结构的形成与土壤有机质也存在着密切的关系，有机质含量越高，土壤中水稳性团聚体的数量也越多，从而可改善土壤的化学特性。

人工土壤的有机质和矿物质来源于客土自身所带、添加的泥炭土、秸秆和农家肥等。高宏英等[28]的研究表明，边坡的坡位与坡向对岩石边坡人工土壤的腐殖质组分及有机质具有显著影响。岩石边坡人工土壤的富啡酸和有机质含量均表现为坡中>坡上>坡下。在坡向上，西坡人工土壤的胡敏酸含量最低，且岩石边坡富啡酸、胡敏酸与土壤理化性质有着显著的相关性。

2. 人工土壤的养分

人工土壤中的养分除必要的氮、磷、钾等养分总量处于相对平衡外，还必须保证土壤发育所需养分的长期有效性，避免坡面在人工土壤生态修复过程中出现养分耗尽的现象。土壤中的养分种类众多，包括氮、磷、钾、钙、镁、硫、铁、硼、钼、锌、锰、铜和氯等。土壤养分的发展是一个积累与消耗的动态过程，人工土壤中添加的化肥过多，会使人工土壤的盐分浓度变大，造成渗透压过高；过少则不足以提供植物生长所需的营养。

　　土壤中的氮素作为植物养分物质之首，其含量与有机质的分布有关。土壤中的氮素绝大部分以有机的形式存在，有机态的氮必须经过矿化作用才能转化为可供利用的营养元素。土壤中全氮的含量可综合反映土壤的氮素状况，但其对土壤实际供氮能力的变化反应却不够敏感，故人工土壤的供氮量不仅要考虑其总量，还要考虑其中易矿化的部分。

　　土壤中的磷主要以磷酸盐的形态存在，它是人工土壤恢复过程中所必需的养分之一。土壤有效磷是土壤中可供利用的磷的组分，磷的有效转化是磷由土壤固相向液相的释放过程，它遵循一定的物理化学过程，并在环境条件下保持动态平衡。人工土壤中添加的多数磷肥溶解度低、移动性小，部分磷肥除能够提供磷素养分外，还能调节土壤的酸碱度，中和土壤中的碱性因子。

　　土壤中的钾以不同的形态存在，各形态间钾的相互转化存在一个动态平衡过程，平衡过程的快慢程度主要取决于土壤中黏粒矿物质的组成和含量。一般钾肥溶解度大、容易流失，用作追肥比较适当。

　　人工土壤的养分原则与一般园林绿化不同，更不同于作物栽培，不需要施足大量元素，要用缓释肥，特别是苗期，切忌足肥让植物疯长，更忌借用作物的施肥原理，使地面生物量徒长(图4-13)。

图4-13　疯长的狗牙根(高度＞50cm，四川成南高速，2001年)

4.2.4　人工土壤的生物特性

1. 人工土壤的 pH

土壤 pH 是人工土壤的重要属性，可反映土壤的盐基组成状况，人工土壤的 pH 控制在 6.0～7.0 比较适宜。土壤的酸碱度会影响土壤中微生物的活动，一般 pH 在 6.0～7.0 时，最有利于土壤中微生物的活动。在进行人工土壤配比时，酸性土壤可加入石灰或石灰石来进行调节，碱性土壤可用石膏、硫黄或明矾来改良。另外，为了减缓 pH 变化对土壤产生的不良影响，人工土壤还应具有一定的代换量和缓冲性能。日本开发了一种比高分子材料更便宜的石灰系黏结材料，以取代水泥[29]。

1) pH 调节

配置人工土壤时，有的配比要用水泥作为基材黏结剂，包括早期日本的标准配比里也用到了水泥。三峡大学开发的植被混凝土借鉴了国外的做法。因为水泥呈强碱性，所以要用 pH 调节剂，pH 调节剂配制方法的多样性形成了多种不同的工程施用材料或产品。

2) 环境 pH 缓冲

环境背景的 pH 也是立地条件和设计施工要考虑的要点。对环境的分析研究不仔细，没有进行提前预判，就不能保持适宜的 pH，最终会导致整个工程的失败。图 4-14 就是一个例子。图 4-15 是工程护坡形成混凝土或纤维土护面后，植被恢复必须考虑环境要素对人工土壤的影响，同时应配合人工土壤配比进行工法创新以解决强碱性问题。

图 4-14　岩石坡面裂隙渗水携带酸性物质(浙江湖州黄芝山)

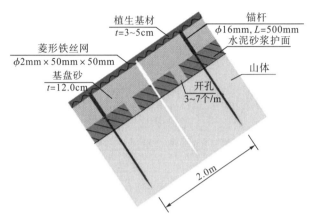

图 4-15   强碱性混凝土护面上实现植被恢复的挡土翼工法

注：构造一层基质砂层形成 pH 缓冲空间；图中 *t* 为厚度，*L* 为长度

2. 人工土壤的微生物

土壤中的微生物是土壤养分形成和循环利用的核心动力。土壤微生物作为分解者，在土壤中最活跃，可直接参与土壤生态系统中的物质循环及有机质分解等诸多生态过程，是土壤中碳、磷、钾等元素转化的主要驱动力。土壤中微生物群落的结构主要指土壤中各主要微生物类群(细菌、真菌、放线菌等)在土壤中的数量及各类群所占的比例，人工土壤中的各微生物群落主要是通过配比自然土壤或人为添加微生物菌剂而形成的。微生物菌剂中的细菌数量最多、分布最广，它个体虽小但繁殖很快，在土壤有机质和无机质的转化和循环过程中起着不可替代的作用。真菌则参与多种土壤的代谢过程，其菌丝对土壤结构的形成有重要作用，且由于其具有耐酸及能在低温下发育的特点，所以对酸性人工土壤的改良效果更佳。放线菌在土壤中有喜热耐旱的特性，常参与分解氨基酸等难分解物质的生态过程，在促进人工土壤形成团粒结构及土壤的改良过程中作用颇大。

北川震后的边坡与自然边坡相比，土壤中的细菌数量差距明显(图 4-16)。边坡不同坡位的土壤细菌数量存在差异。在对震损边坡不同坡位的比较中，细菌数量呈现出坡下＞坡中＞坡上的趋势，坡下土壤的细菌数量平均值为 218.07×10^4 个/g，坡中平均值为 140.82×10^4 个/g，坡上平均值为 94.02×10^4 个/g；与自然边坡的坡下、坡中、坡上相比，下坡位、中坡位、上坡位的土壤细菌数量的降幅分别为 55%、72%和 79%。

一般客土、泥炭土、农家肥等都自带一些微生物，其有益于植物生长和土壤生态功能的正常作用，但其量和组成都是不确定的。为此日本开发了添加微生物菌剂的工法，其中菌根菌工法就是 20 世纪末日本研究者开发出的土壤永久绿化法。该法将微生物菌体加入退化边坡生态恢复的循环系统中，用来加快退化边坡的演替[30-32]。

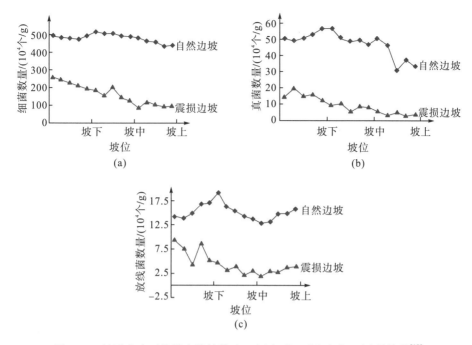

图 4-16　地质灾害对边坡土壤的扰动：(a)细菌；(b)真菌；(c)放线菌[12]

　　菌根菌附着于植物根系，菌丝在土壤中伸展开来，能有效地吸收磷酸等矿物质元素化合物和水分并提供给植物，而植物光合作用形成的糖分回馈给菌根菌，形成共生根系，其效果是促进植物生长、耐干旱、促进磷等矿物质元素的吸收，使植物-土壤生态系统的结构逐渐完善，功能得到充分发挥(图 4-17)。

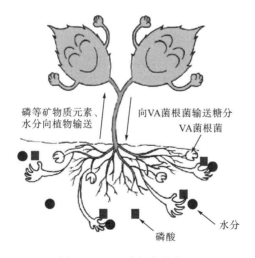

图 4-17　VA 菌根菌的作用

注：VA 菌根菌指泡囊-丛枝(vesicular-arbuscular)菌根真菌

3. 人工土壤酶的活性

土壤中的酶由生物体产生，可参与土壤中的一切生物化学反应，而土壤酶的活性是土壤微生物的一个活性组分。人工土壤中添加了如动物粪便、作物残渣和城市废弃物等有机物料，可刺激土壤中微生物的活性，提高土壤中各种酶的活性，改良土壤的生物特性。土壤中的脲酶可促进土壤中尿素的水解，所产生的氨是高等植物的直接氮源，因此脲酶的活性影响人工土壤中氮、钾的转化。蔗糖酶对土壤中多糖物质的转化与人工土壤中的易溶物质，以及土壤中氮、钾的含量有密切关系。

土壤中酶的种类与土壤中数量巨大的微生物密切相关，许多微生物可释放胞外酶于边坡土壤中。边坡生长的植物根系也可向土壤中释放多种酶类。不同的植被恢复模式，其土壤酶活性的动态特征均有差异；同一植被恢复模式在不同季节的土壤酶活性表现出一定的规律性，春夏季较高、冬季最低。

土壤酶的活性可以表征土壤微生物活性，从而影响边坡重建土壤生态系统的功能。土壤肥力可表征土壤质量，土壤酶与主要肥力因子有显著的相关性，可作为土壤肥力的指标之一。2012 年，郭培俊等[33]研究了川中丘陵区遂渝铁路典型的岩石边坡人工土壤的理化性质和微生物活性。其研究结果表明，土壤真菌、放线菌的数量及过氧化氢酶、脲酶、蔗糖酶、蛋白酶和多酚氧化酶的活性均表现为自然边坡土＞岩石源植生土。2014 年，何玉玲等[34]以浙江舟山市人工修复的边坡为研究对象，发现人工土壤中全氮、全钾、有效磷和速效钾的含量与土壤酶的活性有着密切的关系。植生土是植被生长的载体和营养源。不同来源的植生土护坡后的土壤结构特征可作为评价岩石边坡植被护坡可行性的重要依据。采用岩石碎片作为植生土的边坡土壤质地偏砂性；而采用农田土作为植生土的边坡土壤质地为砂壤土，是较理想的土壤质地类型[35]。目前在对人工土壤酶活性方面的研究还相当不足，有些配比研究只是在实验室里进行的，并没有考虑边坡的工况条件，现实性不强。将来应该加强对边坡现场的研究，为土壤微生物菌群的投放类型选择及投入量方面提供科学依据。

4.3   人工土壤组成及配比

采用边坡人工土壤技术进行护坡，首先要解决人工土壤中各种基质组成和配比的问题。人工土壤的基质组成和数量由不同边坡的立地条件及生态恢复目标来确定，这是边坡人工土壤生态护坡工程的关键，具有重要的现实意义。

通常人工土壤基质的配比要遵循一定的原则：①必须适宜所选边坡的土壤环境；②应具备良好的人工土壤特性，具体而言，不仅应具有良好的持水性、透气性、抗蚀性和稳定性，可与边坡很好地黏合，并应具有一定的硬度以提高抗冲刷能力，还应具有较好的物理性状和丰富的营养元素；③在边坡人工土壤技术施工后，在要求的时间内必须具有一定的强度，且在保持自身稳定的同时，还应尽量增强边坡的稳定性，以达到边坡的可持续发展；④尽量做到就地取材，以减少护坡的费用。

4.3.1　人工土壤的组成成分

为了保证人工土壤具有良好的物理、化学及生物特性，需要按照一定比例混合加入不同的基材成分。在实际工程中，不同边坡的土壤环境所需的基材组成成分略有差异，常用的配制人工土壤的基材混合物有种植土、泥炭土、保水剂、土壤结构改良剂、土壤改良微生物菌剂、黏合剂、纤维、肥料及 pH 调节剂等。

1. 种植土

种植土又称为客土，是人工土壤的基础组成成分。为了使人工土壤能更好地形成并发育，一般选取工程地原有的地表种植土，最好选取土壤质地兼有砂土和黏土特性的壤土，因为其物理、化学和生物性状都更好。一方面种植土的主要作用是减小人工土壤与边坡坡面基础土壤混合物的空隙，创造植物的生长空间，使其三相分布更合理；另一方面也可促进混合物团粒结构的形成，并带有乡土微生物菌群，可以促进边坡生态系统的功能重建。

壤土不容易获得，且没有生态外部性，价格较高。工程实践中常就地取材，利用渣土添加枯枝落叶堆肥，这种做法的环保性优良但效果不易掌控。

2. 泥炭土

泥炭土的颜色呈深灰色或黑色，主要包括有机质和矿物质，其固相有机质的含量很高，含有的永久养分充足。它一般有腥臭味，肉眼可看到土中存在未完全分解的植物结构，主要呈海绵状、纤维状和丝状等，其持水和透气性能好，可防止基材浇水板结。其土壤质地松软有弹性、质轻，可在一定程度上改善人工土壤的物理性质。

泥炭土是在某些河湖沉积的平原及山间谷地中形成的，由于长期积水，水生植被茂密，在缺氧的情况下，大量分解不充分的植物残体积累并形成泥炭层的土壤。其有进口泥炭土和国产泥炭土之分，进口泥炭土以分解藓类植物为主，国产泥炭土则大多为东北泥炭，以分解芦苇等植物为主。

在边坡植被恢复中，泥炭土用来作为绿化缓冲层，附着边坡 20cm 底层材料以改良碱性土石边坡，实现绿化。表 4-3 是利用泥炭土作为紧贴碱性土石层基质的材料。

表 4-3   碱性土石边坡绿化材料配比(基层泥炭 20cm)[36,37]   (单位：kg/100m²)

材料	纤维	腐殖酸
化肥	16	16
覆盖剂(纤维)	20	20
黏合剂(C402)	0.2	
黏合剂(CP750W)		0.2
磷酸盐肥料		8
土壤改良材料 A		12
土壤改良材料 B(苔藓泥炭 A 级)		200

3. 保水剂

由于边坡特别是岩质边坡存在一定的坡度，且土层较薄，即使在进行边坡人工土壤技术施工后，喷射的人工土壤层平均厚度也有限，故坡面水分不易蓄存，容易散失。水分是人工土壤在形成和发育过程中重要的限制性因子，保持边坡坡面上的水分足量也是人工土壤恢复的关键，为此人工土壤中需加入保水剂。

保水剂是一种吸水能力特别强的功能高分子材料，常见的主要有丙烯酰胺-丙烯酸盐共聚交联物(如聚丙烯酰胺、聚丙烯酸钠、聚丙烯酸钾、聚丙烯酸铵等)和淀粉接枝丙烯酸盐共聚交联物(如淀粉接枝丙烯酸盐)两大类，它们都是高吸水性树脂，可吸收相当于自身总量数十倍至数百倍的水分，当边坡坡面的土壤缺水时，它可将吸收于内部的水分缓慢释放出来。将适量的保水剂混合加入人工土壤中，当雨水多时，它可吸收土层中多余的水分，提高边坡土壤的存水量，改善边坡的稳定性。

早稻田大学理工学术院综合研究所开发了一种对植物无害且性价比很高的新型保水剂(一种高吸水性树脂)，如图 4-18 所示，其吸水性能高，1g 吸水 100～150mL，具有一般保水、保肥的性能，同时还能保持土壤的透气性和适当硬度，从而提高土壤的总体机能。保水垫的形式为岩石边坡植被恢复人工土壤重建工程技术方法提供了新的可能，即在岩石坡面上铺上保水垫，喷附人工土壤，最后喷附植被层，在土壤层与岩面间犹如有一层薄薄的含水层，岩石边坡植被恢复土壤的土层薄而导致的水分制约因子可以靠这层含水层得到改善。

生物结皮技术主要运用在防治土壤荒漠化和为干旱地质灾害区生态系统提供植被恢复所需的基本环境要素。人工生物结皮在制作过程中添加了木质素和纤维素，具有较强的吸湿能力。木质素和纤维素本身就是高分子吸水材料，在遇到强降雨的情况下，人工生物结皮迅速软化，吸收部分降雨，减弱径流对坡面的冲刷并减小侵蚀强度。在干旱高温的天气条件下，人工生物结皮的土壤颗粒表面由生物质材料形成的层片状附着物可起到增大接触面积、阻止结皮层下土壤水分蒸发并吸收地表上方空气中凝结水的作用,并对结皮层下土壤水分进行保蓄,进而提高土壤的相对含水率,这一特征有助于改善边坡土壤的水分环境,并提高水分利用的效率。此外,结皮可调节表层的"成膜"结构,能够显著提高土壤的温度,为种子萌发提供适宜的环境。人工生物结皮和土壤表层的复合可以为边坡植被恢复创造良好的基质环境[38]。

(a)

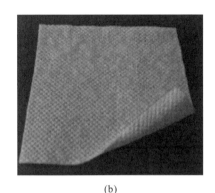

(b)

图 4-18　日本新型保水剂:(a)保水剂颗粒物的平均粒径为 0.4mm;

(b)保水垫,厚 0.5mm,吸收量大约为 $20L/m^2$

4.土壤结构改良剂

土壤结构改良剂是根据团粒结构的形成原理来改良土壤的,团粒结构是形状近似圆球、疏松多孔的小团聚体,其能很好地协调土壤中的水、肥、热、气等因素。土壤结构改良剂主要分为天然和人工合成两类:从植物的残体、泥炭、褐煤等物质中提取腐殖酸、纤维素等物质作为土壤团粒的胶结剂,属于天然的土壤结构改良剂,因其很容易被微生物分解,故很难在生产上得到广泛应用;模拟天然物质的分子结构和性质,人工合成高分子胶结材料为人工合成的土壤结构改良剂,因其不易被微生物分解,故在人工土壤的配比中广泛应用,如聚丙烯酸类、乙酸乙烯-马来酸共聚物类、聚乙烯醇类、树脂胶类等。而最经济的土壤结构改良材料——粗颗粒砂是一种新型的疏松剂,其可有效阻止人工土壤基材板结,使土壤层更加牢固、透气,在部分地区也将其作为人工土壤的土壤结构改良剂使用。

表 4-4 是在成都平原中北部的四川省彭州市进行的一个试验。其自然地理环境属四川盆地亚热带湿润气候区,气候温和、雨量充沛、地下水资源丰富。人工土壤中水分的蒸发量与土壤中含保水剂及聚丙烯酰胺的量有关。通过向原泥炭土(含水率=30%,容重=$0.55g/cm^3$)中按表 4-4 的用量和比例添加保水剂和聚丙烯酰胺,混合配制成不同的人工土壤,再将不同配比的人工土壤的累积蒸发量、含水率变化及蒸发失水比等方面因素进行分析比较,以探索保水剂和聚丙烯酰胺两种人工土壤组成成分对该区域人工土壤的改良效果[39]。

表 4-4　保水剂和聚丙烯酰胺试验因素变量设计　　　（单位：g/m^2）

保水剂用量	125	150	175	125	150	175	125	150	175
聚丙烯酰胺用量	0	0	0	1	1	1	2	2	2

对该区域人工土壤的优化配比可得出，保水剂和聚丙烯酰胺对该区域边坡的土壤水分蒸发的确有一定的抑制作用，且在按保水剂用量不超过 175g/m^2、聚丙烯酰胺用量为 2g/m^2 的配比设计时（1g/m^2 相当于保水剂或聚丙烯酰胺与泥炭土的质量混合比为 1：1500），人工土壤的保水效果最佳。

5. 土壤改良微生物菌剂

微生物独特的生物功能对土壤自然修复过程的作用巨大。微生物菌剂是从自然环境中根据不同种类微生物的生活和生理特性，在特定的条件下，经过层层筛选、扩大培养等过程而制成的。不同的微生物菌剂产品侧重的功效不同，有的可有效降解难分解的物质，有的则可高效去除重金属，有的则可多方面兼顾，针对不同的边坡土壤环境选择投加适宜的菌剂，不仅能快速高效地将人工土壤的性状进行改良，也可在一定程度上减小土壤物理和化学处理的负荷，节省资源。

6. 黏合剂

黏合剂是具有黏性的物质，可借助其黏性将两种分离的材料连接在一起。边坡都有一定的坡度，附着于坡面的人工土壤由于重力作用很容易下滑，为了使人工土壤的土壤层可黏附于边坡坡面，与坡面组合成为一体，同时保证基材混合物具有一定的强度和抗蚀性能，则需添加一定剂量的黏合剂。黏合剂的种类有很多，主要有乳化沥青、高分子聚合物等。普通的硅酸盐水泥在人工土壤配比中的应用很广，它不仅可形成水泥土而增强人工土壤的依附性，水泥的硬凝作用也可使基材具有一定的强度以增强土壤的抗侵蚀性。

稳定剂-黏合剂-高分子聚合物交联可形成立体结构包裹和胶结土粒，可利用表面活性剂改变土粒表面的亲水性质，改变土体本身的性质，同时它具有掺入量较少、运输方便、施工简单、固化效果稳定、生态环保的特点。水溶性聚丙烯酰胺在边坡中用得比较多，聚乙酸乙烯酯类系列高分子稳定剂为乳白色液体，类似乳化沥青，是一种试图替代乳化沥青的新材料[40]。

7. 纤维

由于纤维为连续或不连续的细丝状，故它在人工土壤中的主要作用是缓冲和联结，可就地选取秸秆、树枝等粉碎制成。纤维自身含有很大的孔隙，可缓冲由边坡人工土壤施工时因喷射的压力对基材的损坏，其自身的丝状物也可增强基材混合物间的相互联结，从而提高土壤的抗侵蚀性能。

羧甲基纤维素钠又称羧甲基纤维素，简称 CMC 或 CMC-Na，其吸水会胀润，来源为棉花或纸浆等纤维。

日本把纤维材料用到了极致，提出了连续纤维补强客土层的方法(图 4-19)。

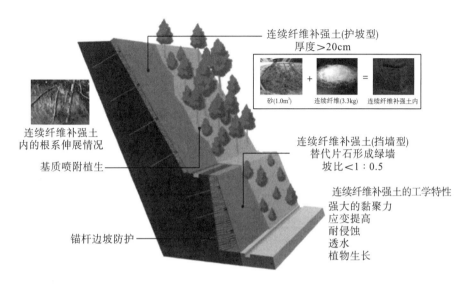

图 4-19　连续纤维补强客土层(厚度>20cm，坡比<1∶0.5)[23]

8. 肥料

人工土壤配比的肥料多种多样，有一般化肥、复合肥和有机肥，在时效性上可分速效肥与缓释肥，特别重视缓释肥的应用，以满足高品质要求和较长的释放性能。

肥料作为所喷播种子萌发及幼苗生长的养分，一般选用以硫酸铵为氮肥的复合肥为好，不宜用以尿素为氮肥的复合肥，施量为 30～60g/m²。纤维覆盖物有木纤维和纸浆两种，它可保证喷浆在喷植机混合时形成均匀的悬浮液，包裹和固定种子，用量为 100～120g/m²。黏合剂起附着作用，随喷浆喷到边坡人工土壤上使其覆盖成膜，用量一般为 3～5g/m²。保水剂可满足种子萌发所需水分，一般在较干旱或无法保证及时浇水的边坡使用，用量为 3～5g/m²。着色剂使水与纤维着色，其中绿色居多，用以指示界限、提示播种是否均匀、检查有无遗漏，用量为 3g/m²。

有机肥料能弥补人工土壤配比中土壤养分不足、肥力差的缺点，使其能够满足土壤养分长期的持续供应。另外，它也可增加和更新土壤中的有机质，促进微生物的繁殖，改善土壤的理化性质和生物活性。其生产原料有很多，资源十分丰富，如农业废弃物、畜禽粪便、工业废弃物、生活垃圾和城市污泥等都可作为人工土壤的有机肥料。例如，家畜粪尿混合堆积并经微生物作用而形成的肥料富含大量的有机质和营养元素；城市污泥是在污水处理过程中产生的固体废弃物，大部分呈胶态，含有丰富的氮、磷、钾和有机质，具有较强的持水性能，可以用作良好的有机肥料；粉煤灰在很多矿区边坡人工土壤配比时使用较多，它是煤炭在1500℃以上燃烧时形成的固态产物，虽然其有机质含量较低，但它含有大量的钙、硅、硼等微量营养元素，其透气性、持水性和保温性也较好。

9. pH 调节剂

为保证人工土壤的物理、化学特性良好，需添加各种不同的成分，这很容易导致土壤的 pH 不利于植物的后续生长。适宜植物和微生物生长的 pH 范围为6.0～7.0，为了降低或提高基材的 pH，需在人工土壤中加入适量的 pH 调节剂。常用的有过磷酸钙、磷酸二氢钾、石灰、硅酸钙等。

4.3.2 人工土壤的配比

由于不同边坡的土壤环境不同，因此在进行边坡生态工程的人工土壤恢复时，其基材的组成成分也不完全相同。在实际的工程应用中，依照边坡人工土壤基材配比的基本原则，根据具体施工边坡的实际情况进行人工土壤层配比。目前已有的人工土壤配比来自三个方面：一是研究配比，即通过人工土壤组合研究，通过实验或野外试验而提出的配比；二是工程实践提出的配比，用于具体工程的配比；三是标准、规范或技术指南等登载的带有一般指导意义的配比。下面针对这三方面人工土壤配比的内容和区别进行论述。

1. 人工土壤配比研究

1) 泥炭、纤维体积分数小于等于 60% 的配比

此研究思路是通过田间试验得到的优化配比，并将其用于具体高速公路边坡工程实践。对人工土壤配比组分中的泥炭、纤维(由秸秆粉碎形成长度 10～15cm 的材料)、水泥、pH 调节剂(硫酸亚铁)、土壤改良剂及保水剂 6 个主要因素，开展了 16 组多指标、多因素正交试验(表 4-5)，以探索各因素对该研究区边坡人工土壤的改良效果。

表 4-5　泥炭、纤维体积分数小于等于 60% 的配比[41](湖北宜昌)

各种基材所占的体积分数/%						
泥炭	纤维	pH 调节剂	土壤改良剂	保水剂	土壤	水泥
5	25	2.5	0	0	62.5	5
5	30	5	0.05	0.05	49.9	10
5	35	7.5	0.1	0.1	37.3	15

各种基材所占的体积分数/%						
泥炭	纤维	pH 调节剂	土壤改良剂	保水剂	土壤	水泥
5	40	10	0.15	0.15	24.7	20
10	25	5	0.1	0.15	49.75	10
10	30	2.5	0.15	0.1	52.25	5
10	35	10	0	0.05	24.95	20
10	40	7.5	0.05	0	27.45	15
15	25	7.5	0.15	0.05	37.3	15
15	30	10	0.1	0	24.9	20
15	35	2.5	0.05	0.15	42.3	5
15	40	5	0	0.1	29.9	10
20	25	10	0.05	0.1	24.85	20
20	30	7.5	0	0.15	27.35	15
20	35	5	0.15	0	29.85	10
20	40	2.5	0.1	0.05	32.35	5

对该区边坡人工土壤的配比优化可得出，湖北三峡翻坝公路区域人工土壤的最优配比方案为：泥炭 20%、纤维 40%、pH 调节剂 2.5%、土壤改良剂 0.1%、保水剂 0.05%、土壤 32.35%、水泥 5%，根据这个配比做了试验段。

2) 土壤质量分数大于 50% 的配比

基质由土壤、草炭、水泥和辅料组成，其中辅料由砂子、秸秆、锯末屑、羧甲基纤维素、复合肥、控施肥、保水剂和糠醛渣按质量比 1∶1∶1∶1∶1∶1∶0.5∶1 组成。3 种生态护坡基质由四川大学边坡生态工程研究课题组提供，分别记为Ⅰ、Ⅱ、Ⅲ，各基质的土壤、草炭、水泥和辅料分别按质量比为 53.33∶26.67∶4∶16、60.44∶30.22∶4∶5.34、80.59∶10.07∶4∶5.34[42]组成。另一个配比是由土壤、425#普通硅酸盐水泥、羧甲基纤维素、草炭、玉米、棉花、秸秆、锯末屑、保水剂、控释肥和草坪专用肥、糠醛渣等作为配制护坡绿化基质的基本材料，实验条件下适合边坡绿化的最佳基质配比只有土壤∶草炭=2∶1、主料∶辅料=17∶1、水泥含量为 4%。但在降水量较大且冬天温度较高的地区可以推广配比为土壤∶草炭=2∶1、主料∶辅料=5∶1、水泥含量为 7% 和土壤∶草炭=8∶1、主料∶辅料=17∶1、水泥含量为 4%。据此研究结果提出了护坡绿化基质的关键理化性状标准(表 4-6)。

表 4-6　护坡绿化基质的关键理化性状标准[43]

监测项目	单位	检测方法	基准
全氮	g/kg	LY/T 1237—1999	≥2.5
全磷	g/kg	LY/T 1237—1999	≥1.0
全钾	g/kg	LY/T 1237—1999	≥40
有效氮	mg/kg	LY/T 1237—1999	≥200
有效磷	mg/kg	LY/T 1237—1999	≥150
有效钾	mg/kg	LY/T 1237—1999	≥250
pH	—	LY/T 1237—1999	5.5～9.0
孔隙度	%	参考《土壤学实验》	45～70
电导率	mS/cm	参考《土壤学实验》	0.2～1.5

注：《土壤学实验》系中国农业出版社于 2010 年出版的图书，主编为吴贻忠、李保国。

为了降低水泥黏合剂的碱性，提高植被的生存能力，刘飞[44]等尝试了以改性硫铝酸盐和凝石为胶结材料的植生基材配比的研究，采用由土壤（园土）、有机质（酒糟、糠壳、锯末屑的混合物）、肥料（复合肥）、保水剂等主要成分构成的人工土壤（表 4-7），其中添加 1.5%～2.0%的凝石、改性硫铝酸盐水泥、改性乙酸乙烯乳液三种胶结材料。

表 4-7　重庆市植生基材人工土壤配比表[44]

组成材料	土壤	有机质	肥料	保水剂	草种
使用量	75%～85%	10%～20%	0.6%～1.0%	9%～15%	30g/m²

经过对所选边坡人工土壤的优化配比得出，以凝石及改性硫铝酸盐水泥作为胶结材料可较好地改良人工土壤；基材中使用 1.5%的黏合剂的改性乙酸乙烯乳液，不仅能提高土壤的抗冲刷能力，且对多孔混凝土结构也能起到一定的稳定作用。

考虑到贵州土壤多为红黏土的自然地理特点，刘海章[45]等研究了以红黏土为土壤主要成分的人工土壤配比。选取水泥（425#）、红黏土（颗粒细小、均匀、黏粒含量高）、砂和有机质混合物作为主要人工土壤组成成分，采用正交设计法按表 4-8 配比人工土壤，以探索该区域最优的人工土壤配比方案。

表 4-8　贵州岩质边坡人工土壤配比试验[45]

水泥/kg	红黏土/kg	有机质混合物/kg	砂/kg	总量/kg	水泥占比/%
4.5	60	0.5	1.5	66.5	6.77
4.5	70	1.5	3.0	79.0	5.70
4.5	80	2.5	4.5	91.5	4.92
5.5	60	1.5	4.5	71.5	7.69

续表

水泥/kg	红黏土/kg	有机质混合物/kg	砂/kg	总量/kg	水泥占比/%
5.5	70	2.5	1.5	79.5	6.92
5.5	80	0.5	3.0	89.0	6.18
6.5	60	2.5	3.0	72.0	9.03
6.5	70	0.5	4.5	81.5	7.98
6.5	80	1.5	1.5	89.5	7.26

通过对该地区各因素的综合考虑，得出对于该岩质边坡的生态防护应采用湿喷法进行双层喷附，且除上述 4 种主要因素外，还添加了保水剂并在基质中添加了砂子、锯末等以提高土壤的持水能力。最优人工土壤层的配比如下：其中底层人工土壤层配比为红黏土：砂子：水泥=100：5：8，保水剂为 3g/m²，普通复合肥为 75g/m²，土壤消毒剂适量，pH 调节剂适量(配好后用试纸检测 pH 为 6.5～7.5 为宜)；面层除水泥用量适当减少，有机质含量适当增加外，还应含有草种。不同边坡的土壤环境有所差异，在进行人工土壤配比设计时，应根据不同的边坡土壤环境，通过不断对人工土壤的养分含量、无侧限抗压强度、抗蚀性、保水性等进行综合分析、对比、试验，选出适合当地地形、降雨等气候情况的人工土壤组成成分，制订因地制宜的人工土壤配比方案。

3) 再生材料配比

为了对采矿破坏的无土排岩场边坡进行生态恢复，张鸿龄等[46]为解决当地匮乏的土地资源问题，采取了在边坡表面覆盖人工土壤层的工程措施。其中人工土壤为采自鞍山钢铁电力二厂储灰池的粉煤灰(有机质含量=2.66g/kg，碱解氮含量=3.15mg/kg，速效磷含量=75.47mg/kg，速效钾含量=169.49mg/kg，含水量=7.54%，pH=10.88，全镉含量=0.66mg/kg，全铅含量=38.36mg/kg，全镍含量=281.64mg/kg)、采自鞍山北部污水处理厂的城市污泥(有机质含量=36.69g/kg，碱解氮含量=216.71mg/kg，速效磷含量=129.1mg/kg，速效钾含量=1531.43mg/kg，含水量=81.01%，pH=7.65，全镉含量=3.71mg/kg，全铅含量=362.84mg/kg，全镍含量=206.35mg/kg)及采自铁矿山上的尾矿砂(有机质含量=0.54g/kg，碱解氮含量=0.55mg/kg，速效磷含量=62.85mg/kg，速效钾含量=312.24mg/kg，含水量=8.71%，全镍含量=3.24mg/kg)以不同比例配比设计而成，详见表4-9。

表 4-9 辽宁省鞍山市无土排岩场边坡的人工土壤试验配比[46]

人工土壤类型	配比				
粉煤灰	3	2	1	1	2
城市污泥	1	1	1	2	1
尾矿砂	0	0	0	0	1

通过对无土排岩场生态修复人工土壤持水性能的研究,并与当地的棕壤做效果对比,总体得出粉煤灰与城市污泥配比为 1∶1 处理后其持水和蓄水能力都较平衡稳定,性能最优,其次为粉煤灰与城市污泥配比为 2∶1 的处理。其中在不同配比的人工土壤中,粉煤灰与城市污泥比例为 1∶2 时处理的蓄水能力最强,饱和含水率比对照组高 11%,但持水能力较低。随着城市污泥配施比例的增加,人工土壤的蓄水能力和持水能力都在增强,但当城市污泥与粉煤灰的配比达到 2∶1 时,人工土壤的持水能力却出现了下降的趋势。当粉煤灰∶城市污泥∶尾矿砂的配比为 2∶1∶1 时蓄水能力较低,但持水能力在所有处理中却最强。

4) 工程性研究配比

前面研究的配比都是在实验状态下的手工配比组合,通过栽植或种植植物观察效果,以正交试验得到优化配比,或者进一步以此配比在现场做验证试验。所谓工程配比,是在边坡生态工程工况条件下进行的试验研究,工况条件主要包括喷射系统的构成和运行参数。

工程配比研究是在浙江舟山普陀山机场周边宕口生态治理工程区(29°55′N,122°21′E)进行的。边坡类型为岩质边坡,坡度角为 65°,坡面面积为10m²。气候属于北亚热带南缘季风海洋性气候,光照充足,年平均气温 16.3℃,年降水量1292.5mm,全年平均风速 3.4m/s。

在该区的岩质边坡人工土壤恢复工程中,坡面放置了 2 组由 36 个规格为0.3m×0.1m×0.1m 的土槽组成的联合土槽,选用工程现场 12m³ 空压机和 5~5.5m³/h 混凝土喷射机,采用干喷法喷射以形成坡面人工土壤层,喷射完成后进行常规养护。其中对人工土壤配比的优化试验采用单因素试验设计,将鸡粪有机肥(有机质含量=353.6g/kg、全氮含量=37.7g/kg、全磷含量=16.5g/kg、pH=8.62,容重=0.86g/cm³)和泥炭土(有机质含量=659.7g/kg、全氮含量=23.5g/kg、全磷含量=7.1g/kg、pH=4.82,容重=0.56g/cm³)两种有机添加物添加在人工土壤中,其有机质含量在 10~100g/kg,将此作为单一影响因素加入质地为壤质砂土的红壤(有机质含量=10.34g/kg、全氮含量=2.61g/kg、全磷含量=2.44g/kg、pH=4.83,容重=1.9g/cm³)中,以探索原土与有机添加物的配比对人工土壤的改良效果(表 4-10)。

表 4-10　浙江舟山岩质边坡两种有机添加物人工土壤试验配比

添加物	配比(原土与有机添加物质量比)											
鸡粪有机肥	43.62	16.12	14.06	8.8	7.45	5.19	3.68	3.28	2.94	2.41	2.01	1.7
泥炭土	91.68	65.34	34.89	30.15	26.52	19.42	17.81	14.73	11.81	10.87	9.58	8.55

根据该岩质边坡人工土壤配比的优化结果得出，两种有机添加物对该区域人工土壤的生态修复都有一定的促进作用，且鸡粪有机肥对人工土壤的改善效果显著优于泥炭土，故在进行人工土壤配比设计阶段，可通过添加鸡粪有机肥对人工土壤的特性进行调节。当质地为壤质砂土的红壤时：原土与鸡粪有机肥的质量比为 2.41～2.94，其对人工土壤特性优化的效果最好[27]。

5）人工土壤工程配比

我国岩石边坡的植被恢复工程有很多工程实践，其中深圳盐坝高速公路花岗岩浆砌片石边坡的景观绿化工程的人工土壤工程配比就是一个成功的案例。边坡为中风化花岗岩岩质边坡，坡比为 1：0.75，坡向为 S180°，海拔为 70m。区域内大多为断裂构造，并伴有褶皱，属南亚热带海洋性气候，年平均气温 22.4℃（极端高温 38.7℃、极端低温 0.2℃），年平均降水量 948.8mm，日平均最大降水量 282mm（最大降水量 385.8mm），年平均台风 416 次，多集中在 4～9 月，尤其是 7～9 月多台风、暴雨。

边坡于 2002 年采用客土喷附人工土壤和厚层基材喷附人工土壤的方式实施生态恢复，边坡坡面上层采用客土喷附技术，中层采用厚层基材喷附技术，中间由一条宽 4～5m 的水泥路隔开，下层为自然复绿，周边有未实施生态恢复的坡体做对比。两种恢复方式中喷附的人工土壤层厚度均为 10cm，添加物种类与施工条件也类似。客土喷附和厚层基材喷附技术的人工土壤配比为：种植土（0.1m³）、泥炭土（0.05m³）、木纤维（10kg）、缓释复合肥（0.2kg）、保水剂（0.1kg）、土壤稳定剂（0.1L）、根瘤菌剂（5g）[47]。

通过对恢复 10 年后的岩质公路边坡植被和土壤进行样方调查，分析岩质边坡人工土壤修复的植被恢复状况和土壤特性，可知上述人工土壤配比方案对该区岩质边坡的生态修复有很大的促进作用，且对于深圳盐田港的岩质边坡，采用厚层基材喷附技术喷附人工土壤层的恢复效果比采用客土喷附技术好[18]。

2. 人工土壤的一般配比

一般配比是指出现在相关边坡、绿化工程技术规范指南中的配比，具有一般化的意义，或是配比举例以供参考。除了表 4-3 所提及的欧洲的配比组成，还有日本和我国的一些比较正规文本中出现的配比及作者在多年边坡生态工程设计中提出的分层配比方法。

1）日本的配比

日本道路协会编写的《道路土工-边坡稳定工程技术指南》中涉及一小部分边坡绿化防护内容，其中列出了机械施工材料及用量举例，如表 4-11 所示。表中做了特别说明，要根据立地条件和所用植物种类进行适当修正，表中用量仅为其中一例，根据所用植物和施工条件等可以有±30%的变动，改良土指在黑黏土里添加堆肥。

表 4-11　机械播种工法使用材料举例

材料		种类	数量			备注
			种子喷播 (100m²)	客土喷附(厚 2cm，100m²)	植生基材喷附 (1m³)	
种子			一套	一套	一套	
纤维		木质纤维	10kg			
土		黑黏土或改良土		4m³		无黑土或改良土， 使用人工土壤
土壤改良材料		树皮堆肥	10kg	30kg		完全腐熟
植生基材					2000L	植物与工法不同， 种类及用量可进行 相应调整
肥料	木本用	磷钾化肥或缓效肥	10kg	6kg	4kg	使用木本植物时适 用于上栏
	草本用	高效化肥	5kg	10kg	4kg	使用草本植物时适 用于下栏
黏结材料或 防侵蚀剂		溶液型		20kg		聚乙酸乙烯酯类或 聚丙烯酰胺类
		高分子树脂			4kg	选用一种
		普通水泥			80kg	
pH缓冲剂		过磷酸钙			1.4kg	侵蚀剂用水泥时用

2）我国的配比

《北方地区裸露边坡植被恢复技术规范》（LY/T 2771—2016）中基质技术设计要点提及的结构改良措施如表 4-12 所示。根据坡面陡峭程度在量上进行了划分，随着坡度增大其用量也相应增大。

表 4-12　主要结构改良措施选择表

材料	添加量/(g/m²)					
	缓坡 (<25°)	陡坡 (25°~35°)	急坡 (35°~45°)	险坡 (45°~55°)	崖坡 (55°~75°)	崖壁 (75°~90°)
黏结剂	—	2.6~2.9	2.7~3	2.8~3.1	2.9~3.3	—
保水剂	—	1.65~2.1	1.7~2.15	1.75~2.2	1.8~2.4	—
木纤维	—	190~260	190~280	200~290	210~310	—

注1：表中数值为理想状态下每厘米厚度客土层的添加量。
注2：工业木纤维可按添加量下限配置，草本纤维及其他替代品可按添加量的上限配置。
注3：设计用量应结合改良材料的特性并根据气候条件、坡面质地和坡面基本特性进行综合确定。

《裸露坡面植被恢复技术规范》(GB/T 38360—2019)没有涉及具体配比,仅在建植技术中提及基质配制的概念组成(表 4-13),包括结构改良、肥料改良和活力改良,并对喷附方式进行了规定。干喷分两次,上层为种子层,不得小于2cm。湿喷法-离心泵喷播机:采取多层喷附方式,单层喷附厚度一般为 1～2cm,最上层为种子层;湿喷法-柱塞泵喷播机:底层采用一次喷附方式,种子层采用人工播种或离心泵喷播机喷播。技术规范要求采取适宜的基质配制技术,基质应满足《绿化种植土壤》(CJ/T 340—2016)对表层营养土的规定并满足在既定坡面上的自身稳定性及依附的可靠性。

表 4-13　建植技术

建植技术	基质配制	结构改良	黏结材料、保水材料、轻质颗粒(珍珠岩、陶粒、蛭石类)、有机纤维、腐殖肥等
		肥料改良	有机肥、无机肥、复合肥料、复混肥料
		活力改良	微生物菌剂、微生物肥料、生物有机肥、土壤调理剂
	播种	喷播	干法喷播、湿法喷播
		人工播种	点播、条播、撒播
	栽植	苗木栽植	裸根苗栽植、容器苗栽植
		营养体栽植	扦插、埋条、分株、人工草皮、自然草皮
	植被诱导	干预恢复	表土回用、有机物料铺覆、封禁恢复、封育恢复

3) 分层配比

分层配比考虑了岩石边坡的两种场景,上中坡为纯岩石坡面,而下坡有削坡宕渣回填坡脚使表层带有松散堆积物(块石、碎石和土石)。分层的目的是保证人工土壤能够支撑植物顺利生长,核心目标是保水,减少蒸发和下渗。岩石边坡基质(材)结构见表 4-14,分为两层,上层为黏性基质,可抗侵蚀,以减少水分蒸发。削坡宕渣反压坡脚形成的下坡,其人工土壤结构分为三层,下层由于分选不均、孔隙度较大的堆积物表层形成一个天然滤层存不住水,人工造就了一层近似隔水层的黏性基质,如表 4-15 所示。中间层则为团粒结构良好、毛管结构丰富的多孔隙基质,可保存植物生长所必需的养分。各基质性质从理化性质上给予区别,如表4-16～表4-18所示。由于工程对象的场景千差万别,生境立地条件和工程措施都不尽相同,因此无法用材料用量限定配比,但规定指标则有一定的普适性,因为无论用什么土壤(红壤、黄壤、紫色土、渣土等),添加什么改良材料,达到的指标是一样的。这样可以发挥施工方的创造性,保护企业秘密。

表 4-14　岩石边坡上坡基质(材)结构

项目	基质(材)类型	厚度(以庆丰矿山设计为例)/cm	
		边坡	马道
上层(表层)	黏性基质(材)A	5	3
下层	多孔隙基质(材)	15～20	17

表 4-15　下坡宕渣回填基质(材)结构

项目	基质(材)类型	厚度(以庆丰矿山设计为例)/cm	
		边坡	马道
上层(表层)	黏性基质(材)A	5	3
中层	多孔隙基质(材)	20～25	12
下层	黏性基质(材)B	5	5

表 4-16　黏性基质(材)A 的特性

项目	理化性质
透水系数	$10^{-5}\sim10^{-3}$cm/s
阳离子交换量	>20meq/100g
磷酸吸收系数	<700
pH	5.6～6.8
交换性钙饱和度	≥50%
有机质含量	10%～15%
全氮含量	≥0.15%
有效磷含量	≥30mg/100g
交换性钾含量	≥0.6meq/100g
交换性钙含量	≥6.0meq/100g
交换性镁含量	≥0.8/meq/100g
孔隙度	25%～35%
黏粒含量	25%～40%
容重	1.65～1.75g/cm^3

表 4-17　多孔隙基质(材)的特性

项目	理化性质
透水系数	>10^{-2}cm/s
阳离子交换量	>20meq/100g
磷酸吸收系数	<700

续表

项目	理化性质
pH	5.6~6.8
交换性钙饱和度	≥50%
有机质含量	10%~15%
全氮含量	≥0.15%
有效磷含量	≥30mg/100g
交换性钾含量	≥0.6meq/100g
交换性钙含量	≥6.0meq/100g
交换性镁含量	≥0.8meq/100g
孔隙度	40%~60%
黏粒含量	<15%
容重	<1.41g/cm^3

表 4-18 黏性基质(材)B 的特性

项目	理化性质
透水系数	<10^{-5}cm/s
阳离子交换量	>20meq/100g
磷酸吸收系数	<700
pH	5.6~6.8
交换性钙饱和度	≥50%
有机质含量	10%~15%
全氮含量	≥0.15%
有效磷含量	≥30mg/100g
交换性钾含量	≥0.6meq/100g
交换性钙含量	≥6.0meq/100g
交换性镁含量	≥0.8meq/100g
孔隙度	<20%
黏粒含量	>75%
容重	>1.8g/cm^3

4.4 人工土壤试验的研究方法

以岩石边坡人工土壤稳定性的特征为切入点，建立人工土壤的构建关系，探究人工土壤稳定性与构造的关系，明确其作用机制。人工土壤的稳定性是岩石边坡植被恢复的关键，它直接影响植被生长基础的稳定性及植物生长与后期植物群落的形成，要让人工土壤-植被生态系统能够稳定健康地形成，需要形成和谐的基材-植被养分(含水分、光、热)自适应循环体系。这种系统的形成首先需要在坡面上形成一个既能有效抵御冲刷又能让植物生长发育的基材(多孔稳定构造体)，于是对人工土壤稳定性的特征及人工土壤构建后的稳定性研究就显得极为紧迫。目前，人工创面及地震等形成的岩石边坡对生态和环境造成了严重的威胁。对岩石边坡生态环境治理的工程实践已在全国各地不同程度地展开，但岩石边坡植被恢复工程技术方法的理论基础较为薄弱，从人工土壤的稳定性与人工土壤构造的关系入手，从内部抗剪、界面抗滑、表层抗侵蚀三个层面揭示了岩石边坡环境能提供植被生长条件的人工土壤稳定性机制，获取了岩石边坡植被护坡工程的理论支撑。

试验研究通过模拟不同的坡面条件(主要是坡度、坡面平整度)，在一定的施工技术方式和喷射压力下(空压机给予喷射机的压力可以根据传送距离和基材的附着情况进行人为调节)，以构型材料和结构保持材料为主要变量因子设计基材，形成供试体。在一定的养护条件下，观测植物的生长状况(指标测定主要包括植物的出苗率、成活率、生物量、根系等)，建立植物长势(由生长状况各参数加权平均形成的一个综合量度)与基材构造之间的关系，找到基材构型材料与结构保持材料用量的阈值，为稳定性实验试样参数的选择提供依据。由此构建的人工土壤同客土模式喷混植生基材相比，具有容重低、孔隙度高和不板结的特点，满足边坡特别是岩石边坡土壤环境重建苛刻的环境要求。

4.4.1 材料与试样

影响基材性能的主要材料为构型材料和结构保持材料，其选取原则是既要有利于植物的生长又能保持一定抗形变的强度。构型材料主要包括有机基材(树皮、秸秆、枯枝、落叶、碎屑)、孔隙剂(膨胀剂、水泥发泡剂、蛋白发泡剂等通过预实验选其一)，孔隙剂的利用主要是为抵抗空压机及喷射机施工而造成的基材板结，形成有利于植物生长的人工土壤结构，这是一种新的尝试。结构保持材料主要为高分子材料团粒剂、沥青、乳化剂、表面活性剂、保水剂、缓释剂等(通过预实验从中选定四种材料)。有机基材(树皮、秸秆、枯枝、落叶、碎屑可通过绿化修剪废弃物粉碎获取)添加微生物菌剂堆放处理三个月。根据调查实验的结果，在我国树皮占有机基材体积分数为 50%作为梯度设计中值(L_m)，其余四个梯度分别是 $0.6L_m$、$0.8L_m$、$1.15L_m$ 和 $1.3L_m$，秸秆和枯枝、落叶、碎屑比例相等。国外有机基材的主要成分就是堆放处理后的树皮，考虑到我国的实际情况，每年城市和农村都会产生大量的有机废弃物，将其作为有机基材成分更容易，可降低成本且环保。

采用喷附技术形成供试胚(100cm×100cm×H_x，厚度 H_x=10cm，这是国内外工程实践中一个比较大的值，以利于对植物的充分观测)，每组重复3次。普遍使用的基材喷附施工技术方式为干喷方式，这是我国岩石边坡植被护坡工程普遍的机械施工方式，喷射机与空压机结合就能施工，机械成本较低、扬程大，适用于高陡边坡，喷射压强范围初步定为 0.7～1.4MPa/cm³(可根据工程实践经验调整，其原则是能模拟大多数实际边坡的空间尺度工况，具有现实的可操作性)；基材的养分条件也可根据工程实践经验取平均值设定；混播种子为草本和木本植物相结合[可选取岩石边坡植被恢复工程中普遍用到的草本植物如高羊茅(*Festuca elata*)和狗牙根(*Cynodon dactylon*)，木本植物如胡枝子(*Lespedeza bicolor*)和紫穗槐(*Amorpha fruticosa*)]。

4.4.2　植物生长条件下基材构型材料和结构保持材料的阈值

从供试胚选择一部分供试体(50cm×50cm×10cm)、露地条件、坡比(1∶1为缓坡；1∶0.5 为陡坡)，观测植物的生长状况(指标测定主要包括植物的出苗率、成活率、生物量、根系等)，植物长势与人工土壤的构造关系如图 4-20 所示，获取植物生长条件下的基材构型材料和结构保持材料阈值。阈值主要考虑对稳定性起主要作用的团粒剂和孔隙剂，多则会对植物产生不利影响。选取另一部分供试体(50cm×50cm×10cm)，通过 CT 扫描成像和图像处理观测基材的孔隙状况、连通性和分布形态。

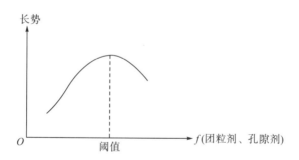

图 4-20　植物长势与人工土壤的构造关系示意图

确定各因素对植物生长影响的阈值后，调整实验的梯度水平，以同样的方式形成稳定性实验供试胚(100cm×100cm×H_x，H_x 为厚度，根据实验进程取不同的厚度值，直至达到极限厚度，预计 5 个梯度，3～20cm)，每组重复 3 次。

4.4.3　人工土壤与岩面的滑动阈值

定制规格为长 200cm、宽 75cm、高 30cm 的木板槽，在木板槽铺置块石来模拟边坡，坡度角为 45°～90°，坡面平整度为 0.5～4cm，设计三个梯度水平，不考虑辅助工程措施(锚杆、挂网等)。从上述供试胚获取供试体(50cm×50cm×H_x)进行滑动试验，测试基材的抗滑强度，建立下滑力与基材构造的关系曲线(图 4-21)，选取另一部分供试体(50cm×50cm×H_x)，通过 CT 扫描成像和图像处理观测基材的孔隙状况、连通性和分布形态，明确人工土壤构造与浅层滑坡的关系。

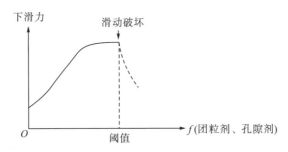

图 4-21　下滑力与土壤基材构造关系示意图

4.4.4　人工土壤的剪切阈值

利用观测基材孔隙状况、连通性和分布形态的供试体，用剪切仪做剪切试验，测试基材试样的抗剪强度，观测基材的受力情况(下滑力、外摩擦力、内摩擦力、黏结力、剪切力等)，得到剪切力与基材构造的关系曲线(图 4-22)，通过边坡稳定工程力学模型进行计算，确定试样在不同条件下基材的极限厚度。

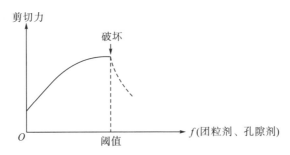

图 4-22　剪切力与基材构造关系示意图

4.4.5　侵蚀强度模型

利用观测植物状况的供试体，采用人工降雨装置模拟不同程度的降雨强度进行水力侵蚀试验。通过更换不同直径的喷头出流孔板，调整出水动力装置的压力，可获得不同的降雨强度，分别模拟小到中雨(<25mm)、中到大雨(<50mm)和大到暴雨(<100mm)的情况，夏季或台风天气一般不进行植被恢复施

工，施工后的养护也在该时节考虑覆膜等保护措施，所以暂不考虑大暴雨以上的情况。在试样条件一致的斜面(即模拟相应坡度)给予不同的降雨强度，观察试样的侵蚀性状，监测基材分散率、基材侵蚀度及试样的抗侵蚀性，建立侵蚀强度与人工土壤构造的关系模型(图 4-23)。

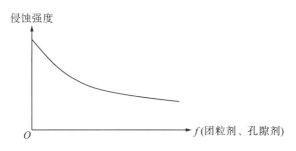

图 4-23　侵蚀强度与人工土壤构造关系示意图

试验方法采用有机基材模式，以人工土壤的植物相容性为原点，从人工土壤的稳定性与人工土壤构造的关系入手，调控改良基材的组成来影响基材的性质特征，进而调节并改善其稳定性，揭示岩石边坡环境下能提供植被生长条件的人工土壤稳定性机制，弥补了该领域理论基础的不足，为重建更有利于植被恢复和在恶劣边坡条件下(相对高差大、平整度差、急陡坡)及较少人工稳定性辅助措施的快速覆盖边坡植被恢复工程技术方法提供理论支撑，其具有重要的科学与实践价值，对促进我国生态环境的改善及最佳人居环境建设有着十分重要的意义。

4.5　人工土壤智慧匹配

基于工程行为的人工土壤功能变化与边坡立地条件匹配，建立联系准则，实现智慧匹配。

4.5.1　人工土壤分级

边坡生态恢复是一个系统工程，边坡网格就像骨架，而人工土壤则是肌肤，任何与骨架的有机结合都需要制定规则。人工土壤要进行精细化配比则需要分级，其基础就是对应边坡立地条件，依据骨架的不同特征塑造不同基质，即在立地条件的难易度上对基质分级，最后将分级与边坡分类对应起来，生态网格组分就实现了自然智慧配比。

表 4-19 是基于南方边坡的人工土壤分级，主要组成包括有机材料和客土，其他添加剂包括土壤改良材料，其可增加人工土壤的透气、保肥保水等特性。土壤改良材料的主要特性如表 4-20 所示。

表 4-19　人工土壤分级（%）

基质组成	M_I	M_{II}	M_{III}	M_{IV}	M_V
有机材料	25	40	60	85	95
客土	70	55	35	10	0
保水剂	0.8	1	1.5	2	2
团粒剂	0.5	0.8	1.2	2	2
缓释肥	0.1	0.12	0.15	0.18	0.2
普通肥料	0.05	0.06	0.07	0.08	0.1
其他添加剂 （土壤改良材料等）	0.85	0.82	0.78	0.74	0.7

表 4-20　土壤改良材料的主要特性

改良目的	有机系	无机系	高分子系
保水性	泥炭系	珍珠岩系	尿素系
透气性	树皮系	黑曜石系	—
团粒化	胡敏酸系	—	腐殖质组成成分
			烯烃类
保肥力	胡敏酸系	凝灰岩系	—
养分补给	家禽粪便系	—	—
土壤蓬松	树皮系	—	—
	泥炭系		
	农家肥系		
透水性	—	黑曜石系	—
		珍珠岩系	

4.5.2　匹配生态网格

　　人工土壤分为 5 级基本上可以满足边坡的立地条件和工法需求，相比传统方法其细化了微立地、微生境和局部工法措施，可以对应边坡分类，建立具有个性的系统体系，形成差异化组成要素，在网格要素上实现了完美关联。

　　在边坡网格分类形成后就能够方便地在坡面网格上分配人工土壤（图 4-24）。根据分区情况匹配基质，以此为基础使人工土壤基质技术的实施更加有的放矢，现场施工更加方便。人工土壤分级为生态网格配置基质提供了基础，可实现适应局域环境特点并能规范化、系统化地确定基质。同时可以促进施工技术革新，机械设备向智慧化发展，即根据边坡生态网格信息自动配比人工土壤性能，物料配合自动对应网格要求配比人工土壤，搅拌混合送入喷射机，喷射头移动到对应网格重建合适的边坡土壤系统。所谓合适的土壤系统就是指通过智慧判断、智慧调配、智慧施工形成的，厚度与稳定性平衡的、内部结构合理、拟自然土壤分层构造的人工诱导边坡土壤环境重建。

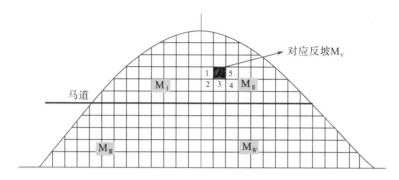

图 4-24　边坡生态网格人工土壤匹配示意图

注：分区匹配基质分级类型；边界单元网格(1～5)搭接与工法一样，分区单元拓展一个网格；单元网格(1～5)
指的是与反坡 M_V 区域邻接的边界单元

4.6　人工土壤的现状及展望

众所周知，岩石边坡植被恢复是水土保持和生态恢复工程的难点。人工土壤的稳定性是岩石边坡植被恢复的关键，从人工土壤构造的角度把握人工土壤的稳定性，在不加任何工程措施的前提下，调和植被的生长需求与生长基材之间的矛盾，具有重要的科学价值和极强的现实性。

4.6.1　我国边坡生态工程人工土壤的现状

目前，我国对基材的研究集中在基材的组成、配比、抗侵蚀等方面，且限制条件较多，具有单因素或单一目标主体，控制条件粗放，得到的认识不够清晰，难以对满足植物相容性的基材配比提供完整的认识，进而难以为适应不同工程条件和质量要求提供设计或判断依据。

而基材稳定性主要体现在抗剪强度即基材自身抗剪强度和岩面之间的界面抗滑强度上，这直接关系到无工程辅助措施(如网、锚杆等)支撑下重建土壤的厚度。众所周知，土壤厚度关系到植被的顺利恢复及植物后期的演替效果，岩石边坡植被-土壤生态系统的重建和可持续、自组织发展与基材建立初期的厚度关系密切。无工程辅助措施基材的重建厚度也关系到生态恢复工程的设计与施工及工程的成败与成本。在重建土壤恢复植被的同时还要依靠工程措施保持边坡的稳定性，大部分研究工作就是在这种条件下进行的，这符合我国岩石边坡植被恢复现状的模式，同时这也是一个限制条件。

客土模式也有天生的不足，如自重与板结、保水性能差，再加上对添加剂性能了解并不是十分清楚，以及植被恢复效果不稳定，这都为边坡生态工程技术的设计与施工带来了不确定性。岩石边坡植被护坡工程建立的基材-植被岩石边坡生态系统非常脆弱，需要辅助大量的工程稳定性措施来改善其结构和功能，增强其稳定性，但即便如此在实践中也常出现滑落和大量侵蚀等工程质量问题，如图 4-9 所示。

如前所述，我国在岩石坡面生态工程方面虽然取得了一定成果，但由于对维持基材稳定性的作用机制及人工土壤演替规律的深层次规律认识还不足，因此对此类工程的实施仍带有很大的盲目性、随意性及简单模式化，对工程技术实践、方案设计、工法理论和基材配比的研究尚不能为岩石边坡土壤重建的基础研究提供强有力的支撑，因此为适应国土生态保护与恢复，支撑大型基础设施工程项目植被护坡，亟须导入有机基材模式，研究其稳定性机制，得到可用于技术开发、工程设计的基础参数。

人工土壤研究与应用存在的一些问题与限制：

(1) 客土模式的主要材料为壤土，取土就是对土壤环境的破坏，国家耕地保护越来越严格，因此其代价也越来越高。

(2) 添加剂对植物影响的阈值尚不清楚，人工土壤配比依据不充分，这将影响植被恢复工程的质量。

(3) 目前已有文献涉及基材剪切强度的研究，但添加剂的主要成分为水泥黏合剂，国外 20 世纪 90 年代以后就弃用水泥作为黏结材料，原因是其容重、强碱性与植物相容性影响到基材喷附的厚度和植物生长。

4.6.2 人工土壤的展望

国外发展的历程和国内未来的发展趋势对岩石边坡植被恢复土壤重建技术的基础研究提出了新的要求。岩石边坡植被恢复是水土保持和生态恢复工程的难点，而人工土壤的稳定性是岩石边坡植被恢复的关键，这直接影响植被生长的稳定性和植物生长与后期植物群落的形成。要让人工土壤-植被生态系统能够稳定健康地形成，就需要形成和谐的土壤-植被养分（含水分、光、热）自适应循环体系。这个系统的形成首先需要在坡面上形成一个既能有效抵御冲刷又能让植物生长发育的多孔（毛管结构丰富）构造稳定基质，故对人工土壤稳定性的把握及人工土壤构造与稳定性机制的深入研究是非常重要的，理论的深入研究必然带来技术的创新。有机基材模式的基材配比和稳定性参数作为基质喷附重建植生基础工程技术中的核心部分，在国外多数企业仍属机密，鲜有科研论文发表（校企联合研究普遍，但文章发表常回避关键内容），仅可偶尔从各大公司的商业宣传资料与专利资料中窥测端倪（作者在访问日本大型生态修复公司——日本植生株式会社时有所接触）。同时，国外岩石边坡条件比国内宽松，削坡精细、坡度比较缓、单体坡面体量不大，对稳定性的要求不如国内严苛，这可能也是对稳定性研究不多的原因。在国内外现有的研究中，对基材特征及稳定性都有一定的探索，但是对基材特征与稳定性之间关系的研究，即通过基材特征来探究稳定性作用机制的研究几乎没有。

未来对人工土壤的研究和突破方向展望如下。

(1)边坡生态工程的理论核心是人工土壤的稳定性与植物的相容性，可研究相关阈值，为技术创新奠定基础。

(2)由于严格的耕地保护制度，客土模式的土壤难以获得，价格也越来越高，故有机基材模式是必然的选择。采用复合层人工土壤模式，表层为有机基材模式，底层基材因地制宜是未来边坡土壤重建的必然方向，应以此为基础展开相关研究。

(3)我国边坡地区的山高、坡大，以陡坡为主，削坡不易，因此陡坡条件下植被重建对基材稳定性机制的全面认识是基础。

(4)突破国外技术瓶颈，创新适合我国国情的人工土壤技术、材料与配比。

(5)全国有很多矿山等历史遗留裸岩山体，新建项目及国防基础设施建设都需要植被恢复新模式，例如，对坡面不做任何处理，直接喷附基质即可达到初级绿化和水土保持的小目标。

(6)有机基材模式可使生物质废弃物得到再利用，有利于环境保护，可固碳、减少雾霾。

(7)拓展新的应用空间——灾后应急防护，即震后山体破坏应急时喷射绿色防护基材，从而减轻有害矿物质和气体对大气和水环境的污染，迅速恢复草本植被，抚慰受灾人群的心灵。

通过对人工土壤特性与稳定性作用机制的研究，可以直接关联人工土壤的开发和工程应用，降低生态修复的成本并增大适应面，这是国家生态文明建设急需的应用技术基础研究，具有良好的应用前景。

参 考 文 献

[1] 池田桂，松崎隆一郎，長信也，等. 伐採木を有効利用した資源循環型短繊維混入植生基材吹付工による野芝吹付事例[J]. 日本緑化工学会誌，2012，38(1)：176-179.

[2] 日本法面緑化技術協会. のり面緑化技術：厚層基材吹付工[M]. 東京：山海堂出版社，2007.

[3] 川手美富. 緑化基盤材、緑化を行う方法および緑化基盤：2006-109800[P]. 2006-04-27.

[4] 安達守，安達謙祐. 緑化基盤材：2009-201476[P]. 2009-09-10 .

[5] 全国 SF 緑化工法協会. 高次団粒 SF 緑化システム[R]. 東京：全国 SF 緑化工法協会，2009.

[6] Wang J M，Wang H D，Cao Y G，et al. Effects of soil and topographic factors on vegetation restoration in opencast coal mine dumps located in a loess area[J]. Scientific Reports，2016，6(1)：22058-22069.

[7] 艾应伟，陈娇，等.道路边坡创面成土特性[M].北京：科学出版社，2016.

[8] Latocha A，Szymanowski M，Jeziorska J，et al. Effects of land abandonment and climate change on soil erosion：An example from depopulated agricultural lands in the Sudetes Mts.，SW Poland[J]. CATENA，2016，145：128-141.

[9] Ilunga E I W，Mahy G，Piqueray J，et al. Plant functional traits as a promising tool for the ecological restoration of degraded tropical metal-rich habitats and revegetation of metal-rich bare soils：A case study in copper vegetation of Katanga，DRC[J]. Ecological Engineering，2015，82：214-221.

[10] Tetegan M，Korboulewsky N，Bouthier A，et al. The role of pebbles in the water dynamics of a stony soil cultivated with young poplars[J]. Plant and Soil，2015，391：307-320.

[11] Ciarkowska K，Gargiulo L，Mele G. Natural restoration of soils on mine heaps with similar technogenic parent material：A case study of long-term soil evolution in Silesian-Krakow Upland Poland[J]. Geoderma，2016，261：141-150.

[12] 武文娟.四川省地震灾后边坡植被恢复和土壤特性研究[D].成都：四川大学，2016.

[13] Xiao H L，Ma Q，Ye J J，et al. Optimization on formulation of peat-fiber-cement-based dry-sprayed substrate for slope ecological protection by site experiment[J]. Transactions of the Chinese Society of Agricultural Engineering，2015，31(2)：221-227.

[14] Chen Z，Wang R X，Han P Y，et al.，Soil water repellency of the artificial soil and natural soil in rocky slopes as affected by the drought stress and polyacrylamide[J]. Science of the Total Environment，2018，619：401-409.

[15] 张俊云，周德培，李绍才.岩石边坡生态护坡研究简介[J].水土保持通报，2000，20(4)：36-38.

[16] 李绍才，孙海龙，杨志荣，等.秸秆纤维、聚丙烯酰胺及高吸水树脂在岩石边坡植被护坡中的效应[J].岩石力学与工程学报，2006，25(2)：257-267.

[17] Gao G J，Yuan J G，Han R H，et al. Characteristics of the optimum combination of synthetic soils by plant and soil properties used for rock slope restoration[J]. Ecological Engineering，2007，30(4)：303-311.

[18] 潘树林，辜彬，李家祥.岩质公路边坡生态恢复土壤特性与植物多样性[J].生态学报，2012，32(20)：6404-6411.

[19] Bronick C J，Lal R. Soil structure and management：A review[J]. Geoderma，2005，124(1/22)：3-22.

[20] Six J，Elliott E T，Paustian K. Soil structure and soil organic matter II. A normalized stability index and the effect of mineralogy[J]. Soil Science Society of America Journal，2000，64(3)：1042-1049.

[21] 沈善敏.黑土开垦后土壤团聚体稳定性与土壤养分状况的关系[J].土壤通报，1981，12(2)：32-34.

[22] 黄不凡.绿肥、麦秸还田培养地力的研究：Ⅰ.对土壤有机质和团聚体性状的影响[J].土壤学报，1984，21(2)：113-122.

[23] 李映强，曾觉廷.不同耕作制度下水稻土有机物质变化及其团聚作用[J].土壤学报，1991，28(4)：404-409.

[24] Ferreras L，Gómez E，Toresani S，et al. Effect of organic amendments on some physical，chemical and biological properties in a horticultural soil[J]. Bioresource Technology，2006，97(4)：635-640.

[25] Aoyama M，Angers D A，N'Dayegamiye A. Particulate and mineral-associated organic matter in water-stable aggregates as affected by mineral fertilizer and manure applications[J]. Canadian Journal of Soil Science，1999，79(2)：295-302.

[26] Cihacek L J，Swan J B. Effects of erosion on soil chemical properties in the north central region of the United States[J]. Journal of Soil and Water Conservation，1994，49(3)：259-265.

[27] 杨晓亮. 两种有机质添加物对岩石边坡生态恢复人工土壤抗蚀性的影响及评价研究[D]. 成都：四川大学，2009.

[28] 高宏英，艾应伟，王克秀，等. 坡位与坡向对岩石边坡人工土壤腐殖质组分及有机质的影响[J]. 水土保持学报，2013，27(6)：244-248.

[29] 石垣幸整. 豪雨や寒冷環境を考慮した連続繊維補強土の性能向上に関する研究[D]. 北見：北見工業大学，2017.

[30] 姚正学，杨军.岩石坡面土壤菌永久绿化法原理[J]. 甘肃科学学报，2005，17(4)：37-39.

[31] 郎煜华，周建军. 土壤菌绿化法与普通喷播绿化的对比试验研究[C]//全国公路生态绿化理论与技术研讨会论文集，2009.

[32] 村井宏，堀江保夫. 新編治山•砂防緑化技術：荒廃環境の復元と緑の再生[M]. 東京：ソフトサイエンス社，1997.

[33] 郭培俊，艾应伟，陈朝琼，等.植生土类型对岩石边坡人工土壤理化性质和微生物活性的影响[J]. 水土保持学报，2012，26(1)：203-208.

[34] 何玉玲，王瑞君，李林霞，等.岩质边坡人工土壤酶活性与土壤营养元素关系研究[J]. 中国水土保持，2014(9)：53-57.

[35] 曾丽霞，刘浩，周南华，等.铁路切挖边坡创面人工土壤结构研究[J]. 土壤学报，2010，47(4)：802-807.

[36] 佐藤厚子，山梨高裕，山田充，等.泥炭を基盤材としたアルカリ土壌ののり面緑化[J]. 日本緑化工学会誌，2014，40(1)：159-162.

[37] 佐藤厚子，山田充，山梨高裕. 植生基盤材の厚さまたはわらむしろ•育苗シートが積雪寒冷地の緑化植物の生育に与える影響について[J]. 日本緑化工学会誌，2017，43(1)：327-330.

[38] 舒鑫.基于人工生物质结皮辅助植被恢复及稳定性研究[D].北京：北京林业大学，2015.

[39] 杨立霞. 土壤养分转化及其生物学特性对干湿交替的响应研究[D].成都：四川大学，2012.

[40] 刘瑾，张达，汪勇，等. 高分子稳定剂生态护坡机理及其应用[J]. 地球科学与环境学报，2016，38(3)：420-426.

[41] 彭泉.生态护坡基材性能及植物配置试验研究[D].武汉：湖北工业大学，2011.

[42] 孙其远，陈为峰，牟信刚，等.生态护坡基质中微生物特性研究[J]. 水土保持学报，2008，22(5)：162-166.

[43] 牟信刚.护坡绿化基质筛选及其理化性质研究[D].泰安：山东农业大学，2008.

[44] 刘飞.岩质边坡喷射植被混凝土植生基材研究[D].重庆：重庆交通大学，2009.

[45] 刘海章.贵州岩质边坡生态防护基材配比的研究[D].贵阳：贵州师范大学，2008.

[46] 张鸿龄，孙丽娜，孙铁珩.陡坡无土排岩场植被生态修复技术[J]. 生态学杂志，2010，29(1)：152-156.

[47] 兰虎林.传统边坡修复技术在深圳岩质边坡生态恢复实践过程中的应用与评价[D].成都：四川大学，2010.

第5章 边坡植被

　　边坡生态恢复是在边坡生态工程的基础上进行的植被恢复，边坡的生境条件是植物生长和配置的基础，而边坡植被恢复又是边坡生态恢复的关键和直接体现。由于受损的坡面复杂多样，因此需要与之相应多样的植被恢复技术，根据实际情况确定坡面生境，综合判断并选择适用于特定坡面立地条件的植被恢复技术，以达到最好的恢复效果。

　　植被恢复是恢复土壤肥力的有效手段之一[1]。工程植被恢复作为生态环境管理的重要措施之一，可以充分利用土壤-植物复合系统的功能，改善当地环境并促进区域生态平衡[2]。目前草本和灌木是边坡植被恢复的主要种类[3]。选择合适的植物种类和适当的植物组合，可快速建立自我维持的植被生态系统[4]。

5.1 边坡植被概述

　　边坡植被具有防止表面侵蚀机能：①减轻雨滴对表面的打击；②植物的茎和落叶可减缓地表径流的流速；③土壤浸透性的改善可使地表流量减少；④根系可以抵抗地表径流的下蚀作用；⑤落叶层的保暖机能可以缓解冻融侵蚀。人工创面或地质灾害的山体植被恢复可以综合发挥这些作用，使表面侵蚀作用大幅降低。山体环境破坏会造成生态系统失去平衡、森林覆盖率下降和植被密度下降等负面影响[5]。暴露的边坡容易受到土壤侵蚀和发生地质灾害，并且具有许多生态隐患和安全问题[6]。

　　气候温暖湿润的地方其植被一般都比较丰富，以森林为主的自然景观多姿多彩，在自然条件下，植被的再生能力也是极强的。但是对于特殊地形如陡峻的坡面和脆弱的表面结构(图5-1)，如果再不借助人类的力量，那么植被恢复就不是件容易的事。正常植物的生长要求土壤的存在和安定的地质环境。但由于坡面上的环境条件特殊，水土保持不易，存在侵蚀、滑落、崩塌等环境地质作用，再加上日照量、气温、湿度、风、雨水等气象条件的变化，以及地温和土壤水分的变化，因此植物的生长受到了巨大的影响，相比正常环境的植物生长要困难得多。

　　人工创面的进一步破坏将产生不利的自然变化(如崩塌等)，而边坡绿化可防止水土流失，这是边坡生态治理最初的基本思想。但随着对生态环境的科学认识逐渐深入和社会经济水平的不断提高，对边坡绿化的要求就不仅局限于防灾和水土流失，而是对生态环境的改善、生态系统的保护和恢复、自然环境的保护、景观协调等方面提出更高的要求。植被逐渐与土壤相互作用，改善土壤机能。落叶（枝）及根系的枯死会给土壤提供植物性的有机物质，日积月累会使土壤的理化性质发生变化，即落叶层(A_0 层)与土壤中的有机物可以防止地温的突变并抑制土壤的水分蒸发，土壤微生物的增加可以改变孔隙量的大小，从而改善土壤的透水性(浸透性)和保水性。

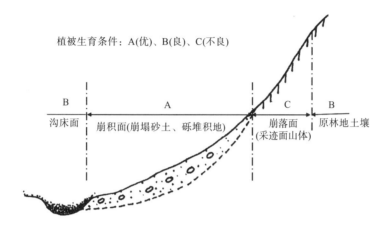

植被生育条件：A(优)、B(良)、C(不良)

图 5-1　边坡植被恢复立地示意图

A. 土石边坡，回填坡脚或弃渣；B. 原林地土壤；C. 岩石边坡，人工创面或崩塌滑坡面

　　边坡生态恢复工程所用的植物大多数必须考虑能耐受恶劣条件，乡土物种虽是理想的选择，但工程实践中存在品种收集困难、数量不足、设计施工技术支撑薄弱，以及对与工程创造的植生环境相适宜的物种工程性状理解不充分等问题。现实结果就是难以形成希望的植物群落，也就是说在给定条件下不能满足植物生长所必需的基本条件，或暂时可以绿化，但长期来看不会取得所希望的可持续效果，不能形成目标群落。

　　边坡植被不等同于绿化。这点日本学者做过系统思考，绿化国土、管理水平跟不上反而会造成针叶林退化、阔叶林增加的演替发生，顶级群落的平衡被打破，产生了逆向演替，花粉症盛行。绿化技术的进步同生态系统修复与重建的期望产生了相当大的距离。生物多样性保护与绿化技术反其道而行之，如地质灾害后的飞播、拦沙坝的修建等都会影响生物多样性并导致外来种的侵入。此时，恢复生态则是必然的途径，同时也得到了从思想到实践的重视，生态工程从原是土木工程的附属部分到现在已成为独立的新兴领域[7-10]。因此，边坡植物与边坡生态工程密切关联，不同于山地退化生态系统的植被修复，边坡植物重建的基础是不连续的突变面，工程基础包括人工土壤与立地条件的千变万化，基于此外部条件的边坡植物的性能、生长发育机制和演替规律都是边坡生态工程研究的核心内容，基于此，期待生态、智慧的边坡植被恢复理论的建立和丰富的边坡植被重建技术的开发。

5.2　边坡植物的功能属性

边坡植物的功能属性主要体现在工程性、生态性和景观性三个方面。边坡上恢复的植物，由于生境的特殊性，既不同于自然山体植物，更有别于园林植物。其生存环境类似岩溶土壤环境，仅有很薄的一层土壤供植被生长，土壤下面就是完整的基岩，没有完整的土壤断面组成，也没有土壤到基岩的过渡层。提供给边坡植物成长的水肥等生态位空间与其他的自然地理环境相比要狭小得多(图 5-2)。

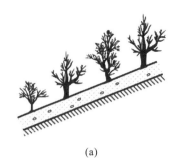 

(a)   (b)

图 5-2　岩土二元结构：(a)岩石边坡植被恢复示意图；(b)浆砌片石护坡上的植被恢复(左右两边的人工土壤完全剥离，没有植物留下，仅剩中间约 10cm 的人工土壤层支撑了草本植物和灌木的生存，深圳盐坝高速，2011 年)

到目前为止，边坡绿化最重要的就是水土保持，治理工作也主要是从防灾的观点出发来进行的。但是在现有的情况下，由于边坡绿化搅乱了生物相甚至招致了珍稀濒危动植物的灭绝，因此在今后的边坡植被恢复中有必要顾及生物多样性的观点。当然从长远来看，边坡植被恢复与生物多样性保护是相联系的，但是水土保持与生物多样性保护未必是一致的。

稳定性、多样性与美学完美结合，三者是一个有机的且相互交融的和谐系统，互为你我，这就是边坡植被恢复的理想境界。

5.2.1　边坡植物的工程性

植被及植被的生态恢复是边坡生态工程的一部分，即工程防护中的植被防护。传统的防治措施是对边坡喷射素混凝土或采用支挡结构物以稳定边坡等。目前，采用工程"硬措施"与植被"软措施"相结合的方法来治理地质灾害，其中工程措施主要包括通过土钉、锚杆等对土体深部进行加固，而植物措施则是通过上部茎叶削弱雨水冲刷、地下根系加固边坡浅部土体两种措施相结合的方式提高边坡整体的稳定性[11]。植物在边坡生态工程中最基本的作用是水土保持、保护坡面免遭侵蚀、固土护坡、蓄水复绿，唯有在满足这一根本功能属性的前提下再去考虑生态与景观方面的属性才有意义。工程性更多地体现出一种社会经济属性，如石油储备库、化学品储备库、炼油厂等特殊边坡工程无一例外地都体现了对环境安全的最高要求，所以工程性是边坡植物最根本的属性。

植被可保护边坡抵御侵蚀，其功能主要通过机械力学效应和水文效应来实现。在机械力学效应方面，植被通过其枝干和根系与土壤的力学作用，增加根际土层的机械强度，甚至直接加固土壤，起到固土护坡的作用。根系对根际土层土壤的加固作用是植被稳定土壤最有效的机械途径。侧根可加强土壤的聚合力，在土壤本身内摩擦角不变的情况下，通过土壤中根的机械束缚增强根际土层的抗张拉强度；同时垂直生长的根系把根际土层稳固地锚固到深处土层上，更增加了土体的迁移阻力，提高了土层对滑移的抵抗力。就水文效应方面而言，植被通过调节近地面气候，改善地表和地下的水文状况，改变植被生长区域的水循环途径，从而影响侵蚀过程，减少水土流失。植物护坡主要依靠坡面植物的地下根系及地上茎叶的蒸腾排水作用护坡，其作用可分为根系的力学效应和植物的水文效应两个方面，植物的水文效应包括截留降雨、削弱溅蚀和抑制地表径流(图 5-3)。

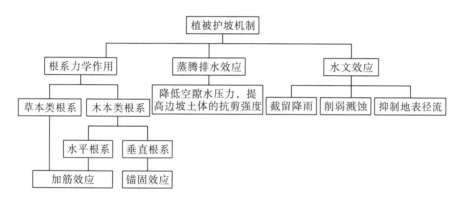

图 5-3 植被护坡机制框图[12]

1. 植被根系与边坡土体的机械力学作用

植物一般分为地上和地下两部分，其中地上部分的茎叶具有截留降雨、削弱溅蚀、抑制地表径流等作用，地下部分的根系与其周围的土壤构成了发达的地下根土复合体系统，故植物具有显著的固土加筋等效应。近年来国内外学者对植物茎叶及根土复合体的室内外试验的研究表明，植物在防治水土流失、浅层滑坡及提高边坡浅层土体的稳定性等方面具有显著作用。

作为一种特殊的筋材，植物根系对坡体的加筋效应已经得到广泛认同。植物固土护坡的力学效应主要体现在植物的根系上，包括植物浅根将岩土体变成加筋复合材料的加筋作用，以及深根将浅层岩土体风化带锚固到深层稳定岩土上的锚固作用。

1) 根的加筋作用

根的加筋作用主要取决于根的分布密度、抗拉强度、张拉系数、长度与直径的比例、表面粗糙程度、连接程度和主要受力方向等因素。土层是一种特殊的加筋复合结构，它由强度相对较高的埋在土体中错综复杂的根系和强度相对较低的土体基质组成。根系可视为具有预应力的三维加筋材料。根的加筋作用是通过根在根系(纤维)-土的复合材料中的约束作用来增加土体的侧限压力、延缓滑坡并增加根土复合体的抗剪强度。根的作用不改变土体的摩擦角，它主要靠增加土体的黏聚力来提高土体的抗剪强度。根的加筋作用的另一种方式是通过相互交错的半连续的根系将加在软弱区(强度相对较差)的压力传递给强度相对较大的部位，以增强坡体的总体稳定性。

有研究表明，草本植物的根系一般为直径小于 1mm 的须根，自地表向下其根逐渐细弱，密度逐渐减小。岩土体中的根密度随深度增加而急剧减小，高羊茅、早熟禾、狗牙根等草本植物在70cm 以下土层中的含根量仅为总根量的 2%。根系盘结范围内的土体成为土和根系构成的根土复合三维加筋材料[13]。

根据高寒草地植物——矮火绒草根及盐地风毛菊草根原状根土复合体的研究，草本植物的根系在土中存在变形，其变形和剪切位移、根系数量、根径及素土的抗剪强度等因素相关；根系的直径会影响根系对土体的加筋增量，直径越小，根系的加筋增量越小，直径越大则加筋增量越大[14]。李鹏飞[15]的研究显示，随着不同边坡坡面植被恢复年限的增长，根系的生物量不断增加，不同径级的根量、根系长度、根表面积、根体积、根系密度均随土层深度的加深呈递减的趋势。不同坡位、坡向的根系其抗拉力存在差异，中下坡植物的抗拉力均大于上坡植物的抗拉力；阳坡植物根系的抗拉强度、根系直径均大于阴坡。根土复合体的抗剪强度与垂直荷载呈正相关。根系的抗拉特性、生物量及土壤养分因子三者之间存在高度耦合关系。根系密度、根系的抗拉强度、抗拉力及抗剪强度与土壤硬度、土壤容重、总孔隙度都具有相关性。

2) 根的锚固、支撑作用和拱效应

大多数树的主根和铅坠根能深入较深的土层中，对土体的下坡运动具有一定的锚固作用。树干和根的主干部分在斜坡中能起到抗滑桩作用而阻止土体下滑。在林木覆盖稀疏的坡体地带，没有林木支撑的坡体部分容易遭到破坏。树的桩体作用保护了上坡的土体。在树木分布密集的地区，上层土体被挤压拉伸，形成拱顶。拱效应的程度取决于以下因素：①树的间距、直径和埋深；②坡体屈服地层的厚度和倾斜程度；③土的抗剪强度。

3)植被的超载作用

超载作用是指植被将自身重量加载到坡体上对坡体所产生的影响。由于草本植物和大多数灌木的自重作用影响微小，因此通常只考虑树木的超载作用。超载作用对边坡稳定性的影响是双重的，既有积极的，也有消极的。一方面超载增加了坡体的下滑力，另一方面垂直压力的增加增大了下滑面上的摩擦力。坡顶的超载常使坡体的稳定性降低，而坡脚的超载可增加坡体的稳定性。因此，在植被护坡的设计和施工中应当利用超载的积极作用而抑制超载的消极影响，具体方法是在坡脚种植相对重而密的树，而在坡顶应以灌木和草本植物为主[16]。

2. 植被护坡的水文效应

植被对边坡表层的覆盖可以有效地保护坡面土壤并对雨水及其形成的径流下渗截留等水文过程产生明显的影响，具体表现可概括为如下三点。

1)植被截留降雨、削弱溅蚀的作用

一部分降雨被存储在树叶和树干上，待以后再重新蒸发到大气中。植被的降雨截留作用降低了到达坡面的降水强度并减少了到达坡面的降水量，植被对小雨的截留可达 100%，对强暴风雨的截留达 25%，在一年中可大约截留总降水量的30%。植被的降雨截留作用对于控制坡面侵蚀和提高边坡稳定性具有重要意义。

下落的雨滴撞击在坡面上，把动能传递给土体，产生的分裂力使土体颗粒分离飞溅。在滴溅过程中，雨滴速度越快、动量越大，撞击土体所产生的分裂力就越大，被溅出的土体颗粒数量就越多[图 5-4(a)]。植被能拦截高速下落的雨滴，减少落到坡面的雨滴数量，降低滴溅能量，从而减小撞击土体时产生的土体分裂力，有效降低了滴溅对坡面的侵蚀作用。

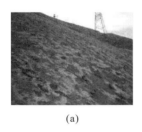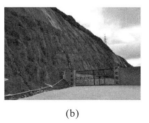

　　(a)　　　　　　　　　　　(b)　　　　　　　　　　　(c)

图 5-4　边坡雨水的作用：(a)基质溅蚀，植物未成坪，加筋作用未能充分发挥(浙江舟山兴龙矿山边坡，2010 年)；(b)刚刚喷附于坡面的基质遇雨形成冲沟或层间流形成底蚀，使基质悬空而破坏(浙江舟山同基船厂边坡，2010 年)；(c)红砂岩植被护坡边坡，仅草本植物(四川天府新区道路边坡，2015 年)

2)植被抑制坡面径流、控制土粒流失的作用

木本植物的根茎和草本植物的叶子增加了地表的粗糙程度，降低了地表径流

的速度,增加了雨水的入渗,有效减少了径流量。另外,根在生长过程中在土体中挤出通道,根衰老或死亡后收缩又留出空隙,使地表径流能顺着根土接触面和这些通道、空隙渗入土体。植被通过增加地表粗糙度、促渗、截留及蒸发、蒸腾的联合作用,降低了地表径流的速度,减少了地表径流量。地表径流带走已被滴溅分离的土粒,而且可进一步引起片蚀、沟蚀等[图 5-4(b)]。这种能力随径流速度的增加呈指数上升,土体流失量也随径流速度和流量增大而增大。因此,降低径流速度和流量能有效控制径流的侵蚀作用。通常情况下,土体流失量随植被覆盖率的增加呈指数降低。与此同时,植被的存在能加速被径流所带走的土粒在地表的沉积作用,减少一定范围内土体的流失量。

3) 植被降低坡体孔隙水压力的作用

降雨是诱发边坡失稳的重要原因之一,边坡失稳与土体的孔隙水压力有着密切关系[图 5-4(c)]。植被通过吸收和蒸发、蒸腾坡体内的水分,使坡体内的水分减少。这种作用将导致土体孔隙水压力降低,增加土体颗粒间的接触程度,提高土体的抗剪能力,有利于坡体的稳定。另外,土体水分的散失减轻了土体自重,减小了土体重力在滑动面上的滑动分量(剪切力),提高了坡体稳定性。

3. 植物根系与边坡植被恢复

植物根系有着与之生活相适应的根际空间,灌木根群圈出现在地下 30～50cm,乔木根群圈出现在地下 50cm[17]。在根际空间内,岩土-根系构成的质量团提供了对植物地表部分的支撑和各种生长活动的空间。不同于平地植物根系仅与土壤空间异质性有关,边坡植物根系无法按自身生态学和生物学特性自由伸展,它占据与物种及物种组合相应的根域空间,获取水分和养分。无论土边坡、土石边坡还是具有二元结构的岩石边坡,对其根域都有明确的限制。首先是形态受限,根域质量团扁平,纵向伸展不足,沿坡向倾斜,控制了地上相应部分的基本状态,即有一种倾向倒伏状,基岩、土石和硬土限制了根系纵向的自由伸展,锚固作用弱,但具有一定的支撑作用;其次是裂隙控制,一旦植物根系无论是主根、侧根还是须根深入岩石裂隙中,将极大地拓展根域质量团,增强植物地面部分的生存竞争能力,起到锚固作用。

图 5-5 是岩石边坡植被恢复形成的特殊岩土二元结构的植物根系质量团在坡面上的性状。支撑投影面积如式(5-1)所示,即

$$S = A \times \pi(l/2)^2 \times \cos\alpha / B \tag{5-1}$$

式中,S 为根域支撑投影面积;l 为面积圆直径;α 为坡度角;A 为与基岩裂隙有关的系数;B 为与人工土壤厚度相关的修正系数。

根系支撑强度与坡度、人工土壤厚度和植物本身有关。坡度越大,其支撑投影面积越小,抵抗下滑力的能力就越差,岩土植物不易形成稳定系统,也就意味

着陡坡不宜导入乔木, 仅适合矮灌木和草本植物。岩土二元结构的基质厚度一般不超过 20cm, 仅适合浅根系植物。但是一旦基岩存在裂隙、节理或断裂, 情况将得到极大改变, 相当于在原来支撑质量团上附加了一个支撑增量。

因此, 边坡植被恢复工程中植物物种的选择和配置要充分考虑基岩特征, 充分认识立地条件, 基于植物根系的生物学和生态学的物种选择与配置非常重要, 这决定了边坡植被工程的效果甚至成败。

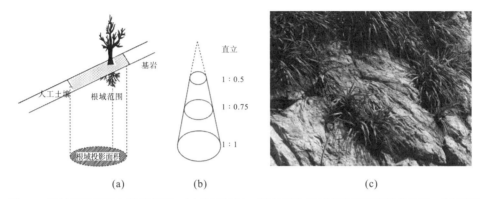

图 5-5　边坡植物根系支撑示意图: (a)根域限制; (b)坡度与根域支撑投影面积的关系; (c)岩石裂隙空间支撑植物生长, 提高植物根系质量团的支撑力(浙江舟山六横岛自然岩石边坡, 2008 年)

5.2.2　边坡植物的生态性

边坡自然环境修复中的植被恢复既是主体又是先导, 是恢复干扰受损生态系统的重要组成, 在弱化修饰景观异质性方面的作用巨大。边坡植被的恢复是一个动态的过程, 其体现在边坡植被群落结构的演替发展, 并最终形成与自然生态相协调的稳定的动态平衡结构, 具有长期性。

利用植被生态学理论基础, 研究护坡植物的适宜性、重建方式、群落结构与土壤质量的关系, 基于木本植物和草本植物的竞争能力、抗逆性、生长势等, 以隶属度值为基础进行护坡植物适宜性分类排序, 均有助于构建协调、稳定的边坡植被群落。适宜性程度差异影响着边坡植物之间的竞争平衡, 适宜性程度差异小的种类间易形成协调平衡的混交群落, 而适宜性差异大的则易形成单一化群落。通过分析不同植物组合的草灌竞争特征与优势种群, 基于种间竞争关系进行草灌组合模式设计时空间隔种植, 可促进边坡植被的建成[18]。生态系统的恢复与重建就是一个植被恢复的过程, 而植被的恢复过程就是边坡植物群落的演替过程。深入研究边坡植被群落结构和演替进程将有助于结合人工植被技术更好地开展边坡的生态恢复, 对今后各类边坡的植被恢复具有十分重要的理论意义。

1. 群落结构

边坡是山体的一部分，母体山坡植被称为自然植被，是稳定的乔灌草顶级群落，此植物群落具有确定的结构组成和空间格局，且系统稳定，短时间内很难发生大的变化。自然植被的生态学特征是一般意义下边坡植被恢复成效评判的普遍标准。恢复植物群落就是边坡恢复植物多样性。众所周知，生物多样性包括遗传多样性、物种多样性和生态系统多样性三个层次。但在边坡植被恢复的过程中，由于施工面积的局限性，人工物种的选择和搭配的关注点应该集中在遗传多样性和物种多样性两个层次上。

从遗传多样性来讲，使用恢复区所在区域外的物种来进行绿化时，这些物种由于地理环境的差异可能会产生与原来不同的形态和生理上的改变，这些物种可能与周边的物种进行杂交从而引起当地物种在基因水平上的混乱。到目前为止，所使用的绿化树和草的种子(特别是木本植物)基本上都不是来自目标区域，而是从不同地带甚至是不同田块中收集的。这种情况从长远来看并不是件好事情，因此在植被恢复时应该尽可能地使用与目标区域物种相接近的植物种子。

在物种多样性的考量上，过去的一些恢复案例给人们提出了警示。例如，常用的绿化树种——刺槐(*Robinia pseudoacacia*)会造成水土保持机能的丧失，外来牧草类的逸散给周围的自然植物造成巨大影响等。如果边坡绿化的目标是恢复与其周边植物相同的植物景观，那么应该首先考虑那些自然群落中的优势物种、侵占性强的当地物种，并优先使用这些物种，同时在物种搭配上避免使用单一物种。而对于高山、亚高山地带中原有植物就稀少的区域，在恢复过程中对物种的选择更要十分慎重，尽量避免使用外来入侵性强的物种，以免造成像紫茎泽兰似的生物入侵。在边坡植被恢复中，应加强对濒危物种、侵入物种的管理，促进乡土物种群落的构建。Rentch 等[19]提出了应对竞争力强于乡土植物的外来入侵种的定居、生长进行限制。美国运输部采取系列措施鼓励乡土植物的应用，尽可能地降低养护管理成本，以实现边坡生态系统的自我维持和可持续发展。

传统的边坡植物选择以喷(植)草为主，草灌结合主要用于边坡表面为混凝土或岩石坡面的情况，草本植物的应用是为了满足前期绿化和保水、保湿，为后期浅根系的灌木生长提供合适的生长环境。对缓边坡应采用草灌乔相结合的做法，可以兼顾短、中、长各阶段对边坡绿化的要求。张红丽[20]指出在强风化石质边坡、岩质边坡的植被建植中，选择速生和固氮灌木种类，控制混播组合中草本植物的添加比例，进行合理的水肥控制，促进了边坡乡土灌木植被的建成，明显提高了边坡土壤的抗侵蚀能力。选用生长速度相差不大的灌木种类更有利于建成平衡和谐的草灌混交群落。在保证前期生长的前提下，应最大限度地降低草本种子的播量，以削弱其对灌木的竞争[20]。我国幅员辽阔，不同区域的气候也不同，如西南多雨地区和西北旱寒地区，植物的生长特性和植被群落就有显著差异。干旱区的边坡植被恢复首先需要重点考虑植物的需水特性和人工土壤的保水性能，其次是土壤的养分和酸碱度，这些都对植物的生长起着决定性的作用。花岗岩、石灰岩、黄土、膨胀土等不同的岩石和土壤特性，提供给植物的生长基质不同。植被护坡工程应针对当地气候和土壤特性，研究适宜的土壤改良措施和混合基材配方，以促进植物生长和群落建成。卢建男[21]研究了兰州地区湿陷性黄土边坡生态恢复技术，研究发现长芒草、披碱草、柠条锦鸡儿、香附子(Cyperus rotundus)、骆驼蓬、芨芨草、山蒿等为湿陷性黄土边坡的主要建植植被。选择抗旱抗寒性强、耐盐碱、耐土壤贫瘠、根系发达的植物，利用灌木、草本植物混播的方式进行坡面喷播，能进一步增加湿陷性黄土边坡的物种多样性，提高边坡的稳定性。针对湿陷性黄土边坡土壤盐碱含量高的情况，利用嗜盐碱微生物菌肥改良土壤基质后，可以有效地增加基质的养分含量，降低土壤的 pH，优化土壤的团粒结构，使根系更易生长，提高种子的出苗率并增加生物量[21]。

2. 群落构建

1)边坡群落构建不易

虽然群落构建与坡度有关，但总体来说，岩石边坡的立地条件都劣于周边山体。对于二元结构的岩土系统，其植物的地下部分空间狭小、条件差，想恢复到接近自然植被的状态是非常困难的。日本国营明石海峡公园挖方边坡植被恢复 6 年后其植被覆盖率达到 95%，而木本植物从施工当年的 2.2 株/m^2 减少到 1.3 株/m^2，原因是高达 2m 且密生的草本植物从施工开始就一直持续生长到 6 年后，而木本植物逐渐枯死，周边物种迁入定居困难[22]。这说明先锋群落构建是重点，好的设计和优良施工是创造群落演替的良好基础。

2)群落构建与工法关联

群落构建就是边坡生态工程如何构建长期的坡面生态系统，引导周边自然种的进入、定居，并参与边坡植被的演替。而这个过程与工程方法的实施类型和方式密切相关。日本山梨县 5 年内施工的边坡绿化工程调查表明，有表面侵蚀现象的坡面不少，占全体调查边坡的 37%，植被覆盖率都比较高，但周边自然种进入的植被覆盖率低下，而对于客土喷附工法，或者处于谷地形的高坡面，植被覆盖率则要高些。在这样的条件下有可能期待周边自然种的早期进入定居。另外，与种子喷播工法相比，厚层基材喷附、植生毯(垫)工法防止表面侵蚀的效果最好，但也阻止了自然种的进入[23]。因此，在边坡植被恢复工法的规划设计中需要重点考虑是保持水土防止表面侵蚀还是促进自然种的定居，当然能够两利的方法是最好的。这就要从植生工法和植物物种相容的方向找到一条可行的道路。

3) 乡土种

前期木本植物不易导入，种子来源不多，应创造条件促进后期演替。以日本京都府的一个边坡植被恢复案例说明植被恢复工程后引导的植物群落演替的进程。调查是在施工后的 4 年开始并每年进行，一直持续到施工后 12 年。结果显示，施工当年构建了一年生草本群落，经过阔叶竹和中国芒群落，12 年后演替为以盐肤木(*Rhus chinensis*)和赤松为建群种的木本群落，木本种数从 9 种增加到 25 种，与周边植物的类似度(QS)从 0.27 增加到 0.54，演替度(DS)从 267 增加到 2716，明确了向木本群落演替的方向[24]。

4) 重视马道(平台)的建群作用

马道平台的立地条件相对坡面优越，可以重建足够高大乔木生长的基础环境(当然不一定是高大乔木，可依据情况匹配设计目标群落)，虽然面积不大但有点类似小廊道，可起到连接上下坡面的纽带作用，其自身构建群落相对容易，可协调坡面先锋群落的形成与发展。

3. 边坡植物的分级归类

在边坡网格生境和立地条件分割的基础上，对适应于相应网格的植物进行分级归类，为边坡生态工程智慧规划设计中植物物种的选择与配置奠定基础。

1) 边坡植物与微生境

目前的边坡生态工程由于受到技术和造价的制约，通常一面坡一个样，各种参数的选择基本上没有差异性，无论坡下、坡中还是坡上，基本把顺直度或平整度看成均一的。可是边坡生境，无论是立地条件还是微生境大都不可能用均值来测度，特别是矿山边坡的异质性更强，一种模式既做不好也难以做到，而且代价还大，长远看有可能还会有副作用。在前面章节中关于边坡网格生境立地分割分类的基础上，如果能对边坡植物进行分类对位，那么就能非常方便地为边坡植物的选择与配置提供符合对象边坡实际情况的依据。

2) 基本考虑

如前所述，分级分类的基本考虑就是要符合实际情况，按需匹配，方便好用的同时还将适应和引领边坡植被恢复发展的新趋势。国外总结了只用草本植物或较为单一的木本植物对边坡生态环境带来的长期影响，并进行了反思。结合我国的实际情况，管理部门根据以往的恢复实践提出了更高的要求。以此为基础，建立边坡植物分级分类的生态性、环境学和景观性相结合的基本原则，从而体现出社会性、生态性和智慧性。基于此，从边坡植物的功能性、群落目标、景观需求等三方面将边坡植物分为五级，具体分级分类指标见表 5-1。

表 5-1　边坡植物分级

要素测度		分级					说明
		I	II	III	IV	V	
特性		生态景观型，复杂丰富	景观型，复杂	生态型，丰富	护坡型，根系要求高	绿化水保型，绿化覆盖、保持水土	从特性概要归类适应场景
浅根系植物与深根系植物数量比		1：1	2：3	3：7	3：2	9：1	
肥料植物占比/%		>5	>3	>10	>12	>15	豆科等肥料树种
先锋种占比/%	草本	20	25	30	30	80	
	木本	30	15	10	40	10	
建群种占比/%	低木	20	25	30	15	10	
	中木	20	20	25	10	0	
	高木	10	15	5	5	0	
常绿植物与落叶植物数量比		1：1	3：2	1.3：0.7	7：3	2：3	

表 5-1 中提及的边坡肥料植物常作为先锋物种，常用的有刺槐、胡枝子、合欢、紫苜蓿（*Medicago sativa*）等。边坡常见的肥料植物详见表 5-2。

表 5-2　肥料植物的主要种类

分类	植物种类
豆科	皂荚、刺槐、胡枝子属、槐属、金雀花、合欢、葛、马棘、铁扫帚、三叶草或紫苜蓿
桦木科	赤杨、日本赤杨
胡颓子科	胡颓子
蔷薇科	杨梅

4. 群落演替

植物群落演替是植物系统产生并发展的自然过程，是一种自然属性。如何利用已知生态学植物群落演替的一般规律，在边坡这类特殊的立地环境下为植被恢复生态工程做出科学决策，对保证工程植物措施的顺利实现和边坡植被的可持续发展意义重大。

1）裸地形成

裸地是群落演替发生的初始条件和场所，根据基质中的植物繁殖体、土壤条件的有无等可分为原生裸地和次生裸地两种类型。常见的裸地形成方式如下所述。

(1)冰川的侵蚀、沉积、陆地上升或下沉等常造成原生裸地的产生，其基质中没有植物繁殖体的存在，原有的土壤条件也被破坏。

(2)干旱、火灾及人类活动(耕作、伐木、挖掘、采矿等)等使原有植被被毁灭，但土壤条件被保留，有的甚至还留有部分原有的植物繁殖体。

岩石边坡和深度挖方土坡均属于原生裸地，因此在植被恢复过程中首先要考虑的就是边坡土壤条件的建立。

2)植物的入侵和定居

地球上几乎找不到对植物的侵占怀有敌意的裸地。在一块裸地上，一个自然植物群落的产生，通常要经历入侵、定居、竞争三个过程后，才能形成稳定的群落。

岩石边坡上的自然演替属于旱生演替系列，最早出现的是一些地衣、苔藓植物，随后才有草本植物、灌木和乔木的入侵。原生裸地上的演替过程十分缓慢，通常需要成百上千年。

在边坡植被恢复过程中，仅依靠自然的力量耗时太长，在施工期内根本达不到设计要求。因此，在植物物种的选择上应首先考虑的是草本植物、灌木和乔木三种生活型的组合搭配。

3)控制群落演替的主要因素

除前面提到的植物的繁殖和迁移外，环境的变化、种间关系、新植物分类单位的产生及人类活动等都会影响自然群落的演替。

环境的变化包括外界因子的变化及群落本身对环境的作用而引起的环境变化。根据克莱门茨(Clements)的经典演替观，"促进模型"认为先入侵的物种改变了环境条件，使它不再利于自身的生存，从而促进了物种的更替。

在实际的边坡植被恢复过程中，随着时间的推移，周边的自然物种会侵入人工恢复地中，并与原先的人工选择物种产生竞争和替代。因此，在边坡植被的物种搭配上应以乡土物种和当地适生的物种为主，这样一方面能保证其具有较高的成活率，另一方面也可在一定程度上避免上述情况的发生。

一个稳定群落的种类组成包括草、灌、乔三种生活型的物种。在垂直结构上三者所占据的生态空间不同，这在一定程度上避免了对光需求的矛盾。但在水平结构上，对基质中的营养、水分等资源的竞争依然存在。因此，在进行植物搭配时除考虑生活型外，还需合理安排各生活型的种植密度，从而减小种间及种内的竞争，加快促成相对稳定的人工群落。

4)竞争

最初侵占一片裸地内分散生长的植物，彼此之间并不互相影响，它们只需同物理条件相适应，此种适应直接取决于气候与土壤条件。当有用物质或能量下降至低于两个或更多个有机体生长所需要的最高水平，而这些有机体又必须摄取同一供应物时，便出现竞争。两个有机体的需要越相似，竞争就越激烈，因此种内竞争较种间竞争也更为激烈。竞争的结果形成并造就了群落中各物种成分的比例均衡和优势种群，通过竞争趋于平衡，并使得各物种的分布区域或适合的生态幅缩小，从而呈现出物种随环境而变化的梯度。

5) 群落水平上的相对稳定和平衡

生态环境容许不同植物种定居或至少维持其优势。同时，通过自然选择，某些物种被其他物种所取代，而后者在新占领的生境条件下能更顺利地完成它们的生活周期。后来物种在环境条件暂时有利于它们定居的一段时期进入这个生境，但随后的环境条件却变得对它们的繁殖极其不利，最后这个摇摆不定的种群在与本地植物的紧张竞争中受到排挤。至此，相对平衡告成。

从以上群落演替的一般过程可看出，演替中物种的相互关系经历了以下四个阶段。①互不干扰阶段：这是群落演替中物种从无到有的最初阶段，这时候物种数目少、种群密度低，在对资源的利用上没有什么竞争。②相互干扰阶段：这主要是指物种间的竞争。③共摊阶段：在这个阶段那些能很好地利用自然资源而又能在物种的互相作用下共存下来的物种得到发展。④进化阶段：物种的协同进化使资源的利用更加合理和有效，群落结构更趋合理，物种组成及数量维持在一定比例。

5. 演替实例

1) 研究区概况

研究区位于浙江省舟山市。浙江舟山群岛地处长江口以南，杭州湾外缘的东海海域，陆地面积 1439.8km²，地形以 250m 以下的低丘为主。浙江省舟山市属于北亚热带南缘季风海洋性气候，四季分明，冬暖夏凉，年平均气温为 15.6～16.6℃，极端最低温度为-7.9℃，极端最高温度为 39.1℃，无霜期为 251～303 天，年平均降水量为 936.3～1330.2mm，年平均蒸发量为 1208.7～1446.2mm，年平均干湿热指数为 0.91～1.73。研究区的土壤以酸性、高黏度红壤和黄壤土为主。受海风激浪、海雾的影响，土壤盐基饱和度通常偏高，含盐量高，pH 为 5.8～6.5。浙江舟山群岛的典型原生植被遭到严重破坏，植被型以次生阔叶林和灌木林为主，如黑松 (*Pinus thunbergii*) 林、杉木 (*Cunninghamia lanceolata*) 林、青冈 (*Cyclobalanopsis glauca*) 林和红楠 (*Machilus thunbergii*) 林等。选择研究区内已进行植被恢复的 8 个岩质边坡作为研究对象。坡面土壤构建主要采用客土喷附工法，并喷播高羊茅 (*Festuca elata*)、紫苜蓿 (*Medicago sativa*)、狗牙根 (*Cynodon dactylon*)、刺槐 (*Robinia pseudoacacia*)、紫穗槐 (*Amorpha fruticosa*)、马棘 (*Lndigofera pseudotinctoria*)、盐肤木 (*Rhus chinensis*)、胡枝子 (*Lespedeza* bicolor)、伞房决明(*Senna corymbosa*)、女贞(*Ligustrum lucidum*)、小叶女贞(*Ligustrum quihoui*)和木麻黄(*Casuarina equisetifolia*)等植物种子,植入密度分别为 2g/m²、1g/m²、0.5g/m²、1g/m²、2g/m²、1g/m²、1g/m²、1g/m²、0.5g/m²、0.5g/m²、1g/m² 和 0.5g/m²。施工结束后对边坡的人工养护管理期为 1 年。

2)野外调查

2011 年 6 月对浙江舟山 8 处已进行生态恢复的岩质边坡进行植被调查,每个边坡的恢复年限为 1~6 年。每一边坡按坡位划分为上坡、中坡、下坡 3 个样地,共计 24 个样地。在调查群落的植被状况和特征时,在每个样地内设置 1 个10m×10m 样方调查乔木物种;将每个乔木样方划分为 4 个 5m×5m 样方,选择 3 个 5m×5m 样方调查乔木幼树、幼苗及灌木的物种数;在 5m×5m 样方中,随机设置 3 个 1m×1m 小样方调查草本植物。调查项目:物种名称、种的密度、盖度和高度、乔木株数及胸径、边坡群落的综合特征和生境特征、周边环境情况等。

3)植被群落组成

24 个样地,共 34 科 60 属 66 种。人工导入的草本植物主要为高羊茅和紫苜蓿,木本植物主要为刺槐、紫穗槐、马棘、木麻黄、女贞和盐肤木。草本物种共计 31 种,以禾本科(Poaceae)、菊科(Asteraceae)、豆科(Leguminosae)为主,其中藤本 2 种。灌木共计 21 种,乔木共计 14 种,木本类植物不管是种类还是数量都以豆科植物为主,其次是蔷薇科(Rosaceae)和木犀科(Oleaceae)。所有物种中,豆科植物共计 13 种,占全部种数的 19.7%;菊科植物共计 7 种,占全部种数的10.6%;禾本科植物共计 7 种,占全部种数的 10.6%。三大科的植物共计 27 种,占所有种数的 40.9%,这表明三大科的植物在研究区的边坡植被恢复过程中起到重大作用。

4)DCA 排序

除趋势对应分析外,消除趋势对应分析(detrended correspondence analysis,DCA)排序的植物数据矩阵采用重要值作为综合指标,对 24×66 维数据进行DCA 排序,以分析群落演替的规律。通过线性回归分析,将 DCA 第一轴与各多样性指数分别做一元线性回归,将 DCA 第一轴坐标值作为横轴,将各多样性指数值作为纵坐标进行绘图(图 5-6)。

采用 DCA 对生态恢复的岩质边坡的 24 个样地进行分析,根据前两轴做出二维散点图,数字代表样地序号。由图 5-6 可见,DCA 第一排序轴反映了演替的时间顺序,即反映演替的趋势和梯度,沿排序图第一轴从左到右的恢复时间逐渐缩短,恢复时间较短的良康(1、2、3)位于排序图的最右端,恢复时间最长的白山一号(22、23、24)位于排序图的最左端;边坡富翅一号(7、8、9)和小岭隧道

(10、11、12)恢复时间相近，所以在排序图上分布紧密。在排序图上良康(1、2、3)与其他边坡相隔较远，说明它与其他边坡在植物群落的结构组成、群落微生境等方面有差异。边坡样地在排序图上相距较近，说明排序图可反映各植物群落间的相关性及群落与环境之间的关系。第二轴主要反映坡向、海拔、坡度等环境因子的变化，但未表现出具体环境因子的梯度变化。沿排序图第一轴(图 5-6)从右到左的恢复时间逐渐增长，在图上基本可以分为 3 个时段：第一时段（Ⅰ）为恢复 1 年内，即良康(1、2、3)；第 2 时段（Ⅱ）为恢复 2～4 年，包括机场周边宕口(4、5、6)、富翅一号(7、8、9)、小岭隧道(10、11、12)、庆丰矿(16、17、18)、毕家井的中坡和上坡(20、21)；第三个时段(Ⅲ)为恢复 4～6 年，包括毕家井下坡(19)、白泉(13、14、15)、白山一号(22、23、24)。这 3 个时段代表岩质边坡植被恢复群落演替的 3 个阶段，即草本植物群落阶段、灌丛群落阶段、乔灌群落阶段。

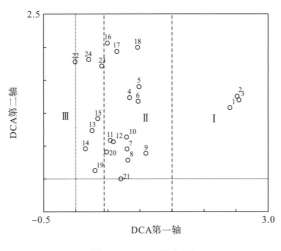

图 5-6 DCA 排序图

(1)草本植物群落阶段。恢复时间较短，一般为 1 年，草本植物生长旺盛，导入的草种在群落演替初期占有绝对优势。此阶段为群落演替的初级阶段，也是最不稳定的阶段。其主要群落类型为高羊茅-紫苜蓿群落。迁移植物较少，只有野胡萝卜(*Daucus carota*)。另外，在群落中散生有一些灌木种类，表明该群落类型为草本群落向灌丛群落过渡的类型，灌木种主要有马棘、紫穗槐、胡枝子、刺槐幼苗等。

(2)灌丛群落阶段。灌丛群落阶段是草本植物群落演替到一定阶段的产物。灌丛为由人工喷附的木本种子生长形成，群落类型较为单一，主要是马棘灌丛和紫穗槐灌丛。草本植物群落较为丰富，优势种有高羊茅、紫苜蓿、一枝黄花(*Solidago decurrens*)和益母草(*Leonurus heterophyllus*)。可划分为 4 种群落类型：紫苜蓿-高羊茅-马棘灌丛、一枝黄花-高羊茅-紫穗槐灌丛、益母草-一枝黄花-

马棘灌丛、一枝黄花-高羊茅灌丛。草本层植物迁移种主要有芒(*Miscanthus sinensis*)、小蓬草(*Conyza canadensis*)、狗牙根、金鸡菊(*Coreopsis basalis*)等。灌木层主要种有小叶女贞、夹竹桃(*Nerium oleander*)和日本珊瑚树(*Viburnum odoratissimum*)等,以及低矮的乔木臭椿(*Ailanthus altissima*)、盐肤木、刺槐和木麻黄等。这一阶段已具有初步的层次结构,由于草本阶段为岩石边坡提供了适宜植物生长的环境,形成了迁移植被与人工导入植被共存的竞争状态,表现出与自然演替的趋同性。

(3)乔灌群落阶段。灌丛发展到一定阶段,乔木开始在群落中定居,边坡采用速生树种,出现乔灌群落阶段的时间较自然恢复的边坡短,且乔木种类单一,多为人工栽植或喷播的树种,主要是盐肤木、刺槐、木麻黄和臭椿。可划分为 3 种群落类型:益母草-高羊茅-马棘-盐肤木;野茼蒿(*Crassocephalum crepidioides*)-马棘-盐肤木-木麻黄;一枝黄花-紫苜蓿-紫穗槐-刺槐-盐肤木。这一阶段层次分明,物种丰富。草本植物主要有芒、小蓬草、苎麻(*Boehmeria nivea*)、荩草(*Arthraxon hispidus*)、狗牙根、益母草、葎草(*Humulus scandens*)、繁缕(*Stellaria media*)等;灌木层主要有小叶女贞、剑麻(*Agave sisalana*)、胡枝子、夹竹桃、芦竹(*Arundo donax*)、日本珊瑚树、伞房决明等;乔木层还出现了黑松、女贞、天竺桂(*Cinnamomum pedunculatum*)(别名普陀樟)、野梧桐(*Mallotus japonicus*)(别名日本野桐)、算盘子(*Glochidion puberum*)和构树(*Broussonetia papyrifera*)等。这一阶段人工植被与迁移植被互相竞争,并达到一种稳定的共存状态[25,26]。

5.2.3　边坡植物的景观性

边坡生态工程中,生态、社会和经济效益的统一是各方希望达到的效果。而景观不仅体现了社会和经济效益,同时也反映了生态效益。因此,将边坡生态工程的生态性与景观性结合是一个值得重视和深入研究的领域。

景观性其实是人为工程性和自然生态性的统一在文化层面的升华。随着人类活动区域的不断扩大及审美意识的不断提高,城市周边、道路边、海边、人居环境周边(人文、自然)在传统意义上的绿化已经不能满足人们追求精神文明层面上的需求,边坡植物的可视、可观、可触、可嗅等景观性属性显得越来越重要。

1.边坡生态工程的景观生态特征

从景观生态学的角度来讲,裸露边坡属于受到剧烈人为干扰的一种特殊景观类型,是人们进行工程项目建设、为获得矿产资源或修建道路而不得不以破坏自然生态环境为代价的区域,是一类具有特殊景观生态特征的山体表面。

1)景观异质性增强

裸露边坡通常由采矿废弃地、人工开路、自然灾害等景观类型和一些机械设施、厂房建筑、道路等不同性质的景观要素组成。采矿废弃边坡由于受到采矿活动的破坏，原本较为均质的景观异质化显著，具有典型的斑块、廊道和基质的镶嵌格局特征。路域边坡由于开山凿路等工程措施的实施，景观破碎化，路域两边呈现出刺眼的裸露。自然灾害的破坏同采矿废弃边坡类似，具有典型的斑块及斑块镶嵌异质化格局。原有的统一性被打破，然而现实已形成，那么如何在治理过程中发现异质性中的美感，勾勒出山水自然和谐的异质性(图 5-7)，这是边坡生态工程理论与实践所欠缺的内容。

|(a)|(b)|

图 5-7　景观异质性：(a)废弃矿山生态环境治理宜景则景的处理手法，合理利用景观异质性的特点，水域、建筑、丰富的乔灌草植被系统很好地掩饰了山体裸露岩石的突兀，有良好的层次感和协调性，形成了具有观赏价值的整体景观(温州绣山公园，2010 年)；(b)废弃矿山宕口已改造为公园，景观的异质性依旧明显(浙江舟山，2006 年)

2) 景观稳定性变差

剧烈的工程活动超出了生态系统本身的自我恢复能力，这使得其自身的稳定性和生态平衡受到了破坏。由于裸露、自然风化的进程加快，即使是比较短的时间尺度，其景观的动态变化也十分明显(图 5-8)。这种局部而连续的景观动态变化有向外部扩散的趋势，最终导致周边生态环境的土壤贫瘠、物理结构不良、极端 pH 化、重金属污染、生物多样性及动植物群落构建等受到影响，进而破坏当地的生态系统，形成极端的生境条件，影响动植物定居。

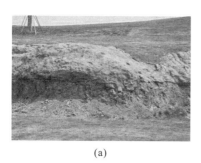

|(a)|(b)|

图 5-8　景观变化：砂泥岩互层具有红层裸露边坡不均匀风化(a)和掉块(b)

(四川天府新区道路边坡红砂岩景观，2015 年)

3) 生态过程受到影响

生态系统是一个开放系统, 局部的扰动可能影响整个生态系统的结构和功能。工程活动使得原地与周边自然生态环境的异质性增强, 这势必会影响该区域的生态格局和各种生态过程的连续性, 如水循环过程、物种迁徙的过程, 同时也会造成污染扩散。

2. 边坡生态工程的景观塑造原则

工程活动或地质灾害影响景观的因素是多方面的, 其中两个因素的影响最大, 即地形变化与植被基础被破坏。因此, 在边坡生态工程的景观重建中也要重点关注地形修饰和在此基础上的植被造型。地形的进一步改变, 即修坡或削坡的主要目的是工程防护措施, 削坡减载可防止边坡潜在的地质灾害风险, 其结果就构成边坡景观的空间形态基础, 而植被则是在此基础造型之上的外观体现, 主要表现在形、势、景等方面。修坡直接影响工程的景观性, 边坡植被恢复工程需要与边坡工程治理方面紧密配合协调, 使上位工程为后续的边坡生态景观塑造打下良好的基础。因此, 在边坡生态环境治理工程中应遵循以下景观塑造原则。

1) 变化与统一

变化与统一是景观设计美学原则中最基本的概念。造景的三大要素是形态、材质和色彩。只要这些要素中的一个或多个具有变化与统一就会形成良好的景观。边坡生态工程的形态由修坡或削坡的形状、岩石形态、植被形态等组成, 存在大小、方圆、曲直、虚实等形态的变化与统一; 材质由岩土、工程结构、植被等组成, 存在软硬、肌理粗细等的变化与统一; 颜色主要由岩土自身色彩、工程结构色彩、植物色彩等构成, 存在色彩冷暖等的变化与统一。对比关系的应用使生态护坡生动活泼, 但过分变化容易让人产生混乱感, 因此在变化中应有统一的特征(图 5-9)。

图 5-9 不同形状景观要素的连续变化与统一

(四川天府新区道路边坡的红砂岩景观, 2018 年)

2) 节奏与韵律

同一种或同一组造型要素的连续反复或交替反复能够在视觉上造成一种具有动势的视觉效果，给节奏带来多样性，使其具有韵律美感。同一种植物等距离种植，可形成重复韵律；两种及两种以上颜色或树形的植物有规律地间隔种植可形成交错韵律。生态护坡中采用的土工格，在重复、等距中也体现了韵律美感，土工格之间种植的植被又与土工格形态形成不同的构成要素，因而具有节奏性(图 5-10)。

图 5-10　动态景观(运动中的景观要素突变会带来惊喜或不安，昌都察雅，2019 年)

3) 对称与均衡

对称与均衡是将无序的、复杂的形态组成有秩序的、视觉均衡的形态，使其具有稳定感。边坡治理由于现状条件的局限性，在坡地形态及植物种类上均不易形成多样性，因此对称的形式较常见。但是对称会带来缺乏变化、呆板等问题，在边坡治理中应加以均衡手法予以调节。

4) 安定性

视觉不安定的构造物会造成心理上的不安定感，从形状上讲，金字塔形、分段式等具有安定感；相反，倒三角形、有悬挂感的构造则有损这种感觉(图 5-11)。

图 5-11　悬挂感(紫坪铺水库库岸边坡密集的锚索，2018 年)

5.3 边坡植物恢复

5.3.1 边坡植被的选择

科学合理地选择适宜边坡植被恢复的植物种类是构建稳定的坡面植物群落的一项重要工作。不同的植物拥有各自不同的生长和生活习性，对生境条件的要求也不尽相同。因此，在边坡植被恢复过程中对植物种类的选择应遵循相应的原则，概括如下。

1. 微生境适应性原则

植物在自然条件下经过上万年的进化，对环境条件已有其自身的适应性。因此，对植物的选择必须充分考虑其对当地的气候条件、水土条件(水分、土壤理化性质、pH、土壤类型等)、养分条件等的适应性，在这个大前提下，进一步考虑微生境的适应性。在边坡条件下本地植物并不都可以用于工程，条件的精细匹配是关键。

2. 抗逆性原则

植物的抗逆性主要包括抗旱性、抗涝性、抗贫瘠性、抗热性、抗寒性、抗病虫害性、抗有害气体性等。在进行植物选择时不一定要保证植物的所有抗性都强，只要找出恢复地的主要逆境因子，有针对性地选择对其抗性强的植物即可。

3. 工程性原则

植物在边坡生态工程中最基本的作用是固土护坡，即通过植物地下根系的力学作用及地上部分的生长实现固土护坡和生态复绿的目的。在进行植物的选择时应尽可能地考虑植物根系的性质和类型及植物的生长型。能在低营养水平土壤中生长的物种具有较低的活力，包括相对低的生长速度、较慢的植物组织更新率和较长的生活周期，这些特征使得植物能够在营养供应短缺的情况下保持对矿物质的利用[27]。在进行边坡生态工程时要根据边坡的立地生境条件考虑边坡植物的深根、浅根、速生、慢生及环保等适应类型性状，对应植物列举于表 5-3 以供边坡植被恢复工程时参考选择。

表 5-3 边坡植物适应型

生物学特性	生态型	植物种类
喜光性	阳性	杉木、水杉、铺地柏、粗榧、臭椿、乌桕、泡桐、枣树、柿树；落叶松属、桦木属、桉属、杨属、柳属植物等
	阴性	竹柏、瑞香、扶芳藤、万年青、臭冷杉、金松、大吴风草、人参、三七、秋海棠等

生物学特性	生态型	植物种类
根系长短	深根系	银杏、杏、枣树、柿树、白皮松、白玉兰、油松、黑松、杨梅、核桃、枫杨、板栗、麻栎、白榆、白杨、椰榆、榉树、朴树、樟树、枫香、台湾相思、紫藤、国槐、臭椿、香椿、木棉、梧桐、七叶树、栾树、无患子、茶、油茶、桑树、柽柳等
	浅根系	雪松、华山松、红松、罗汉松、云杉、冷杉、南方红豆杉、侧柏、柏木、柳杉、构树、刺槐、海桐、黄槐、无花果、榕树、杜仲、八角、樱花、桃、李、玫瑰、雀舌黄杨、大叶黄杨、漆树、火炬树、沙枣、沙棘、君迁子、棕榈、竹类
生长速度	速生型	木芙蓉、南洋杉、油杉、马尾松、构树、榕树、鹅掌楸、蜡梅、合欢、台湾相思、木棉、臭椿、香椿、楝树、重阳木、乌桕、无患子、爬山虎、杜英、榕树、木槿、梧桐、女贞、珊瑚树、柽柳、狗牙根、白榆、杨属、柳属植物及竹类等
	慢生型	苏铁、银杏、粗榧、榉树、樟树、大叶黄杨、雀舌黄杨、黄连木、枸骨、鸡爪槭、七叶树、茶、油茶、紫薇、日本五针松、山核桃、锦熟黄杨等
易燃性	不易燃	银杏、苏铁、青冈栎、珊瑚树、女贞、红楠、山茶、枸木、厚皮香等
隔音性	隔音	雪松、水杉、悬铃木、梧桐、珊瑚树、垂柳、樟树、榕树、柳杉、栎树、海桐、桂花、女贞等

（1）深根系植物：是指植物的主根发达，深入土壤深层，植物根系垂直向下生长。裂隙发达的岩石边坡，可针对微立地条件，重点选好、配置好这类树种，这是工程成果取得良好效果的保证。

（2）浅根系植物：树木的主根不发达，侧根或不定根辐射生长，长度超过主根很多，大部分根系分布在土壤表层。光面岩石边坡裂隙不发育，坡度大时容易引起倒伏，特别是在风大的海边地区要注意倒伏。

（3）速生植物：边坡植被恢复工程实践中流行使用抗性好的速生树种。其包括发芽率高、初期生长快的木本植物，特别是一些灌木类，个别种类即使被草本覆盖也能生长，有些植物在陡坡的固土能力极强。速生品种易得、施工便利、好养护、见效快、造价低。应注意的是有的品种会一齐枯萎，从而造成景观上的影响。

（4）慢生植物：生长缓慢，特别是初期发芽缓慢，发芽阶段需要充足的水分，容易在竞争中受到其他植物的抑制，植被恢复工程成功率不高，短期内不容易见到效果，在实践中常被否定。但后期生长快，其中个别种即使在硬质、缺养分的土壤中其根系也能很好地伸长，在植被生态恢复中的作用巨大，是许多生境区域的重要建群种。

（5）土壤种子库：主要利用土壤表面和土壤中的短期种子库，当外部条件适宜时便萌发成幼苗，这是幼苗建立及植被更新的基础。种子库中所含的种子是特定生态系统的潜在植物群落，是种群定居、生存、繁衍和扩散的基础。不用播种，在人工半干预下的边坡植被恢复是一种自然植被恢复方法。工程实践中利用工程渣土(包含表土)进行边坡人工土壤重建，用覆盖材料(稻草或森林凋落物短块)以保护表面不发生水土流失。实验结果表明植被恢复进展良好，中途不曾反复，但要两年以上才能覆盖全坡面，比一般的播种绿化速度要慢很多，外来种和乡土种都能定居生长，边坡基本得到了保护[28,29]。

4. 经济性原则

成本控制是工程需要重点把握的部分，边坡生态工程也不例外。边坡植被恢复过程中的经济性主要体现在植物的养护管理和种子采集方面。不同于风景园林，边坡植物养护管理不可能过于精细复杂，尽可能做到前期易于养护，后期管理粗放。所选择的植物种子要易得且成本合理，植物自身最好能生产种子。

5. 防止外来植物入侵

近些年来，由于在植物选择方面缺乏专业性及全面的考量，再加上盲目跟风等现象，所以各地都出现了外来植物的入侵事件。入侵植物会极大地侵占乡土植物的生态位并大量繁殖，严重地破坏当地的生态环境。因此，在选择边坡植物时万不可盲目跟风求洋，要进行充分的考量与论证，防止造成植物入侵的生态后果。

5.3.2 边坡植物的配置问题

植物配置是风景园林学的核心内容之一，即运用乔木、灌木、藤本植物及草本植物等植物材料，通过艺术手法，综合考虑各种生态因子的作用，充分发挥植物本身的形体、线条、色彩等方面的美感，创造出与周围环境相适宜、相协调，并表达一定意境或具有一定功能的艺术空间。边坡植物配置的内涵或侧重点与风景园林的植物配置有较大的区别。边坡植物配置就是合理搭配不同生活型、不同属性的植物，分配这些植物在空间的位置与数量，尽可能形成符合植物生态学和生物学特性的边坡植物空间格局，它首先应满足边坡工程性的基本目的，进而满足生态性的要求，最后再考虑景观，随着时间的推移形成具有自组织功能的植被系统。同时，植物配置要在保证边坡植被恢复的基础上不断扩展其内涵，不仅是用植物来营造视觉景观效果，而且还应该体现植物自身所具有的文化内涵，以及发挥植物的乡土文化效益等更深远的意义。

我国开展边坡植被恢复工程已有二十余年，有很多工程实践和科学研究，并对此得到了初步认识，工程效果基本满足当时工程建设所提出的要求。由于植被恢复是一个动态工程，人们逐渐发现了现实存在的一些问题，例如，初期效果非常好，覆盖率基本达到 98%以上，在此基础上还能再维持两三年，达到竣工验收的要求，随后植被开始稀疏，长势颓唐，杂草大量进入等。产生问题的原因是多方面的，经过对边坡植物配置的检讨发现存在以下若干问题[30]。

1)恢复植被草多树少，空间利用单一

边坡植被恢复绿化中大面积种植草坪，虽然绿化面积提高了，但绿化的生态效益并不明显。短期内草本植被的恢复效果明显好于木本类，为了突出工程的绿化效果，通常只是运用草本植物达到短期见效显著的绿色景观，从而不能恢复到长久的稳定状态。边坡是一个立体空间，边坡植被恢复也应该是立体的、多层次的。在边坡植被恢复配置中不注意乔、灌、草的空间综合利用，藤本植物和地被植物的利用系统性不强，缺乏对地形、构造物(隧洞、桥梁、支撑结构乃至悬挂岩体等)组成韵律节奏和形成空间感的融合。

2) 植物配置模式化，千篇一律

受日益流行的工程实践便利化思潮的影响，较为成功的植被恢复设计被竞相效仿，各地区的边坡绿化表现出模式化。植物配置时要考虑不同植物的生态习性，满足其正常生长所需的条件，这样才能形成良好的植物景观。根据每种植物自身的生长特性，适地适树，即根据边坡的功能主体、性质来选择植物。植物配置类型也不能简单地借用园林绿化树木的配置类型，要在工程性和生态性等方面重新认知如孤植、对植、列植、群植、篱植等，赋予边坡植被恢复工程相应的内涵。

3) 植物色彩单一，缺少彩叶树种

植物的色彩是重要的观赏对象，优秀的配置方案在季节变换时植物叶色将呈现出绚丽多姿的色彩变换，令人陶醉。一面边坡犹如一道生态景观天幕，体量大，具有近观、中观和远观的不同效果。而现在大部分的植物材料色彩单一，通常绿树种偏多，缺乏色彩的多样性，容易让人感到视觉疲劳。彩叶树种的景观效果十分明显，如银杏、枫树、黄栌、红叶李等。因此，应结合气候、土壤等条件在边坡治理中加以种植。

4) 地域特色不突出

不同地域的规模、气候、自然资源、历史文脉及经济发展存在很大差异，而在实际的边坡绿化中经常会忽略这些地域文化特色，片面追求绿化的美感，形成千篇一律的景观。同时，随着现代文明程度的提高，在关注科学技术进步、经济发展的同时，也越来越关注外感形象与内在精神文化的统一。因此，在边坡植被恢复配置中应突出地方特色，要有里山[31]特色，既留得住乡愁内涵，又能体现出独特的地域特征。

5.3.3　边坡植物的配置原则

1. 目的性原则

1) 可用性

进行边坡植被恢复配置时，首先应明确设计的主要情景、要营造的空间(地下根系的关系和地面植株的格局)和效果及要达到的工程、生态和景观的要求。可用性即有用性，只有明确这一点才能为植物苗木的选择和布局指明方向。

2)功能性

在进行边坡植被恢复配置时，要考虑多数情况下植物所承担的功能。例如，在进行高速公路边坡绿化景观设计时，既要达到能舒缓高速驾驶时的紧张气氛、调节眼部疲劳等目的，又要确保行车的安全。因此，在考量植物的种植密度和高度的同时，还要考虑景观不能太过醒目或复杂，否则会吸引驾驶员的注意力，增加行车的危险性。

2. 生态性原则

1)强调植物分布的地带性，选择适地植物

每个地方的乡土植物物种都是对该地区环境长期适应和进化的结果。"设计应根植于所在的地方"强调的就是设计应遵从乡土化的原理。一些工程在进行景观设计时，为了追求新、奇、特的效果，盲目地从外地引进各种时髦树种，但这些树种栽培一段时间后常长势很弱，有的甚至死亡，其原因就是在植物配置时没有考虑植物分布的地带性和生态适应性。因此，在植物配置时要"适地适树"，根据立地的具体条件合理地选择植物种类，以乡土树种为主，适当地引进外来树种(从商品种目录中精选)。

2)注重生物多样性，促进边坡植被的可持续性

在进行植物配置时，应该尊重自然所具有的生物多样性，尽量不要出现单一物种的植物群聚形式。同时还要考虑植物之间的"相生相克"，尤其是植物物种间的"拮抗作用"，合理地进行植物搭配。例如，刺槐会抑制邻近植物的生长，配置时应与其他植物分开栽种；梨桧锈病在桧柏、侧柏与梨、苹果这两类寄主中生存，所以不要把梨、苹果与桧柏、侧柏配置在一起；核桃叶能分泌大量的核桃醌，对苹果有毒害作用，这两种树种也要隔离栽植等。所有这些因素在植物配置时都必须经过严格考量。

3)遵循植物群落的演替规律，构建合理的植物群落结构

对于一个植物群落，不仅要注意其物种组成，还要注意物种在空间上的排布方式，也就是空间结构。植物群落的空间结构包括垂直结构和水平镶嵌结构，在进行边坡植被恢复时需要考虑的主要是群落的垂直结构。自然植物群落中上层光线充足、光强较强，而下层光线较弱、光强较弱。这为我们的植物配置工作提供了参考。因此，在进行人工植物群落的布局和栽植时，要遵循自然群落的演替规律，上层用喜光植物，中层用半喜光或稍耐阴植物，下层用比较耐阴的植物进行

合理搭配，才能确保人工群落的可持续发展。

　　3. 艺术性原则

　　中国传统植物造景极为重视植物的文化内涵，将植物性格拟人化，进行比德赏颂，从而体现传统造景植物配置的人文意境美。例如，荀子的"岁不寒无以知松柏，事不难无以知君子"，周敦颐的"莲，花之君子者也"，白居易的"竹似贤何哉？竹本固，固以树德""竹性直，直以立身""竹心空，空以体道""竹节贞，贞以立志"等诗词都对植物赋予了品格等特定的内涵，植物景观也成为人们表达伦理观念、体现文化素养和寄托情思感想的重要载体。因此，在植物配置时需要考虑特定的环境和意境，合理选择植物物种。

　　同时，植物配置也必须遵循形式美的原则。任何成功的艺术作品都是形式与内容的完美结合，边坡植被恢复景观设计也是如此。在建筑雕塑艺术中，所谓的形式美即各种几何体的艺术构图。植物的形式美是植物及其"景"的形式，使人心理上在一定条件下产生愉悦感。它由环境、物理特性、生理感应三要素构成。形成三要素的辩证统一规律即植物景观形式美的基本规律，其同样也遵循变化、统一、对称、均衡、比例、尺度、对比、调和、节奏、韵律等规范化的形式艺术规律。

5.3.4　边坡植物的配置方法

　　边坡绿地改善地域生态环境的作用是通过植物的物质循环和能量流动所产生的生态效益来实现的。生态效益取决于绿量，而绿量则取决于植物总叶面积。植物群落增加了单位面积上的植物层次与数量，所以单位面积上的叶面积指数高，光合能力强，对生态系统的作用比单层树木大，如乔灌草结合的群落产生的生态效益比草坪高 4 倍。植物群落的结构复杂，稳定性强，可防风、防尘、降低噪声、吸收有害气体，减少污染。因此，在有限的边坡绿地中建立尽可能多的植物配置方式是改善路域环境并提高边坡生态性的必由之路。

　　1. 播种(种植)方式

　　播种、小苗栽植或苗木移植是边坡植被恢复中的可选方式。研究认为播种方式最有利于植被恢复，小苗栽植次之，大型苗木移植效果最差，有时候在一定条件下还会产生不良后果，引发进一步的地质灾害[32]。木本植物一旦定植后，其根系比草本植物的更发达，因而水土保持能力更强，固土更有效。但是如果边坡土壤表层较薄则会影响其根系的发展，特别是在陡坡上容易造成木本植物的倒伏。

2. 播种量的确定

喷播和人工播种的用种量应综合考虑种子的千粒重、发芽率、发芽速率和苗木生长速度等因素，并根据坡面类型确定。国内流行一个播种量的计算公式，有很多版本，下面给出的是《裸露坡面植被恢复技术规范》(GB/T 38360—2019)里的内容：

$$W = G \times Q / (1000 \times T \times C \times D \times P \times R) \qquad (5\text{-}2)$$

式中，W 为植物种子的播种量(g/m²)；G 为期望的植株密度(株/m²)；T 为含种子层的基质层(土壤)厚度的校正率，根据含种子的基质层(土壤)的厚度对种子发芽和成苗的影响而确定的校正率，基质层(土壤)厚度为 2～3cm 的校正率为 1，随着基质层(土壤)厚度的增加，校正率相应降低；C 为立地条件的校正率，根据坡面土质、坡率、坡向等立地条件对种子发芽和成苗的影响而确定的校正率，坡度角大于 45°，其校正率为 0.7～0.9，阳坡的校正率为 0.7～0.9，岩质坡面的校正率为 0.8～0.9；D 为施工期的校正率，根据施工时间对种子发芽和成苗的影响而确定的校正率，非季节施工期植物的校正率为 0.7～0.9；P 为种子的纯度(%)；R 为种子的发芽率(%)；Q 为种子的千粒重(g)。

其他版本的计算思想与考虑的要素都大同小异，主要是修正系数有所变化。式(5-3)来自日本道路协会的边坡工程技术指南，即

$$W = A / (B \times C \times D \times E \times F \times G) \qquad (5\text{-}3)$$

式中，W 为植物种子的播种量(g/m²)；A 为目标株数；B 为对应喷附厚度的校正率；C 为对应立地条件的校正率；D 为施工期的校正率；E 为种子的发芽率(%)；F 为种子的单位粒数(粒/g)；G 为种子的纯度(%)。

播种时，需避免木本植物的单独使用，应结合草本植物等种类多样化地设计植物群落。当木本和草本植物种子进行混合播种时，为了使混播的种子能共同生长，必须考虑在混播意义上两者的发芽特性、生长特性、形态、种内竞争等因素，设计适当的比例。例如，当弯叶画眉草、高羊茅、鸭茅与木本植物混播时，特别是土壤条件比较好时，会对木本植物的生长产生严重的影响，因此要仔细调整播种量。而狗牙根等较低矮，多为暖季草本，施工时应注意避免在秋季施工。由于其低矮，即使过密也不会对木本植物产生压迫，因此适宜与木本植物进行混播。

3. 先锋种、建群种与乡土种的配置

1) 先锋种

一般而言，草本植物比木本植物的寿命短，但更耐恶劣条件，生长快速，对环境有很强的适应性，因而有多种草本植物可作为生态恢复的先驱植物。同时，还应选择能够帮助其他植物生长的植物，这类特殊的植物称为具有先驱植物特性

的肥料植物。这类植物由于共生菌的作用能够固定空气中的游离氮，可以增强地力促进其他植物的生长。

先驱阔叶木本植物能够在荒地及干燥的地区先驱侵入，同时也是施工后侵入施工区及边缘的种类。但其种子极小，苗期生长缓慢，不利于与草本植物的竞争。先驱针叶木本植物如红松、黑松等种类，耐贫瘠、干燥，是植被恢复、靠栽植导入的主要品种。但与草本植物的竞争能力极弱，混播时应充分考虑其播种量和比例。

2) 建群种

设计草本、木本混合的植物群落时，由于木本植物的发芽及初期生长都比较缓慢，因此应在设计和实施措施中考虑对草本植物进行抑制，不让其妨碍木本植物的生长和发育。植物群落的恢复不是单纯的植物集合，而是草本和木本植物的有机结合，从而形成健全的植物群落。群落构建要注意以下几点：

(1) 回避单一植物，应是乔木、灌木、草本类的适宜组合。

(2) 不确定的单一品种的使用容易导致边坡恢复失败，应选用使用过的种类进行混播。

(3) 木本植物与草本植物混播或混植有利于防止表土的侵蚀，有利于进一步形成表土层和土层的保持。

(4) 应积极地考虑导入利用植被恢复的先驱植物和肥料植物。

3) 乡土种

外来植物是当地本来从不存在的，不可能永远生存下去，故一定时期后衰退是必然的。但是由于其来源稳定，可以在早期快速复绿。当然与周边景观有不协调的可能，但是施工效率和耐不良生长基质等环境条件好，并有多种品种可供选择。虽然外来植物在早期使用是有效的，但缺乏生长的长期性和演替性。而乡土植物则正好相反，一般指自生种或已长期深入当地的自然种，其可以恢复当地自然植物性状并形成长期稳定的植物群落，是重建植物群落景观而无违和感的植物。因此这是与自然环境相协调、恢复生态最适合的边坡植物。但是由于播种或栽植时期等因素，它存在初期生长缓慢、覆盖性差、机械化施工材料不足等困难，因此，在边坡植被恢复生态工程中使用并不普遍。使用乡土植物时应注意如下几点：

(1) 一般而言种子发芽条件严格，初期生长缓慢。

(2) 采集大量种子困难，播种时间短暂，耽误施工工期。

(3) 对生长基质的质量要求比较高，边坡土壤条件不易促进种子发芽和生长，不宜期待均一性效果。

边坡周边自然生长的木本植物，性能多样。应用时需对其发芽能力、发芽环境及种子的保管进行充分掌握和理解。

　　2000 年，日本淡路花博会场地边坡植被恢复的例子非常生动地说明了边坡植被恢复群落设计的重要性，而实际结果的呈现更说明生态恢复的不易。建设方的理念就是山与树的协调，体现家乡的森林景观。为了尽早恢复并实现早期的树林化，建设方提前做了充分的调查研究和规划，进行了植被协调性、绿化树种的选择及适应性考察，为植被演替选择的把握制定了管理维护指南。场地高差最大达 100m，坡度角为 35°~45°的岩石坡面，距海岸 400m，风向变化的海风、日照、少雨会引起植生基盘的干燥；由于施工面积大，考虑最低限度的基质厚度和简单的维护管理，即特别强调工程项目的经济性；设计目标群落：乌冈栎+杨梅，配置如表 5-4 所示。工程顺利实施，花博会成功召开，其场地现在成为明石海峡公园(图 5-12)。五年后对其进行跟踪调查，群落结构与当初的设想有较大的出入，实际上观察到 5 个群落类型。微地形的差异可能导致水分、养分等生态位的分化，且这种分化与植物的生长竞争相互作用，五年的时间节点里形成了表 5-5 所呈现出的 5 种群落交织分布的结果[33]。

表 5-4　群落配置

类别(比例)	树种	构成比例/%
目标景观构成种 (56%)	乌冈栎	20
	杨梅	15
	红楠	9
	交趾卫矛	7
	(樟科)肉桂的一种	5
早期绿景保证种 (44%)	(榆科)一种榆树	4
	朴树	18
	黑松	14
	壳斗科	4
	合欢	4

图 5-12　淡路花博会场地(2000 年日本花博会举办地，现在的明石海峡公园)

表 5-5　实施结果(5 年后)

群落构成	群落类型	备注
朴树+红楠	落叶常绿混交林	
红楠+交趾卫矛	常绿林	野生动物多样性：野鸟、日本雉鸡、黄莺，野兔等；昆虫类
朴树+榆	落叶林	25 科 51 种，如蝶、锹甲(鹿角虫)等
黑松+乌冈栎	针阔混交常绿林	
乌冈栎+杨梅	常绿落叶混交林	

5.4　生态与景观结合

生态修复工程多与人居环境相关，无论居住、出行、休憩，还是如前提及的各种生产环境，都构成生态美学和环境美学的基本要素。边坡植物群落构建应考虑生态性和景观性的结合。生态性是基础，改善环境，调节小气候，维持生态平衡；景观性是目的，营造宜人的自然景观，美化环境，丰富人们的视觉体验并提供愉悦的文娱空间。

5.4.1　景观需求

边坡生态恢复的景观需求随着人们活动域的扩大而不断增强。如今人们的生活水平有了显著提高，普通大众对审美情趣也有了更高的追求。各类边坡生态恢复已经不是简单的复绿就能满足人们的审美需求。在生活节奏越来越快的今天，民众在出行或休憩时，总会希望映入眼帘的不再是单调的绿色和单一的造型，而是色彩绚烂、兴趣盎然的优美风光，并借此带来片刻的舒缓。因此，在进行边坡生态恢复的过程中，应注重景观的塑造。大致来讲，在人们平时的生活和生产活动中，主要的景观视域可分为风景名胜区边坡生态恢复景观、城市周边的边坡生态恢复景观、路域边坡生态恢复景观、矿域边坡生态恢复景观、自然破坏地域边坡生态恢复景观。不同的地域条件对景观的需求程度也不同，总的来说在人们活动频繁的区域对景观的需求也会比较强，反之亦然。

5.4.2　生态与景观协调

生态与景观在边坡生态恢复工程中是相辅相成的，离开生态是不可能形成持续稳定的景观的；同样，良好的生态性又会成就景观。在进行边坡生态工程的植被生态恢复时，对于不同的景观视域，其生态与景观所占的比例是不同的。由于生态和景观都是很难量化的功能属性，因此很难定量地制定出不同视域内生态和景观的比例，只能定性地区分其在特定视域内的比重。人们活动频繁区域的景观需求性会比较强，相应地在这些视域内景观应当占有较大的比重，如风景名胜区、城市周边等生产生活涉及频繁的区域；路域边坡由于其兼有恶劣的立地条件及较强的行车景观需求，故应保证生态与景观在该视域内占有大致相当的比例；矿域及自然破坏地域由于人类活动相对较少，在进行边坡植被生态恢复时更应侧重考虑生态因素和效益。当然，除列举的这些视域外也有其他类型的视域存在，但无论是什么样的视域类型都应根据其具体的功能属性及景观需求等来综合考量其生态与景观的比重，以此寻求生态与景观的平衡，保证工程的高效性，生态与景观相结合的思想也体现在边坡植物分级中（表 5-1），这为边坡生态工程的智慧化奠定基础。

5.4.3 生态与景观结合的实例

1.庆丰矿边坡恢复工程概况

庆丰采石场位于浙江省舟山市定海区东南部火龙岗山的西麓。采石场历史悠久，在极大地推动地方经济的同时也严重破坏了自然山体环境，形成宽超300m，高达 140m 的人工高陡边坡，岩体裸露面积达 7.0 万 m^2，从而引发了如生态环境污染、水土流失加剧、危及工程设施并严重影响城市景观等多种环境生态问题。

采矿边坡区位于浙东沿海中生代火山岩带的北段，外围构造以北东向断裂为主，南北向、北西向断裂为辅，距区域性深大断裂较远。区内熔结凝灰岩岩石层面不发育，岩层大多呈块状或厚层状产出，主要土壤类型是红壤。受富铝化的作用，土壤变红、酸、黏。土体构型为腐殖质层和表土层，铁铝残余积聚层。气候类型为北亚热带南缘季风海洋性气候，冬暖夏凉，雨量充沛，气候温和湿润。春秋两季常受台风袭击，冬季多大风，同时冬季有寒潮，春季多海雾，初夏有梅雨，夏秋之交有台风、暴雨。年平均气温为 16.3℃，年平均降水量为 1318.8mm，年平均蒸发量为 1226.6mm。全年平均绝对湿度为 16.80mm，年平均风速为3.4m/s。

工程于 2006 年 5 月 6 日进场至 2007 年 7 月 28 日完工。主体工程由下至上分为 14 级坡面。其中 1～4 级坡的坡度稍缓，坡比为 1：1；5～11 级坡的坡度较陡，坡比为 1：0.5；12～14 级坡的坡比为 1：0.75。

2.庆丰矿景观营造的目标

（1）树木生长健壮、树形整齐、枝叶繁茂、层次分明、树姿美观、冠形匀称，且无病虫害；花灌木姿态自然、优美，枝繁叶茂、花枝招展、硕果累累；藤本植物的树干已具攀缘性，根系发达、枝叶繁茂、无病虫害；地被植物的绿色期长，全年覆盖效果好、耐修剪，萌芽、分枝力强，枝叶稠密。

（2）四季分明，天竺桂、青冈、石斑木、日本珊瑚树等常绿树种与黄连木、紫荆等落叶树种有机地结合起来，产生了较好的林冠线和林际线，形成彼此起伏的绿化效果；通过对火棘、紫荆、海桐、茶、石斑木等灌木、地被植物的适当搭配，形成师法自然的人工植物群落景观，从而掩饰了采石场被严重破坏的自然环境。

（3）形成观叶、观花、观果植物搭配的自然景观，如漫山遍野的紫荆花和山茶花、硕果累累的火棘果；形成季相分明、层次错落、色彩缤纷的自然景观；逐步使栽植的植被适应本地环境，逐步与周边环境生态融为一体，形成乔、灌、花、草型的自然景观的植物群落。

3. 针对景观营造目标的植物配置设计

人工恢复生态系统的景观性是建立在合理的植物配置之上的，设计过程主要遵循与特殊生境相适应、适地适树、物种多样性、坡度适宜、景观性等原则，以期通过合理的植物配置设计并构建稳定的群落结构，营造良好的景观效果。具体的植物配置设计形式如表 5-6 和表 5-7 所示。

表 5-6 苗木配置方案

分区位置	植物配置
拦石墙	油麻藤
拦石墙后平地	青冈+刚竹+混合种
1～5 级坡面	石斑木+火棘+混合种
1～5 级平台	天竺桂+紫荆+海桐+混合种
6～11 级坡面	茶+滨枥+龟甲冬青+混合种
6～11 级平台	日本珊瑚树+海桐+混合种
12 级以上坡面	海桐+滨枥+龟甲冬青+混合种
12～13 级平台	紫薇+海桐+混合种

表 5-7 混播植物配置

分区位置	草本、地被	灌木	草花
拦石墙后平地	结缕草、红三叶	伞房决明、合欢	波斯菊
1∶1 边坡及平台	结缕草、一年蓬、醉鱼草	伞房决明、石斑木、异叶榕	紫菀
1∶0.5 边坡及平台	芒、弯叶画眉草	算盘子、黄连木	千里光
1∶0.75 边坡及平台（含 14 级边坡）	狗尾草、灰叶藜	野桐、大青	一年蓬

注：草、灌、花之间的使用量（粒数）比例为 2∶1∶1，总粒数为每平方米 2000 粒。

4. 景观恢复效果

庆丰采石场恢复 10 年来已实现 100%复绿，截至 2018 年 5 月的现状：植被生长茂盛，群落层次分明，初步完成景观营造的目标(图 5-13)。由于在人工植被恢复基础上的群落构建与景观营造是一个长期的过程，因此要完全达到预期的景观效果尚需较长的时间[34]。

(a)

(b)

(c)

(d)

(e)

(f)

图 5-13　庆丰采石场恢复效果：(a) 2006 年；(b) 2008 年；(c) 2010 年；
(d) 2012 年；(e) 2015 年；(f) 2018 年

参 考 文 献

[1] Albert K M. Role of revegetation in restoring fertility of degraded mined soils in Ghana: A review[J]. International Journal of Biodiversity and Conservation，2015，7：57-80.

[2] Srinivasan M P，Bhatia S Shenoy K. Vegetation-environment relationships in a South Asian tropical montane grassland ecosystem: Restoration implications[J]. Tropical Ecology 2015，56(2)：201-217.

[3] Matesanz S，Valladares F. Improving revegetation of gypsum slopes is not a simple matter of adding native species: Insights from a multispecies experiment[J]. Ecological Engineering，2007，30(1)：67-77.

[4] Li R R，Zhang W J，Yang S Q，et al. Topographic aspect affects the vegetation restoration and artificial soil quality of rock-cut slopes restored by external-soil spray seeding[J]. Scientific Reports，2018，8(1)：12109.

[5] Hansen M C，Stehman S V，Potapov P V. Quantification of global gross forest cover loss[J]. Proceedings of the National Academy of Sciences of the United States of America，2010，107(19)：8650-8655.

[6] Persha L，Agrawal A，Chhatre A. Social and ecological synergy: Local rulemaking，forest livelihoods，and biodiversity conservation[J]. Science，2011，331(6024)：1606-1608.

[7] 小橋澄治. のり面への樹木導入をめぐる諸問題[J]. 緑化工技術，1979，6(1)：3-7.

[8] 丸本卓哉，河野宪治. 回归地域生态系统-急陡坡面森林恢复的新理念和战略[M]. 顾卫，李宁，译. 北京：中国林业出版社，2007.

[9] 太田猛彦. 日本の緑の変遷と緑化の評価[J]. 砂防学会誌，2001，54(4)：107-111.

[10] 飯塚隼弘，近藤三雄. 日本における「のり面緑化工」の起源と変遷について[J]. 日本緑化工学会誌，2010，36(1)：15-20.

[11] 李华坦，胡夏嵩，赵玉娇，等. 植物根系增强土体抗剪强度机理研究进展[J]. 人民黄河，2014，36(8)：97-100.

[12] 刘宇晶，韩勇，郑学萍. 岩质边坡植被护坡作用机理及效果的半定量分析[C]//石油天然气勘察技术中心站第二十二次技术交流会论文集，2016.

[13] 言志信，闫昌明，王后裕. 植被护坡的根和土力学作用[J]. 中国科学：技术科学，2011，41(4)：436-440.

[14] 文伟，李光范，胡伟，等. 草本植物根系对土体的加筋作用模型修正[J]. 岩石力学与工程学报，2016，35(S2)：4211-4217.

[15] 李鹏飞. 豫南丘陵公路边坡植被垂直空间与土壤稳定性耦合关系[D]. 郑州：河南农业大学，2016.

[16] 查甫生，刘松玉，崔可锐. 生物护坡技术在高速公路工程中的应用Ⅰ（原理）[J]. 路基工程，2006(4)：66-68.

[17] 莫春雷，宁立波. 高陡岩质边坡植被修复的立地条件研究——以洛阳市宜阳锦屏山为例[J]. 安全与环境工程，2014，21(1)：17-21.

[18] 陈学平. 湖北沪蓉西高速公路护坡植被重建研究[D]. 北京：北京林业大学，2009.

[19] Rentch J S，Fortney R H，Stephenson S L，et al. Vegetation-site relationships of roadside plant communities in West Virginia，USA[J]. Journal of Applied Ecology，2005，42(1)：129-138.

[20] 张红丽. 云南省高等级公路植被护坡技术研究[D]. 北京：北京林业大学，2008.

[21] 卢建男. 兰州地区湿陷性黄土边坡生态恢复技术研究[D]. 兰州：兰州大学，2017.

[22] 久保満佐子，飯塚康雄，大貫真樹子，等. 森林表土利用工による緑化のり面に成立した草本群落の 6 年間の変化[J]. 日本緑化工学会誌，2014，40(2)：324-330.

[23] 大津千晶，小林慶子，長池卓男. 緑化施工後初期の法面における表面侵食の発生と周辺植生からの在来種の侵入・定着に影響を与える要因の解明[J]. 日本緑化工学会誌，2014，40(2)：365-371.

[24] 中村剛，谷口伸二，大貫真樹子，等. 京都府北部における森林表土を利用した植生基材吹付工の植生遷移と自然回復の評価[J]. 日本緑化工学会誌，2014，40(1)：8-13.

[25] 李林霞，王瑞君，辜彬，等. 海岛矿区岩质边坡植物群落演替中物种多样性的变化[J]. 生态学杂志，2014，33(7)：1741-1747.

[26] 邹蜜，罗庆华，辜彬，等. 生境因子对岩质边坡生态恢复过程中植被多样性的影响[J]. 生态学杂志，2013，32(1)：7-14.

[27] 李洪远，莫训强. 生态恢复的原理与实践[M]. 2版. 北京：化学工业出版社，2016.

[28] 山田充，山梨高裕，佐藤厚之，等. 現地発生土を用いた無播種によるのり面緑化工法の事後調査について[J]. 日本緑化工学会誌，2014，40(1)：163-166.

[29] 飯塚康雄，大貫真樹子，久保満佐子，等. 自然侵入促進工による緑化のり面に成立する植生と気候および施工要因の関係[J]. 日本緑化工学会誌，2018，43(3)：484-498.

[30] 张浩然. 城市边露采矿山景观性研究[D]. 成都：四川大学，2016.

[31] Takeuchi K，Brown R D，Washitani I，et al. The traditional rural landscape of japan[M]. Dordrecht：Springer，2012.

[32] 山寺喜成. 自然生态环境修复的理念与实践技术[M]. 魏天兴，赵廷宁，杨喜田，等译，北京：中国建筑工业出版社，2014.

[33] 井上芳一. 岩盤斜面地の再生緑化：淡路花博の「地」の緑化手法について[J]. 日本造園学会誌，2000，64(1)：31-34.

[34] 王瑞君，李林霞，何玉玲，等. 采矿废弃地生态与景观恢复治理模式探讨[J]. 黑龙江农业科学，2014(4)：85-90.

第6章 边坡生态修复的评价

　　边坡进行植被恢复后，植被恢复的效果如何、群落是否按照预期构建发展、导入物种与自然物种如何共存、工程措施对植被是否有影响、不同环境条件下的恢复效果如何等一系列问题值得深入探究，这些探究可为工法设计和工程管理提供科学支撑。边坡生态工程的效果评价在边坡生态工程具体目标的基础上，根据边坡所处地理位置、功能需求、文化和生活需要的不同，所制定的恢复目标也各不相同。但基本的恢复内容应围绕实现生态系统的地表基底稳定性、保证一定的植被覆盖率和土壤肥力、增加生物多样性、减少地质灾害和污染、提高美学价值及提高生态系统生产力和自我维持能力等几方面展开。

　　这些基础的恢复效果评价涵盖面广，以多学科理论为基础，从各个层面全面认识工程恢复效果。而边坡生态工程作为一个系统性的工程，主要包含岩土力学、岩土工程学、水文地质学、工程管理等学科对边坡进行加固防护与地质灾害防治的理论指导，生态上包含植物学、景观生态学、群落生态学、恢复生态学、环境学、生态工程学、土壤学、园林学、园艺学等学科理论，这为促使边坡形成具有可自我调节修复功能的稳定生态系统提供了理论依据。

　　本章以3个边坡生态修复工程为例，以周边自然坡为对照，通过野外植被调查、土壤取样和对实验室土壤理化性质等特性测定分析的方法，从植被多样性、生态位、土壤养分恢复状况等角度对边坡生态修复状态进行探索。

　　本研究讨论了3个不同生境条件下[庆丰矿（QFK）、北川（BC）和汶川（WC）]受损坡的植被恢复状况。主要目的是：①评估边坡植被的恢复效果，阐明植物-土壤、植物-环境的关系，达到深入理解其相互作用过程、原理或机制的目的；②评估种植数年后植物群落发育、环境因子与工程措施对植被恢复与土壤质量的影响，以及不同气候条件下的植被恢复效果；③鉴别包括土壤养分在内的土壤性质中可能促进或限制植物生长的因素；④预测植被的发展趋势，确定适合山区植被恢复的植物环境，以支持中国山区生态恢复区域未来的科学管理。我们期待以丰富的边坡生态工程的理论基础，找到有效的后评价方法，建立评价框架体系，为边坡生态工程的规范化提供科学支撑。

6.1 评 价 方 法

　　国际恢复生态学学会提出生态系统的植被恢复应具有9大原则：①具有与参

考点相似的物种多样性和群落多样性；②具有本地种；③具有对生态系统长期稳定起重要作用的功能群体出现；④具有能够为生态系统种群繁殖提供生境的能力；⑤具有生态系统功能的维持能力；⑥生态系统景观具有整体性；⑦能够消除对生态系统的潜在威胁；⑧对自然干扰具有恢复力；⑨具有自我维持能力，能为生态系统恢复评价指标的选择提供方向[1]。

我国关于边坡植被防护的研究起步较晚，目前主要的技术理念多源于国外，在理论和实践方面的研究不足，尤其缺乏对植被重建后的可持续研究。在已实施的边坡恢复工程中，虽已用到多种生态恢复技术，但针对生态边坡植被恢复和生态效益的后期研究及科学评价则普遍缺乏。国内外可借鉴的生态评价方法大多针对河岸、自然保护区、国家公园等大尺度目标，但以边坡为研究对象而开展的研究极少，且研究内容多集中于定性评价，定量评价几乎没有[2,3]。究其原因不外乎国内对边坡生态工程的研究起步较晚，项目数量较少，可供研究的边坡样本不多，以及边坡生态工程作为一个复杂的多学科交叉工程，涉及面广、技术要求高、定量指标不易选择等。

随着国内对边坡生态工程的重视程度不断提高，边坡生态工程项目呈蓬勃开展之势，为工程效果的定量评价提供了客观条件。目前，国内已有少数学者在现有的工程评价中引入了生态学标准，这可视为定量评价的雏形。植被重建后植被群落是否稳定和能否自然演替是衡量人工植被恢复成功与否的核心与关键。植被恢复的后续研究既是对边坡植被恢复与重建效果的科学评价，又是对工程技术及植物配置合理性的再评估。董方帅和徐礼根[4]对山区高速公路边坡恢复效果的研究表明，植被混凝土工艺喷播的基质抗冲刷性能>挂网喷播>喷混植生>厚层基材；基质的吸水、保水能力则以日本厚层基材为最优；基质养分含量和理化性能以高次团粒为最佳。潘秀雅等[5]的调查显示，植生喷播技术和型框喷播技术的边坡绿化技术均可保持良好的植被覆盖率，且型框喷播技术更具优势，坡面基材流失较少，植被覆盖率较高，是一种更能长期保持边坡美化效果的治理方法。目前，关于人工植被重建的后续研究主要集中在生态环境与群落演替方面，包括水土流失控制、植被重建对动物生存的影响、物种入侵及植物配置效果方面[6,7]。

边坡植被生态系统中土壤的演变过程及动态功能是评价和预测植被恢复效果的重要方面，可为岩石边坡土壤修复与生态防护提供理论依据。近年来，工程扰动边坡的植被重建技术得到了长足发展，但国内外对工程扰动区人工建植植被的恢复和演替的相关研究比较匮乏，对重建后人工植被群落的持续性和稳定性方面的研究仍处在初步阶段。夏振尧[8]系统地对水电工程扰动边坡人工重建植被群落演替初期的群落特征、优势种群特征、土壤基材肥力和群落稳定性进行了研究，较为全面地反映了坡体人工重建植被初期的演替规律和影响因素。郭雪姣等[9]研究了不同年限铁路边坡的土壤团聚体中碳、氮、磷的分布特征，结果表明不同年限恢复边坡土壤的有机碳和养分的保持及供应能力不同，并与团聚体的粒径密切相关。

裴娟等[10]采用客土喷播人工土壤的方式对铁路边坡进行植被恢复，并对其植被的盖度、高度、根深、根幅、地上生物量、地下生物量和多样性指数在不同坡位、坡向的空间变异性进行了观测研究。结果表明坡位对植被的盖度、高度、皮卢(Pielou)均匀度指数有显著影响。杨喜田等[11]发现边坡的侵入植物受坡度、坡向、坡长、坡面局部稳定性、土壤硬度及其自身生物学特性的影响。刘春霞[12]探讨了恢复 10 年的昆曲高速公路边坡的植物入侵、物种多样性、土壤理化性质及空间格局的特征，以准确评价植被恢复的效果和影响因素。王英宇等[13]调查分析了京承高速公路不同类型的岩石边坡在人工植被重建 3 年期的群落特征。研究发现不同类型边坡的分盖度比总盖度的差异显著性更明显，乔灌木层的分盖度随阳坡-阴阳坡-阴坡的坡向改变呈逐渐增加的趋势，而草本层则相反；边坡植被群落的特征受立地条件的影响明显，人工植被物种的多样性受边坡类型的影响较大。李松和王志泰[14]采用定位动态研究法，对黔中 3 个不同坡向、坡度的石质边坡在人工植被建植后 3 年内的物种组成进行了跟踪调查，结果表明建植后第 1 年内物种以初播物种为主，群落为黑麦草群落；第 2～3 年内，随着当地植物的入侵，物种数大量增加，群落优势种发生变化，群落中禾本科植物的比例下降，豆科植物的比例上升；建植后 3 年内，植被群落的丰富度指数、香农-维纳(Shannon-Wiener)多样性指数、Pielou 均匀度指数呈直线上升。杨阳[15]调查了大别山区的岳武高速公路边坡的人工植被建植在不同恢复年限的边坡群落特征和土壤的动态变化特征。调查显示群落特征的相关指数与土壤养分因子、不同基材的抗剪强度存在显著的相关性。随着恢复年限的推进，入侵的乡土物种提高了群落的多样性指数，但随着演替的进行，群落优势种又集中于单一种群，多样性指数降低。随着边坡植被-人工土壤系统得到改善，大量禾本科、豆科、菊科乡土植物入侵，随后木本植物开始占据较大的群落空间。朱凯华等[16]调查了浙江舟山不同恢复时期矿山边坡的植物群落特征及演替规律。结果表明随着恢复年限的增加，多样性指数呈上升趋势，但均匀度指数呈略下降的趋势，植物群落演替总体呈良性发展的趋势。在恢复效果评价中，从边坡的力学质量、基材质量、群落质量三方面构建植被恢复质量评价指标体系。可采用层次分析法和综合评价指数法进行人工边坡植物群落的稳定性程度评价。以群落组成、群落类型、盖度、群落垂直结构的丰富度、根系重量、群落乡土性、坡向、土壤肥力、客土有效持水量、坡度、土层厚度、年均气温、年均降水量、施工质量、地震灾害、极端干旱灾害等指标构成指标体系。应用层次分析法得到各指标的权重，并结合综合评价指数法建立评价模型[17]。王志泰[18]比较了不同恢复年限的边坡人工植被群落与土壤种子库的相似性。研究表明人工边坡植被建植初期，群落物种主要是草本植物，植被物种、盖度和高度方面均发生明显的季节性变化。随着时间的推移，群落物种的丰富度增加。土壤碱解氮和有效磷含量在植被建植后两年内呈波动下降，均低于建植初的水平；植被建植的初期阶段，植被特征相关指数与土壤养分因子之间的相关性不显著。群落物种数随时间的推移不断增加，当乡土物种逐渐占据优势并取代初播物种时，在人工植被群落的优势种入侵自然物种的过渡阶段，群落形成多优势种群，群落物种数量最多，乡土木本植物根系向下延伸，对人工喷附土壤的依赖性逐渐降低。禾本科、豆科和菊科植物在人工植被自然化演替的初期发挥着巨大作用。经过 10 年的演替，木本植物开始占据较大的群落空间，植被群落表现出由草本阶段向草灌阶段过渡的特征。当地自然入侵物种保证了人工植被群落向自然化植被群落的演替。

整体而言，国内依然缺乏专门针对边坡生态工程的评价方法。此外，一些新的理论逐渐被运用到边坡生态工程评价中。例如，基于生态系统服务理论对生态修复边坡进行预评价，从绿量、保土量、植物固碳、滞尘量等方面评价深圳某边坡绿化工程设计方案等；以人工重建植被群落为对象，通过在坡面设置固定样方、基于历时数年采集的数据、采用数量生态学的分析方法，对扰动边坡重建植被群落的初期演替过程及稳定性进行研究。分析不同演替时期的群落及优势种的分布格局、生态位宽度、生态位重叠和种间联结，研究人工植被群落初始建群种与侵入种之间的竞争和共存关系、分析各样地基材土壤肥力指标的变化，研究演替过程中的群落特征与基材土壤肥力的关系，从而实现对人工植被群落生长动态的长期监测和生态调控[8]。对于大面积的边坡修复，应分析其附近自然山坡植物的多样性指数、优势度指标来进行人工边坡植物群落的设计和构建。此外，针对面积相对较大的自然山体边坡、道路边坡和工业活动遗留下的裸露边坡，利用遥感(remote sensing，RS)和地理信息系统(geographic information system，GIS)分析技术，可对不同的边坡生态治理方案进行综合评价，并对植被重建前后进行对比分析和后期的跟踪调查。边坡治理中的水土侵蚀过程分析和植被选择方案都与边坡的微生境和地理位置相关，充分利用 GIS 的叠置分析、缓冲区分析等空间分析功能，同时结合多目标需求，可对其进行更深层次的评价。边坡遥感图像非监督分类方法和 GIS 空间叠置分析提高了生态信息提取、分类和分析的合理性与准确性，为全面、准确地分析边坡恢复前后的生态状况提供了技术支撑。这些新理论的运用对不断推动评价体系走向成熟发挥着重要作用。

国内许多专家和学者认为生态恢复指标应该包括物种多样性指标、植被结构指标及生态过程指标。评价指标应多样化，指标间应具有关联性和相互关系才能全面、准确地进行综合分析[18,19]。物种多样性指数能较好地反映群落种类的组成、结构水平及稳定性和复杂性。物种多样性可以反映群落的物种组成、结构水平及群落的稳定性和复杂性，体现了生物之间及生物与环境之间的复杂关系，还体现了生物资源的丰富程度。

对人工修复边坡进行植被恢复的效果进行评价，注重植被-土壤和植被-环境因子相互作用的认识，并探讨其生态效应。生态恢复评价系统主要包括 8 个过程（图 6-1）：①全面审视受损生态环境的影响；②选择确定生态恢复评估参照系；③筛选生态恢复评价的主要影响指标，并能同时表征对象和参照生态系统；④确定参数的分析方法，野外采样并结合实验室分析得到数据的时间序列；⑤筛选并整合生态恢复评估方法；⑥获取生态评价综合指标参数并判断边坡生态恢复程度；⑦评价指数与生境因子紧密关联；⑧根据评价认知，制定未来的预防措施、生态恢复措施、建议和发展战略。此外，本章还试图探讨在工程区与自然区相互对比分析的基础上，不同生境条件下自然植被状况与植被恢复的关系及其内在规律。

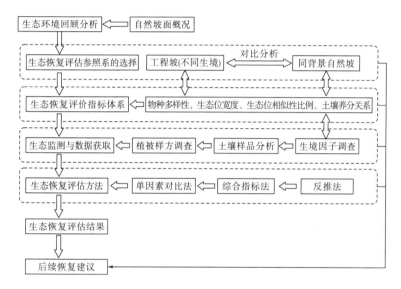

图 6-1　边坡生态恢复评价系统

6.1.1　定性评价

边坡生态修复评价非常复杂，评价因子多且不容易量化，业主、施工方、设计方、监理单位、专家学者和一般民众不容易有一个共识的标准，因而就有许多删繁就简的定性评价方法，并且在边坡生态工程验收中加以应用，让管理者也能够代表普通民众参与意见。常用的一些定性评价方法列举如下。

1. 植物多度分级

在评价边坡植物的生态性时常用到植物多度，如表 6-1 所示，多度分级是典型的定性表述。在浙江舟山矿山生态环境治理的植物恢复状态评价时就对 16 个边坡样方内的植物按多度进行统计分析，见表 6-2，得出植物多度较高的是高羊茅、紫苜蓿、马棘、紫穗槐、胡枝子、黑松、女贞、决明、刺槐、盐肤木等。该区植被结构中灌木多且生长态势良好，草本植物较少但生长均匀且长势良好[3]。

表 6-1　植物多度分级

多度	特征描述	多度	特征描述
SOC	植物极多，互相靠紧	SP	植物的数量不多
Cop3	植物的数量很多	So1	植物的数量很少
Cop2	植物的数量多	Un	植物的数量只有个别单株
Cop	植物的数量尚多	Gr	成丛

表 6-2　各样地主要植物多度

植物种	多度	植物种	多度
高羊茅	Cop3	黑松	Cop
紫苜蓿	Cop2	女贞	Cop
马棘	Cop2	决明	Cop2
紫穗槐	Cop2	刺槐	Cop2
胡枝子	Cop	盐肤木	Cop2

2. 植被盖度等级

虽然植被盖度也用数据度量植被的生长状况，但仅是在空间分布上的评定，不涉及实质性内容，因此归类于定性评价(表6-3)。类似的评价方式也用于基质质量如开裂状态、侵蚀程度等的评价，在 2001 年成南高速岩石边坡植被恢复时就用到了此分级。

表 6-3　植被盖度等级

分级	高	中高	中	中低	低	裸地
盖度/%	>90	70～90	50～70	30～50	10～30	<10

3. 综合性的定性评价

从多个方面评价边坡植被恢复的状况，如边坡植物个体与环境的评价、边坡植物种群水平的评价、边坡植物群落水平的评价、边坡生态系统功能与服务的评价及边坡景观尺度的评价等，通过确定权重贡献，将各个方面的评分进行整合得出边坡修复植被的生态评价得分(P 值)。P 值>75、75～55、54～40、39～20、<20 时分别对应评价等级优秀、良好、中、合格和差。表 6-4 是边坡植被景观尺度的评价标准[3]。

表 6-4　边坡植被景观尺度的评价标准

编号	指标	指标内涵	计分标准	指标权重
E1	景观破碎化程度	边坡植被对建设造成的景观碎片的修复程度	完全恢复为 1，没有恢复任何碎片为 0	0.04

续表

编号	指标	指标内涵	计分标准	指标权重
E2	生物廊道	斑块之间的野生动、植物传播扩散的通道	设计合理，有助于生物多样性和边坡物种朝向野生生物组合演替的为 1，否则为 0	0.07
E3	景观美感	边坡本身、隧道口、截排水沟、导流沟区等关键位置和生态敏感点的景观美学效果	自然融合，既符合生态原理又具观赏性的为 1；边坡植物与周围背景明显不搭配，过于生硬的为 0	0.04
总计				0.15

4. 日本的工程评价标准

日本道路协会提供的《道路土工-边坡稳定工程技术指南》中涉及部分边坡绿化(植被护坡)方法，表 6-5 提供了工程效果的评定标准。其特点是将工程植被分为两类，即木本群落和草本群落，分别进行评价，以植被为主，辅以基质样态判别，简单易行，对工程具有指导意义。

表 6-5　播种后的工程效果评定标准(日本道路协会)

评价		工程三个月后的植生状态
木本群落型	合格	植被覆盖率 30%～50%，木本类 10 株/m²
		植被覆盖率 50%～70%，木本类 5 株/m²
	待观察	草本覆盖率 70%～80%，木本类＞1 株/m²，待来年开春后再评价
		发芽星星点点，坡面全体依旧似裸地状态。需要再观察 1～2 个月
	不合格	基质流失，植物没有希望生长，需要重新施工
		草本覆盖率 90%以上，木本植物被压制，需要割草后观察
草本群落型	合格	距离坡面 10m 看整体呈现绿的状态，植被覆盖率＞70%～80%
	待观察	发芽 10 株/m²，生长缓慢，需要观察 1～2 个月。或者植被覆盖率 50%～70%
	不合格	基质流失，植物生长没有希望，要重新施工
		植被覆盖率＜50%

6.1.2　定性定量结合的方法

评价是对评价对象的判断过程，所谓一个复杂的过程，它是通过评价者根据评价标准对评价对象的各个方面进行量化和非量化的测量过程，最终得出一个严谨可靠的结论。评价中不可避免地会遇到多个方面、多个层面的指标，这时可通过建立评价指标体系来囊括所有的指标。评价指标体系是指由表征评价对象各方面的特性及其相互联系的多个指标，所构成的具有内在结构的有机整体。植物护坡工程涉及面宽、综合性强，不确定因素较多，虽然许多研究者都对其进行了探索，筛选出具有代表性的指标，用层次分析法结合模糊系统或灰色系统提出了多种评价指标体系，但其科学性、代表性、适应性(不同层次的需求，如施工、监理、管理者、一般民众和研究者等)及可操作性等都还没有达成共识，因此对这方面的探索还将进行下去[20-26]。

1. 指标体系评价法

首先建立指标体系的层次化模型，其模型如图 6-2 所示。从层次化模型中可以看到，边坡生态工程效果评价(A 层)为层次模型的最高层，也就是目标层，以下各层都是为实现目标层而服务的。要实现目标层的评价结果，需要由三个方面协助实现，这三个方面构成了模型的 B 层。B 层的各个要素(B1、B2、B3)则由细化的指标集 C1、C2、…、C6 支撑，这些指标集构成了模型的 C层，详见图 6-2。

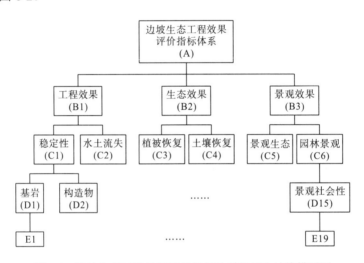

图 6-2　边坡生态工程效果评价指标体系的层次结构模型图

边坡生态工程评价指标体系共选取 19 个指标，其具体统计指标名称、指标构成、指标说明、代码及统计计算方法见表 6-6。

表 6-6　边坡生态工程评价指标体系

评价类型	评价指标名称	统计指标名称与代码	指标构成与代码	统计计算方法
工程效果(B1)	稳定性(C1)	基岩(D1)	破碎、滑坡、崩落(E1)	有(0)无(1)
		构造物(D2)	变形、破坏(E2)	
	水土流失(C2)	冲刷(D3)	有明显冲刷痕迹部位的数量(E3)	(有明显冲刷痕迹部位的面积/总面积)×100%

续表

评价类型	评价指标名称	统计指标名称与代码	指标构成与代码	统计计算方法
工程效果(B1)	水土流失(C2)	基材脱落(D4)	基材脱落部位的数量(E4)	(基材脱落部位的面积/总面积)×100%
生态效果(B2)	植被恢复(C3)	植物生长状态(D5)	灌木株高、胸径、冠幅(E5)	专家评分
			乔木株高、胸径、冠幅(E6)	
			乔灌木覆盖率(E7)	
		植物多样性(D6)	Shannon-Wiener 指数(E8)	专家评分
			Pielou 均匀度指数(E9)	
		群落结构(D7)	目标群落(E10)	专家评分
	土壤恢复(C4)	土壤物理指标(D8)	容重、孔隙度、含水量(E11)	专家评分
		土壤化学指标(D9)	N、P、K、有机质、EC、CEC(E12)	专家评分
		土壤生物学指标(D10)	土壤微生物多样性(E13)	专家评分
			土壤酶活性(E14)	
景观效果(B3)	景观生态(C5)	景观协调性(D11)	协调性(E15)	专家与非专业人士评分
		材料环保性(D12)	环保性(E16)	
	园林景观(C6)	景观美学性(D13)	色彩、质感、统一性(E17)	
		景观文化性(D14)	文化性(E18)	
		景观社会性(D15)	社会性(E19)	

注: EC 表示土壤溶液电导率（conductivity of soil solution），用于度量土壤中可溶性离子的总量; CEC 表示土壤胶体所能吸附的各种阳离子的总量。

2. 评价体系的计算方法

指标体系中涉及模糊标准，可利用模糊综合评判法，按如下过程来计算评价值：

(1) 取因素集 U={工程效果指标 u_1，生态效果指标 u_2，景观效果指标 u_3}。

(2) 取评语集 V={很好 v_1，好 v_2，一般 v_3，较差 v_4，很差 v_5}。

(3) 确定各因素对应的权重: A=(0.5157, 0.3712, 0.1131)；最基层 E 层权重集见表 6-7。

(4) 确定模糊综合判断矩阵，先对下层单因素评价。

(5) 模糊综合评价，进行矩阵合成运算，可以根据不同需求，按照最大隶属原则、加权平均原则和模糊向量单值化三种方法得出最终评价。

表 6-7 评价权重

E1	E2	E3	E4	E5	E6	E7
0.2154	0.0718	0.1346	0.0939	0.0328	0.0242	0.0564
E8	E9	E10	E11	E12	E13	E14
0.0376	0.0258	0.0943	0.0335	0.0319	0.0225	0.0122
E15	E16	E17	E18	E19		
0.0428	0.0339	0.0127	0.0103	0.0134		

3. 大类指标体系评价法(简易评价法)

评价程序分为自评和专家评价,由于指标体系和评价方法都比较清晰,方法简单,所以完全适用于相关部门或单位进行自评。自评可以按照指标体系提出的基层指标进行逐一评分,然后用公式计算出评分值。自评时如果对基层指标中的部分技术或专业性较强的指标评分有困难,那么可以脱离基层指标,向上寻求概念大一些的高层指标,这时需要注意合并权重。

在实地调研中,也可以利用简易版的评价体系,现场评价生态工程的效果。这种评价主要基于与周边自然边坡或边坡未破坏时的对照结果,旨在利用简单可行的方法,快速了解边坡生态工程的效果。简易评价时选取如表 6-8 所示的指标和权重。

表 6-8 简易评价指标和权重

评价因素	工程效果		生态效果				景观效果	
评价指标	边坡稳定性	水土流失	植被盖度	植物多样性	土层厚度	土壤质地	景观自然性	景观美学性
权重	0.5157		0.3712				0.1131	

评价时可根据具体边坡的情况,再细分每个评价指标和权重。每个评价指标分设 5 个等级(很好、好、一般、较差、很差),每个等级分别对应分数 90～100、70～90、40～70、10～40、0～10,通过对照打分和权重计算,对应的分数值处于 90～100 的边坡生态工程恢复效果为很好;值为 70～90 的恢复效果为好;值为 40～70 的恢复效果为一般;值为 10～40 的恢复效果为较差;值为 0～10 的恢复效果为很差。这种简易方法的权重灵活、贴近实际,有机地结合了定量和定性评价,是一种可行的方法。

6.1.3 数量生态学方法

国内外生态恢复评价的指标可分为以下几类,一是生态指标,包括植被覆盖率、生态位、物种组成、生物量、物种多样性等；二是植被指标，包括叶面积指数、乔灌密度、乔木高度、盖度、数量、胸径等；三是土壤指标，如土壤水分、有机碳、营养物质(N、P、Ca 和 K)含量等；四是景观指标，包括土地利用类型、景观格局等；五是工程指标，包括工程的稳固性、持久性、有效性等；六是环境指标，包括海拔、坡度、坡位、降水量、温度等。大部分指标需要进行现场调查，用作参照系统或修复目标的恢复评价。从生态工程和生态恢复角度考虑的评价指标包含生态指标(物种多样性、优势种生态位)、植被结构指标(物种分布、物种组成)、土壤指标(土壤养分含量和植被与土壤的相互关系)、景观指标(景观协调性)和工程指标(稳固性和有效性)，我们希望从专业层面提升生态恢复评价的系统性和完整性。植物群落物种的生态位和种间关系特别是优势种，对理解种群关系、群落结构、功能和演替起着重要作用。

1. 参数

1) 物种多样性指数和物种重要值

选用马加莱夫 (Margalef) 丰度指数 (R)、辛普森 (Simpson) 指数 (D) 和 Shannon-Wiener 多样性指数(H)用于测量植物群落的物种丰富度、均匀度及综合多样性；Pielou 均匀度指数(E)用于测量植物群落物种分布的均匀度。Margalef 丰度指数(R)表示群落内物种种类的丰富程度，R 值越大，群落物种的种类越丰富；Shannon-Wiener 多样性指数(H)是群落物种丰富度和均匀度的综合反映，H 值越大，物种间个体分配得越均匀，群落所包含的信息越多[27]；Simpson 指数(D)表征群落内物种优势种的离异程度，D 值越大，群落内优势度高的物种越少，群落物种的离异程度越高[28]。计算公式分别如下：

Margalef 丰度指数：

$$R=(S-1)/\ln N \tag{6-1}$$

Simpson 指数：

$$D=1-\sum P_i^2 \tag{6-2}$$

Shannon-Wiener 多样性指数：

$$H=-\sum P_i \ln P_i \tag{6-3}$$

Pielou 均匀度指数：

$$E=H/\ln S \tag{6-4}$$

式(6-1)～式(6-4)中，S 为样地中物种的总数；N 为样地中个体的总数；P_i 为一个植物数量占所有植物总数的百分比[29]。物种多样性指数的研究对象各有侧重，结合实际问题，需要对多个不同的物种多样性指数进行综合分析[30]。

2) 物种重要值

物种重要值是某一物种在群落中的地位和作用的综合指数。根据调查结果，分别计算各层次的物种重要值。木本层重要值的计算公式：

$$IV=(相对密度+相对频度+相对显著度)/300 \qquad (6-5)$$

草本层重要值的计算公式：

$$IV=(相对密度+相对频度+相对盖度)/300 \qquad (6-6)$$

式(6-5)和式(6-6)中，相对密度=某物种个体数/所有物种个体总数×100；相对盖度=某物种盖度/所有物种总盖度×100；相对频度=某物种的频度/所有物种的频度之和×100；相对显著度=某物种胸高的断面面积/样地面积×100。

2. 生态位宽度和生态位相似性比例

生态位宽度是度量植物对资源环境利用状况的尺度，生态位宽度越大，说明该物种利用资源的能力越强，其分布幅度就越大；反之则说明该物种的特化程度较高。生态位宽度采用莱文森(Levins)公式：

$$B_i = \frac{1}{r\sum\limits_{j=1}^{r} P_{ij}^2} \qquad (6-7)$$

式中，$P_{ij} = n_{ij}/N_i$；$N_i = \sum\limits_{j=1}^{r} n_{ij}$；$B_i$ 为物种 i 的生态位宽度；P_{ij} 为物种 i 在第 j 个资源位的资源量占该物种利用全部资源位的比例；n_{ij} 为物种 i 在资源 j 上的重要值；r 为资源位的数量，即样地数；公式的值域为 $[0,1]$[31]。

生态位相似性比例指在一个资源序列中，两个物种利用资源的相似程度。可参照简尊吉等[29]的结论进行计算：

$$PS_{ik} = 1 - \frac{1}{2}\sum\limits_{j=1}^{r} \left| P_{ij} - P_{kj} \right| \qquad (6-8)$$

式中，PS_{ik} 为物种 i 与物种 k 两物种的生态位相似程度；P_{ij}、P_{kj} 为物种 i 和物种 k 在资源位 j 上的重要值百分比；r 的含义同前；公式的值域为 $[0,1]$。

3. 数量排序

排序是研究植被连续变化的方法，是指用数学的方法将样方或植物种排列在一定的空间，使排序轴反映一定的生态梯度，从而解释植物物种、植物群落的分布与环境之间的关系[31,32]。为了简化计算并使定性因素参与计算，根据经验公式建立隶属函数，将坡向和坡位转换为编码尺度[33]。坡向赋值如下：平台的值为0，阳坡的值为 0.3，半阳坡的值为 0.5，半阴坡的值为 0.8，阴坡的值为 1。坡位赋值如下：平台的值为 0.1，坡上的值为 0.4，坡中的值为 1，坡下的值为 0.8[34,35]。书中图标字母见表 6-9。

表 6-9　缩略语对照表

英文缩写	含义	英文缩写	含义
SWC	土壤含水量	altitude	海拔
pH	土壤 pH 值	slope	坡度
SOC	土壤有机碳含量	aspect	坡向
TN	土壤总氮含量	slop position (SP)	坡位
AN	土壤有效氮含量	R(W)	木本层 Margalef 丰度指数
TP	土壤全磷含量	D(W)	木本层 Simpson 指数
AP	土壤有效磷含量	H(W)	木本层 Shannon-Wiener 多样性指数
TK	土壤总钾含量	E(W)	木本层 Pielou 均匀度指数
AK	土壤速效钾含量	R(H)	草本层 Margalef 丰度指数
C∶N	土壤碳氮比	D(H)	草本层 Simpson 指数
N∶P	土壤氮磷比	H(H)	草本层 Shannon-Wiener 多样性指数
C∶P	土壤碳磷比	E(H)	草本层 Pielou 均匀度指数

典范对应分析（canonical correlation analysis，CCA）和冗余分析（redundancy analysis，RDA）都是分析多个响应变量和解释变量的直接梯度排序方法。通过 DCA、RDA、CCA 矩阵数据和蒙特卡罗检验(95%置信度)可分析物种分布、物种多样性与环境因子的关系。根据 DCA 分析结果，选择 RDA对环境因子和多样性指数矩阵进行排序。在 Microsoft Excel 2016 中对多样性及优势种重要值进行计算，使用单向方差分析(ANOVA)和 Duncan 的 5%显著性水平的多范围测试来评估不同研究区、不同坡位的多样性和土壤养分的差异。使用 CANOCO 4.5 软件进行典范对应分析和冗余分析并绘图。

6.2　矿山边坡——浙江舟山市庆丰矿植被恢复评价

浙江舟山由1390多个海岛组成，具有丰富的矿产资源。由于发展经济，该区大力开采矿产、造船制船、修建石油储备库等，而开山采石、取土等遗留了大量的废弃矿山及裸露的岩石边坡，严重破坏了浙江舟山群岛的生态环境，庆丰矿就是其中之一。

庆丰矿工程位于浙江省舟山市定海区，处于浙东沿海中生代火山带北段，属于北亚热带南缘季风海洋性气候，冬季有寒潮，初夏有梅雨，夏季和秋季有以台风和雨水为主的灾难性气候特征。年平均气温为 16.3℃，年平均降水量为 1318mm，年平均风速为 3.4m/s，坡度角约为 28°，土层厚度约为 13.6cm，岩体暴露面积为 7hm^2。坡面于 2006 年恢复，主要土壤类型是红壤，通过渗铝富集，土壤变红、酸、黏。土壤为人工削坡覆土，包括腐殖质层和表土层及铁铝残余积聚层。

庆丰矿为凝灰岩石矿，其产品经海运至上海，为上海的基础设施建设作出了巨大贡献，2001 年闭坑，成为浙江省舟山市定海区火龙岗背景的异质性嵌入体。2004 年开始进行概念设计，2005 年完成设计并通过评审，2006 年开始施工，2008 年进行竣工验收。庆丰矿作为当时浙江省面积最大的单体坡面、宽达 300m、相对高差达 140m 的矿山边坡，被列为浙江省国土资源厅矿山生态环境治理百矿示范工程之首。工程治理将坡面削为 14 级人工坡，马道设置排水沟，坡顶修截水沟，采用厚层基材喷附、补植和人工养护等技术。2018 年调查时，边坡坡面的植被盖度达到 99%，植被景观已恢复，周边修了登山道，设置了运动器材和休息座椅，成为市民休憩的场所。

6.2.1 物种统计

研究区样点分布如表 6-10 所示。根据庆丰矿样方物种统计（表 6-11），共有植物 68 种，隶属于 39 科 63 属。其中木本植物 34 种，草本植物 34 种；蕨类植物有 1 科属 1 种。工程区植物有 52 种，其中人工种有 13 科 21 属 21 种，乡土种有 17 科 31 属 31 种；3 个自然区调查样地有植物 25 种。两个调查区域相同的种为女贞（*Ligustrum lucidum*）、构树（*Broussonetia papyrifera*）、野蔷薇（*Rosa multiflora*）、天竺桂（*Cinnamomum pedunculatum*）、窃衣（*Torilis scabra*）、一枝黄花（*Solidago decurrens*）、朴树（*Celtis sinensis*）、求米草（*Oplismenus undulatifolius*）、酢浆草（*Oxalis corniculata*）。工程区群落主要由构树和紫穗槐构成，伴生种有黄连木、小蜡、络石、朴树、女贞、火棘、蔷薇、日本珊瑚树、臭椿、龟甲冬青和盐肤木等。自然区群落主要由构树、蔷薇和天竺桂构成，伴生种主要为女贞、朴树和八角枫。

表 6-10　研究区域中每个采样点的地形数据

样点	坡位	坡向	海拔/m	坡度角/(°)	样点	坡位	坡向	海拔/m	坡度角/(°)
样点 1	0.8	1	50	24	样点 21	1	0.3	770	28
样点 2	0.8	1	25.9	24	样点 22	1	1	760	18
样点 3	0.8	1	40	22	样点 23	0.4	0.3	750	26
样点 4	1	1	44.2	33	样点 24	0.4	0.5	740	24
样点 5	1	1	51.6	21	样点 25	0.4	1	730	30
样点 6	1	1	60.5	29	样点 26	0.8	1	780	26
样点 7	0.4	1	58.5	38	样点 27	1	0.5	760	23
样点 8	0.4	1	140	28	样点 28	0.4	0.5	720	31
样点 9	0.4	1	142	32	样点 29	0.8	1	1213	43
样点 10	0.1	0	40	0	样点 30	0.8	1	1211	36
样点 11	0.1	0	61.7	0	样点 31	0.8	1	1213	40
样点 12	0.1	0	70	0	样点 32	1	0.3	1245	39
样点 13	0.8	1	55.1	34	样点 33	1	0.3	1248	38
样点 14	1	1	70	21	样点 34	1	0.5	1249	36
样点 15	0.4	1	108.4	19	样点 35	0.4	1	1267	35
样点 16	0.8	1	820	30	样点 36	0.4	1	1265	39
样点 17	0.8	0.5	800	32	样点 37	0.4	1	1261	36
样点 18	0.8	0.5	800	24	样点 38	0.8	0.3	1209	31
样点 19	1	0.3	780	15	样点 39	1	0.3	1242	36
样点 20	1	1	760	20	样点 40	0.4	0.3	1263	33

表 6-11　庆丰矿样方的物种统计

物种编号	科	属	种名	拉丁名	物种编号	科	属	种名	拉丁名
1	桑科	构属	构树	*B. papyrifera*	7	伞形科	胡萝卜属	野胡萝卜	*Daucus carota*
2	豆科	紫穗槐属	紫穗槐	*Amorpha fruticosa*	8	苦木科	臭椿属	臭椿	*Ailanthus altissima*
3	菊科	飞蓬属	一年蓬	*Erigeron annuus*	9	荨麻科	苎麻属	苎麻	*Boehmeria nivea*
4	榆科	朴属	朴树	*C. sinensis*	10	菊科	蒿属	艾	*Artemisia argyi*
5	菊科	苦苣菜属	苦苣菜	*Sonchus oleraceus*	11	禾本科	燕麦属	野燕麦	*Avena fatua*
6	漆树科	黄连木属	黄连木	*Pistacia chinensis*	12	豆科	野豌豆属	野豌豆	*Vicia sepium*

续表

物种编号	科	属	种名	拉丁名	物种编号	科	属	种名	拉丁名
13	木犀科	女贞属	小蜡	*Ligustrum sinense*	35	忍冬科	荚迷属	日本珊瑚树	*Viburnum odoratissimum*
14	莎草科	薹草属	小薹草	*Carex parva*	36	蔷薇科	蔷薇属	野蔷薇	*R. multiflora*
15	蔷薇科	火棘属	火棘	*Pyracantha fortuneana*	37	樟科	樟属	天竺桂	*C. pedunculatum*
16	木犀科	女贞属	女贞	*L. lucidum*	38	菊科	风毛菊属	篦苞风毛菊	*Saussurea pectinata*
17	冬青科	冬青属	龟甲冬青	*Ilex crenata*	39	禾本科	荩草属	荩草	*Arthraxon hispidus*
18	禾本科	狗尾草属	棕叶狗尾草	*Setaria palmifolia*	40	菊科	蒿属	蒌蒿	*Artemisia selengensis*
19	夹竹桃科	络石属	络石	*Trachelospermum jasminoides*	41	漆树科	盐肤木属	盐肤木	*Rhus chinensis*
20	伞形科	窃衣属	窃衣	*T. scabra*	42	柏科	柏木属	柏树	*Platycladus orientalis*
21	鸭跖草科	鸭跖草属	鸭跖草	*Commelina communis*	43	豆科	紫荆属	紫荆	*Cercis chinensis*
22	菊科	野茼蒿属	野茼蒿	*Crassocephalum crepidioides*	44	蔷薇科	蔷薇属	软条七蔷薇	*Rosa henryi*
23	禾本科	求米草属	求米草	*O. undulatifolius*	45	豆科	草木犀属	草木犀	*Melilotus officinalis*
24	菊科	一枝黄花属	一枝黄花	*S. decurrens*	46	茜草科	鸡矢藤属	臭鸡矢藤	*Paederia foetida*
25	葡萄科	乌蔹莓属	乌蔹莓	*Cayratia japonica*	47	豆科	豌豆属	豌豆	*Pisum sativum*
26	豆科	合欢属	山槐	*Albizia kalkora*	48	百合科	葱属	火葱	*Allium ascalonicum*
27	酢浆草科	酢浆草属	酢浆草	*O. corniculata*	49	茄科	茄属	牛茄子	*Solanum surattense*
28	葡萄科	乌蔹莓属	尖叶乌蔹莓	*Cayratia* var. *pseudotrifolia japonica*	50	海桐科	海桐花属	海桐	*Pittosporum tobira*
29	豆科	刺槐属	刺槐	*Robinia pseudoacacia*	51	豆科	葛属	葛	*Pueraria lobata*
30	苋科	莲子草属	空心莲子草	*Alternanthera philoxeroides*	52	榆科	榆属	榔榆	*Ulmus parvifolia*
31	菊科	马兰属	马兰	*Kalimeris indica*	53	石蒜科	石蒜属	中国石蒜	*Lycoris chinensis*
32	禾本科	黑麦草属	黑麦草	*Lolium perenne*	54	五加科	常春藤属	常春藤	*Hedera nepalensis*
33	蓼科	酸模属	酸模	*Rumex acetosa*	55	木通科	木通属	木通	*Akebia quinata*
34	黍亚科	芒属	芭茅	*Miscanthus floridulus*	56	唇形科	小野芝麻属	小野芝麻	*Galeobdolon chinense*

续表

物种编号	科	属	种名	拉丁名	物种编号	科	属	种名	拉丁名
57	无患子科	伞花木属	伞花木	*Eurycorymbus cavaleriei*	63	八角枫科	八角枫属	八角枫	*Alangium chinense*
58	桑科	榕属	小天仙果	*Ficus erecta*	64	鼠李科	雀梅藤属	雀梅藤	*Sageretia thea*
59	报春花科	珍珠菜属	点腺过路黄	*Lysimachia hemsleyana*	65	大戟科	油桐属	油桐	*Vernicia fordii*
60	桑科	榕属	薜荔	*Ficus pumila*	66	芸香科	花椒属	花椒	*Zanthoxylum bungeanum*
61	金星蕨科	金星蕨属	金星蕨	*Parathelypteris glanduligera*	67	樟科	山胡椒属	山胡椒	*Lindera glauca*
62	楝科	楝属	苦楝	*Melia azedarach*	68	木犀科	木犀属	桂花	*Osmanthus fragrans*

6.2.2　物种分布与环境因子的关系

庆丰矿工程区与自然区的物种组成与环境因子 CCA 分析如图 6-3 所示，工程区[图 6-3(a)]CCA 四轴的解释量分别为 15.3%、14.5%、13.1%、12%，累计解释了物种与栖息地因子关系信息的 54.9%。第 1 轴与坡位($r = -0.5149$)显著强相关；第 2 轴与坡度($r = -0.5489$)显著强相关；第 3 轴与坡位($r = -0.7563$)、坡向($r = -0.7032$)、坡度($r = -0.6669$)、TK($r = 0.7189$)、C∶N($r = 0.6176$)显著强相关；第 4 轴与 NP($r = 0.6769$)显著强相关。

工程区各因子的影响力依次为：pH＞AN＞C∶N＞SWC＞坡度＞海拔＞坡向＞TN＞NP＞C∶P＞坡位＞AK＞AP＞TK＞TP＞SOC，根据排序图，工程区物种大致可分为 3 个类群，位于排序图第一象限的Ⅰ类群，包括野胡萝卜(7)和臭椿(8)等，与 AN 和 C∶P 密切相关，分布在 AN 和 C∶P 较大的调查样地；Ⅱ类群物种包括臭鸡矢藤(46)、豌豆(47)、火葱(48)等，与 pH、C∶N、AN 关系紧密，分布在 pH、C∶N、AN 较高的样地；Ⅲ类群中野蔷薇(36)、天竺桂(37)和海桐(50)等分布在水分含量和 AP 较高的调查样地。

自然区[图 6-3(b)]CCA 前两轴的解释量分别为 53.1%、46.9%，前两轴累计解释了物种与栖息地因子关系信息的 100%。第 1 轴除与坡度、SWC 和 AP 的相关性较弱外，与 SOC($r = -0.933$)、N∶P($r = 0.9866$)等均显著强相关。第 2 轴与坡度($r = 0.9844$)、AP($r = -0.9999$)、AN($r = 0.8975$)和 SWC($r = -0.9902$)等显著强相关。

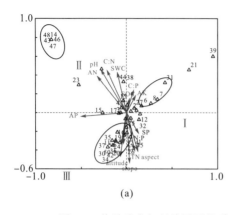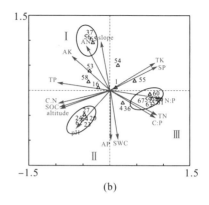

图 6-3　物种分布与环境因子关系：(a)庆丰矿工程区；(b)自然区

注：缩略语见表 6-9，物种编号同表 6-11

　　自然区几个环境因子对物种分布的影响均较大；根据排序图可大致分为 3 个类群，Ⅰ类群天竺桂(37)、小野芝麻(56)、油桐(65)，分布在坡度较大、AN 较高的调查样地；Ⅱ类群窃衣(20)、一枝黄花(24)、苦楝(62)、雀梅藤(64)等，其分布与 pH 密切相关，分布在 pH 较大的调查样地；Ⅲ类群主要包括薜荔(60)、金星蕨(61)、八角枫(63)等，主要分布在 TN 和 N∶P 较高的调查样地。

6.2.3　生态位宽度

　　以物种重要值为分析指标来确定研究区域优势种的数量，自然区与工程区物种的差异较大，因此分别选取工程区、自然区排名前 15 的植物作为优势种植物；分别对样地内工程区、自然区 15 种优势植物进行生态位宽度的计算，庆丰矿优势种生态位宽度见表 6-12。

表 6-12　庆丰矿工程区和自然区 15 种优势植物的生态位宽度

物种编号（庆丰矿）	工程区		自然区	
	种名	生态位宽度	种名	生态位宽度
1	构树	0.76	女贞	0.79
2	紫穗槐	0.84	中国石蒜	0.63
3	一年蓬	0.60	构树	1.00
4	朴树	0.83	常春藤	0.66
5	苦苣菜	0.69	野蔷薇	0.65
6	黄连木	0.64	天竺桂	0.33
7	野胡萝卜	0.36	木通	0.61

物种编号 （庆丰矿）	工程区		自然区	
	种名	生态位宽度	种名	生态位宽度
8	臭椿	0.28	窃衣	0.33
9	苎麻	0.31	小野芝麻	0.33
10	艾	0.29	伞花木	0.33
11	野燕麦	0.23	小天仙果	0.63
12	野豌豆	0.24	点腺过路黄	0.33
13	小蜡	0.32	一枝黄花	0.33
14	薹草	0.15	朴树	0.66
15	火棘	0.31	薜荔	0.33

从表 6-12 可以看出，木本层的优势种均为人工种，草本层的优势种为自然种，其中构树、紫穗槐和一年蓬在群落中占据很大优势。工程区 15 种优势种的生态位宽度排序分别是：紫穗槐＞朴树＞构树＞苦苣菜＞黄连木＞一年蓬＞野胡萝卜＞小蜡＞苎麻、火棘＞艾＞臭椿＞野豌豆＞野燕麦＞薹草；自然区 15 种优势种的生态位宽度排序分别是：构树＞女贞＞常春藤、朴树＞野蔷薇＞中国石蒜、小天仙果＞木通＞天竺桂、窃衣、小野芝麻、伞花木、点腺过路黄、一枝黄花和薜荔。工程区与自然区共有的优势种为构树和朴树。

6.2.4　生态位相似性比例

对庆丰矿样地内工程区和自然区 15 个优势种的生态位相似性比例进行计算发现（表6-13），在 105 组比对中，庆丰矿自然区的生态位相似性比例大于 0.9 的有 7 对，0.8～0.9 的有 1 对，0.7～0.8 有 3 对，0.6～0.7 有 13 对，0.5～0.6 有 17 对，0.4～0.5 有 10 对，0.3～0.4 有 21 对，0.2～0.3 有 0 对，0.1～0.2 有 3 对，0.0～0.1 有 30 对；庆丰矿工程区 0.9～1.0 的有 0 对，0.8～0.9 有 1 对，0.7～0.8 有 3 对，0.6～0.7 有 9 对，0.5～0.6 有 7 对，0.4～0.5 有 7 对，0.3～0.4 有 26 对，0.2～0.3 有 17 对，0.1～0.2 有 20 对，0.0～0.1 有 14 对。庆丰矿自然区的大多数种对生态位的相似性比例均较低，庆丰矿自然区生态位相似性比例的高值区域比工程区多。庆丰矿工程区生态位相似性比例较大的种对依次是：苦苣菜-小薹草、紫穗槐-野燕麦、朴树-野胡萝卜、黄连木-苎麻。庆丰矿自然区生态位相似性比例较大的种对依次是：女贞-中国石蒜、常春藤-中国石蒜、中国石蒜-野蔷薇、天竺桂-野蔷薇。

表 6-13　庆丰矿工程区和自然区 15 个优势种的生态位相似性比例

物种编号	1	2	3	4	5	6	7	8	9	10	11	12	13	14	15
1		0.77	0.63	0.68	0.67	0.52	0.37	0.23	0.28	0.14	0.16	0.40	0.45	0.12	0.26
2	0.71		0.64	0.68	0.81	0.70	0.43	0.29	0.29	0.28	0.35	0.31	0.28	0.18	0.33
3	0.76	0.67		0.59	0.60	0.59	0.30	0.37	0.17	0.19	0.17	0.24	0.38	0.15	0.21
4	0.45	0.47	0.69		0.67	0.58	0.39	0.31	0.41	0.39	0.33	0.25	0.37	0.12	0.34
5	0.53	0.38	0.64	0.53		0.70	0.40	0.26	0.21	0.24	0.34	0.31	0.35	0.17	0.64
6	0.33	0.62	0.36	0.47	0.00		0.47	0.50	0.31	0.37	0.37	0.32	0.09	0.16	0.16
7	0.45	0.35	0.68	0.88	0.59	0.35		0.38	0.17	0.35	0.34	0.00	0.19	0.09	0.25
8	0.55	0.38	0.31	0.00	0.41	0.00	0.00		0.33	0.41	0.25	0.00	0.00	0.06	0.12
9	0.33	0.62	0.36	0.47	0.00	1.00	0.35	0.00		0.52	0.51	0.16	0.00	0.00	0.16
10	0.12	0.00	0.33	0.53	0.59	0.00	0.65	0.00	0.00		0.34	0.09	0.00	0.31	0.46
11	0.70	0.99	0.67	0.47	0.37	0.63	0.35	0.37	0.63	0.00		0.00	0.12	0.15	0.27
12	0.12	0.00	0.33	0.53	0.59	0.00	0.65	0.00	0.00	1.00	0.00		0.19	0.00	0.00
13	0.55	0.38	0.31	0.00	0.41	0.00	0.00	1.00	0.00	0.00	0.37	0.00		0.25	0.00
14	0.56	0.38	0.64	0.53	0.98	0.00	0.57	0.43	0.00	0.57	0.37	0.57	0.43		0.64
15	0.12	0.00	0.33	0.53	0.59	0.00	0.65	0.00	0.00	1.00	0.00	1.00	0.00	0.57	

注：表中左下角为自然区 15 个优势植物种间的生态位相似性比例，右上角为工程区 15 个优势植物种间的生态位相似性比例，物种编号同表 6-11。

6.2.5　物种多样性与土壤养分和地形因子的关系

对物种多样性、土壤养分因子和地形因子矩阵进行排序，土壤养分因子与地形因子之间的相关性如表 6-14 所示。坡度因子与其他因子没有任何相关性，海拔与坡位具有强负相关性(−0.743)，同时和 pH 具有强负相关性(−0.545)。坡位与 TK 具有强负相关性(−0.558)，AP 与 AK(0.542)具有强正相关性。pH 与 TK(−0.730)具有强负相关性。SOC 与 TN(0.600)和 AN(0.641)具有强正相关性。

表 6-14　庆丰矿生境因子蒙特卡罗检验相关系数表

生境因子	SWC	pH	SOC	TN	AN	TP	AP	TK	AK	坡位	海拔
pH	0.392										
SOC	0.454	0.183									
TN	0.229	−0.263	0.600*								
AN	0.417	0.391	0.641**	0.347							
TP	−0.153	−0.439	0.381	0.387	0.425						
AP	0.285	−0.074	0.292	0.597*	0.418	0.460					
TK	−0.306	−0.730**	−0.120	0.165	−0.267	0.214	0.021				

续表

生境因子	SWC	pH	SOC	TN	AN	TP	AP	TK	AK	坡位	海拔
AK	0.246	0.111	0.174	0.318	0.361	0.321	0.542*	−0.348			
坡位	0.161	0.318	−0.097	−0.135	0.287	−0.308	−0.077	−0.558*	0.181		
海拔	−0.145	−0.545*	−0.046	0.082	−0.288	0.454	0.201	0.451	−0.105	−0.743**	
坡度	−0.155	−0.026	−0.056	0.411	−0.070	0.010	0.137	−0.083	0.347	−0.096	0.159

注：**表示 $P<0.01$，相关性显著；*表示 $P<0.05$，相关性显著。

物种多样性和环境因子 RDA 等级图第 1 轴的特征值为 0.461，第 2 轴的特征值为 0.205，物种多样性变异前两轴的累计解释率为 86.1%（图 6-4）。RDA 排序图显示，与其他环境变量相比，TK、TP 和 pH 对植被恢复多样性的影响较大。木本层多样性受 AP 和 TP 的影响较大，其中对 $R(W)$ 的影响最大。草本层多样性 $R(H)$、$D(H)$、$H(H)$ 和 $E(H)$ 主要受海拔和 TK 的影响。

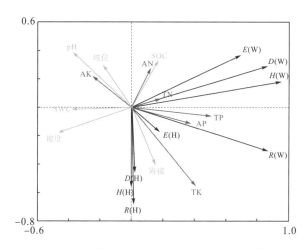

图 6-4　庆丰矿植被物种多样性与土壤养分和地形因子关系的 RDA 结果排序图

注：土壤养分因子包括 pH、SOC、SWC、AK、AN、AP、TK、TN、TP，地形因子包括海拔、坡度、坡向；缩略语见表 6-9

6.2.6　讨论

对庆丰矿植被恢复状况进行评价，结果发现庆丰矿的恢复效果显著，对环境因子和物种多样性及物种分布进行排序，自然区与工程区的影响因子不同，影响力度也不同。

庆丰矿研究区共有植物 68 种，隶属于 39 科 63 属。工程区植物共有 52 种，其中，人工种有 13 科 21 属 21 种，乡土种有 17 科 31 属 31 种。两个调查区域相同的种有 9 种，乡土种占比较多，说明工程区植被的发展趋势较好。

环境因子的作用在于对物质和能量的再分配[36]，控制着物种的组成和分布。本研究中 CCA 结果表明，工程区各因子的影响力依次为：pH＞AN＞C∶N＞SWC＞坡度＞海拔＞坡向＞TN＞N∶P＞C∶P＞坡位＞AK＞AP＞TK＞TP＞SOC，其受土壤养分因素的影响较多。根据排序图，位于排序图第一象限的Ⅰ、Ⅱ类群中野胡萝卜(7)、臭椿(8)、臭鸡矢藤(46)、豌豆(47)等分布在 AN 较高的调查样地，这说明这些植物分布在对养分含量要求高的调查区域；Ⅲ类群中野蔷薇(36)、天竺桂(37)和海桐(50)等分布在水分含量和 AP 较高的调查样地，说明这些植物的生长与土壤水分和 AP 养分存在相互影响。自然区几个环境因子对物种分布的影响均较大；庆丰矿的植物主要受土壤养分含量的控制。比较工程区16 个环境因子对不同调查区物种分布的影响，可以看出自然区中各因子的影响均不同，pH、AN、C∶N 是影响工程区物种分布的主要因素，其原因主要是受损坡在人工干预下的植被修复时间较长，逐渐形成稳定的顶级群落，物种组成和分布容易受到环境因子的影响并逐渐发展均衡。

与其他环境变量相比，TK、TP 和 pH 对植被物种多样性的影响较大，木本层多样性受 AP 和 TP 的影响较大，其中对 R(W)的影响最大，由此看出，木本植物的物种多样性主要受土壤养分含量的影响。草本层多样性 R(H)、D(H)、H(H)和 E(H)主要受土壤养分中的 TK 和地形因子中海拔的影响，在以草本为主要植被的工程恢复中应考虑海拔因素。与其他工程区相比，庆丰矿受到地形因子的作用稍小，原因可能是庆丰矿的坡面土壤为人工土壤，土壤养分较高，同时说明人工土壤在植被恢复过程中起到比较关键的作用。

庆丰矿工程区中重要值大的物种(女贞、中国石蒜、构树)其生态位宽度也大，与其他物种的生态位相似性比例和生态位重叠值也大。木本层优势植物除构树为自然种外均为人工种，其中构树和紫穗槐在群落中占据很大的优势，构树已经在该群落中占据主导地位，但构树的繁殖力和抗干扰力过强，为避免后期构树侵占整个坡面，应适当人为控制其长势，以免影响景观效果；草本层的优势种为自然种，说明在乔-灌-草搭配的植物群落中，草本植物的存活率很低，故在植物设计搭配过程中可不考虑草本植物的播种，任周边自然种自由生长。庆丰矿自然区生态位相似性比例的高值区域比工程区多，说明自然区物种对环境资源利用的相似程度更高，种间竞争更强，而工程区相对较弱，还有进一步发展的空间。庆丰矿工程区生态位相似性比例较大的种对依次是：苦苣菜-小蓟草、紫穗槐-野燕麦、朴树-野胡萝卜、黄连木-苎麻。这些种对的竞争较强，生态位相似，在植物配置时应当合理搭配以达到更好的恢复效果。

6.3　北川滑坡体的边坡植被恢复评价

北川是 2008 年地震的重灾区,研究区发生大面积滑坡,土石主要堆积在中下部,山体受到严重破坏,极不稳固。北川研究区是日本治山技术应用的示范,2010 年工程施工结束后,后期有小面积修补,主要采用土袋阶梯、干砌片石、钢铁框、挡土墙和排水渠等工程技术。笔者团队在工程结束后立即参与调查研究,至今已有 12 年,故评价其恢复效果具有重大意义。

北川工程位于四川省北川羌族自治县擂鼓镇石岩村(北纬 31°46′,东经104°25′)。土壤主要由震后滑坡体构成,离北川地震博物馆接收中心的距离约500m。其属北亚热带湿润季风气候,气候温和,雨量充沛,干湿分明。年平均气温为 15.6℃,年平均降水量为 1002.7mm[37]。坡度角约为 39°,土层厚度约为10.3cm,土壤为滑坡体土石混合物,工程于 2012 年 2 月下旬完工。坡面植被恢复工程的面积为 2.03hm^2。

6.3.1　物种统计

根据北川样方物种统计(表 6-15),共有植物 74 种,隶属于 40 科 71 属。其中木本植物有 25 种,草本植物有 49 种;双子叶植物有 27 科 56 属 58 种,单子叶植物有 8 科 14 属 14 种,蕨类植物有 2 科 2 属 2 种。工程区植物有 52 种,其中人工种有 7 科 8 属 8 种,乡土种有 22 科 43 属 44 种;3 个自然区调查样地有植物 28 种。两个调查区域相同的种为半边莲(*Lobelia chinensis*)、毛茛(*Ranunculus japonicus*)、桤木(*Alnus cremastogyne*)、棕榈(*Trachycarpus fortunei*)、山莓(*Rubus corchorifolius*)、牛奶子(*Elaeagnus umbellata*)。工程区群落主要由李子和核桃构成,伴生种有马桑、银杏、桤木、樱花、桂花、水麻和桑树等。23 号样地为刺槐林,主要由刺槐构成,伴生种为马桑,位于上坡位置。自然区群落主要由松柏、竹和棕榈构成,伴生种主要有牛奶子和润楠。

表 6-15　北川样方物种统计

物种编号	科	属	种名	拉丁名	物种编号	科	属	种名	拉丁名
1	菊科	鬼针草属	鬼针草	*Bidens pilosa*	3	报春花科	珍珠菜属	过路黄	*Lysimachia christiniae*
2	伞形科	水芹菜属	水芹	*Oenanthe javanica*	4	禾本科	狗尾草属	狗尾草	*Setaria viridis*

物种编号	科	属	种名	拉丁名	物种编号	科	属	种名	拉丁名
5	酢浆草科	酢浆草属	酢浆草	*O. corniculata*	28	禾本科	黑麦草属	黑麦草	*L. perenne*
6	伞形科	天胡荽属	红马蹄草	*Hydrocotyle nepalensis*	29	荨麻科	苎麻属	小赤麻	*Boehmeria spicata*
7	唇形科	风轮菜属	风轮菜	*Clinopodium chinense*	30	毛茛科	毛茛属	毛茛	*Ranunculus japonicas*
8	菊科	苦苣菜属	苣荬菜	*Sonchus arvensis*	31	大戟科	铁苋菜属	铁苋菜	*Acalypha australis*
9	唇形科	香薷属	香薷	*Elsholtzia ciliate*	32	鸭跖草科	鸭跖草属	鸭跖草	*Commelina communis*
10	菊科	大丁草属	大丁草	*Gerbera anandria*	33	旋花科	打碗花属	打碗花	*Calystegia hederacea*
11	禾本科	求米草属	竹叶草	*Oplismenus compositus*	34	苋科	苋属	苋菜	*Amaranthus mangostanus*
12	豆科	山蚂蝗属	假地豆	*Desmodium heterocarpon*	35	菊科	飞蓬属	一年蓬	*Erigeron annuus*
13	荨麻科	苎麻属	苎麻	*Boehmeria nivea*	36	毛茛科	银莲花属	野棉花	*Anemone vitifolia*
14	豆科	两型豆属	两型豆	*Amphicarpaea edgeworthii*	37	菊科	白酒草属	小蓬草	*Conyza canadensis*
15	薯蓣科	薯蓣属	薯蓣	*Dioscorea opposita*	38	胡桃科	核桃属	核桃	*Juglans regia*
16	藜科	藜属	藜	*Chenopodium album*	39	马桑科	马桑属	马桑	*Coriaria nepalensis*
17	唇形科	紫苏属	紫苏	*Perilla frutescens*	40	桦木科	桤木属	桤木	*Alnus cremastogyne*
18	茜草科	茜草属	茜草	*Rubia cordifolia*	41	蔷薇科	李属	李子	*Prunus cerasifera*
19	禾本科	马唐属	马唐	*Digitaria sanguinalis*	42	蔷薇科	枇杷属	枇杷	*Eriobotrya japonica*
20	菊科	千里光属	千里光	*Senecio scandens*	43	棕榈科	棕榈属	棕榈	*Trachycarpus fortunei*
21	木贼科	木贼属	节节草	*Equisetum ramosissimum*	44	豆科	刺槐属	刺槐	*Robinia pseudoacacia*
22	禾本科	稗属	稗	*Echinochloa crusgalli*	45	银杏科	银杏属	银杏	*Ginkgo biloba*
23	豆科	野豌豆属	小巢菜	*Vicia hirsuta*	46	桑科	桑树属	桑树	*Morus alba*
24	菊科	马兰属	马兰	*Kalimeris indica*	47	蔷薇科	悬钩子属	山莓	*Rubus corchorifolius*
25	桔梗科	半边莲属	半边莲	*Lobelia chinensis*	48	荨麻科	苎麻属	水麻	*Debregeasia orientalis*
26	禾本科	求米草属	求米草	*O. undulatifolius*	49	胡颓子科	胡颓子属	牛奶子	*Elaeagnus umbellata*
27	菊科	地胆草属	地胆草	*Elephantopus scaber*	50	禾本科	刚竹属	毛竹	*Phyllostachys heterocycla*

物种编号	科	属	种名	拉丁名	物种编号	科	属	种名	拉丁名
51	木犀科	木犀属	桂花	*Osmanthus fragrans*	63	菊科	蛇莓属	蛇莓	*Duchesnea indica*
52	蔷薇科	樱属	日本樱花	*Cerasus yedoensis*	64	莎草科	薹草属	秆叶薹草	*Carex insignis*
53	葡萄科	蛇葡萄属	蛇葡萄	*Ampelopsis glandulosa*	65	樟科	润楠属	润楠	*Machilus pingii*
54	菊科	蒿属	艾	*Artemisia argyi*	66	芸香科	花椒属	花椒	*Zanthoxylum esquirolii*
55	五加科	常春藤属	常春藤	*Hedera nepalensis*	67	山茱萸科	八角枫属	八角枫	*Alangium chinens.*
56	莎草科	莎草属	香附子	*Cyperus rotundus*	68	柏科	侧柏属	柏树	*P. orientalis*
57	金星蕨科	毛蕨属	毛蕨	*Cyclosorus interruptus*	69	蔷薇科	棣棠花属	棣棠	*Kerria japonica*
58	百合科	菝葜属	菝葜	*Smilax china*	70	禾本科	慈竹属	慈竹	*Neosinocalamus affinis*
59	蔷薇科	龙芽草属	龙牙草	*Agrimonia pilosa*	71	壳斗科	栎属	栎	*Quercus acutissima*
60	鸢尾科	鸢尾属	扁竹兰	*Iris confusa*	72	樟亚科	山胡椒属	山胡椒	*Lindera glauca*
61	菊科	黄鹌菜属	黄鹌菜	*Youngia japonica*	73	五加科	刺楸属	刺楸	*Kalopanax septemlobus*
62	菊科	天名精属	天名精	*Carpesium abrotanoides*	74	杨柳科	杨属	青杨	*Populus cathayana*

6.3.2　物种分布与环境因子的关系

北川工程区与自然区的物种组成与环境因子 CCA 分析如图 6-5 所示，工程区 [图 6-5 (a)] CCA 四轴的解释量分别为 18.4%、16.8%、16%、11.8%，累计解释了物种与栖息地因子关系信息的 63%。第 1 轴与坡向 ($r = -0.5950$) 显著强相关，与 C：P ($r = 0.4794$) 和 SOC ($r = 0.4243$) 显著相关，其主要反映坡向和 C：P 两个环境因子的变化梯度；第 2 轴与海拔 ($r = 0.7070$)、pH ($r = -0.5995$) 和坡度 ($r = 0.5705$) 显著强相关；第 3 轴与土壤含水量 ($r = -0.6576$)、TN ($r = -0.7538$)、AN ($r = -0.6431$)、TP ($r = -0.7041$)、AP ($r = -0.7012$) 显著强相关；第 4 轴与 AP ($r = 0.5927$) 显著强相关。

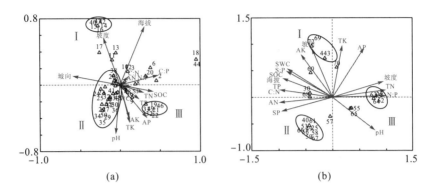

图 6-5　物种分布与环境因子关系：(a)北川工程区；(b)自然区

注：缩略语见表 6-9，物种编号同表 6-15

　　工程区各因子的影响力依次为：海拔＞坡度＞坡向＞pH＞AP＞C：P＞SOC＞TK＞AK＞TN＞TP＞N：P＞C：N＞SWC＞AN＞坡位，根据排序图，工程区物种大致可分为 3 个类群，位于排序图第二象限的Ⅰ类群，包括两型豆(14)、薯蓣(15)、藜(16)和栒木(40)等，与坡度密切相关，分布在坡度较大的调查样地；Ⅱ类群物种较多，包括半边莲(25)、苋菜(34)、小蓬草(37)、毛竹(50)等，与pH 关系最为紧密；Ⅲ类群中稗(22)、桑树(46)、节节草(21)和鸭跖草(32)等分布在水分含量和 AP 较高的调查样地。

　　自然区［图 6-5(b)］CCA 前两轴的解释量分别为 52.6%、47.4%，前两轴累计解释了物种与栖息地因子关系信息的 100%。第 1 轴除与坡向和 TK 相关性较弱外，与 SOC($r=-0.933$)等均显著强相关。第 2 轴与坡向($r=0.924$)、TK($r=0.9882$)、AP($r=0.8445$)、AK($r=0.8071$)、SWC($r=0.5362$)和pH($r=-0.612$)显著强相关。

　　自然区的几个环境因子对物种分布的影响均较大。根据排序图大致分为 3 个类群，Ⅰ类群狗尾草(4)、棕榈(43)和山胡椒(72)分布在向阳的调查样地；Ⅱ类群蛇葡萄(53)、半边莲(25)、牛奶子(49)等的分布与坡位密切相关，分布在高坡位的调查样地；Ⅲ类群天名精(62)、蛇莓(63)、秆叶薹草(64)等主要分布在坡度较大、TN 和 N：P 较高的调查样地。

6.3.3　优势种的生态位宽度

　　以物种重要值为分析指标来确定研究区域优势种的数量，自然区与工程区物种的差异较大，因此分别选取工程区、自然区排名前 15 种的植物作为优势种植物，分别对样地内工程区、自然区 15 种优势植物进行生态位宽度的计算。北川优势种的生态位宽度见表 6-16。

表 6-16　北川工程区和自然区 15 个优势种植物的生态位宽度

物种编号	工程区		自然区	
	种名	生态位宽度	种名	生态位宽度
1	李子	0.80	扁竹兰	0.38
2	鬼针草	0.75	毛蕨	0.94
3	风轮菜	0.74	柏树	0.66
4	银杏	0.39	润楠	0.67
5	核桃	0.38	棕榈	0.58
6	千里光	0.28	慈竹	0.65
7	刺槐	0.10	秆叶薹草	0.33
8	狗尾草	0.57	青杨	0.33
9	马桑	0.10	常春藤	0.55
10	水芹	0.27	桤木	0.33
11	竹叶草	0.34	龙牙草	0.33
12	毛茛	0.24	蛇莓	0.33
13	桂花	0.18	香附子	0.33
14	半边莲	0.15	栎	0.33
15	红马蹄草	0.18	牛奶子	0.33

从表 6-16 可以看出，工程区的木本优势植物均为人工种，草本层优势种为自然种，其中李子、鬼针草和风轮菜在群落中占据很大的优势；自然区 15 种优势种的生态位宽度排序为：毛蕨＞润楠＞柏树＞慈竹＞棕榈＞常春藤＞扁竹兰＞秆叶薹草、青杨、桤木、龙牙草、蛇莓、香附子、栎、牛奶子；工程区与自然区无共同优势种。

6.3.4　北川优势种生态位相似性比例

对北川样地内的工程区和自然区 15 个优势种的生态位相似性比例进行计算发现(表 6-17)，北川工程区生态位相似性比例大于 0.8 的有 0 对，0.7～0.8 有 5 对，0.6～0.7 有 2 对，0.5～0.6 有 7 对，0.4～0.5 有 8 对，0.3～0.4 有 15 对，0.2～0.3 有 14 对，0.1～0.2 有 15 对，0.0～0.1 有 39 对；北川自然区 0.9～1.0 的有 9 对，0.8～0.9 有 1 对，0.7～0.8 有 6 对，0.6～0.7 有 10 对，0.5～0.6 有 19 对，0.4～0.5 有 16 对，0.3～0.4 有 2 对，0.2～0.3 有 8 对，0.1～0.2 有 0 对，0.0～0.1 有 34 对。北川工程区大多数种对的生态位相似性比例较低，大多数在 0.0～0.4；自然区 0.4～1.0 有 58 对，生态位相似性比例较高。北川工程区的生态位相似性比例较大的种对依次是：李子-风轮菜、李子-鬼针草、鬼针草-风轮菜、马桑-红马蹄草。北川自然区生态位相似性比例较大的种对依次是：扁竹兰-栎、棕榈-慈竹、毛蕨-柏树、润楠-常春藤。

表 6-17　北川工程区和自然区 15 个优势种的生态位相似性比例

物种编号	1	2	3	4	5	6	7	8	9	10	11	12	13	14	15
1		0.787	0.790	0.399	0.318	0.277	0.000	0.645	0.000	0.221	0.386	0.308	0.171	0.246	0.098
2	0.433		0.759	0.419	0.434	0.364	0.000	0.572	0.000	0.239	0.541	0.290	0.190	0.152	0.061
3	0.628	0.781		0.593	0.346	0.367	0.000	0.704	0.006	0.186	0.422	0.294	0.270	0.142	0.151
4	0.064	0.632	0.437		0.385	0.453	0.000	0.469	0.000	0.000	0.535	0.108	0.450	0.000	0.233
5	0.688	0.587	0.563	0.312		0.206	0.000	0.351	0.000	0.275	0.519	0.305	0.152	0.195	0.291
6	0.573	0.587	0.563	0.427	0.885		0.315	0.213	0.030	0.385	0.334	0.070	0.136	0.070	0.315
7	0.000	0.219	0.000	0.500	0.557	0.427		0.000	0.528	0.495	0.000	0.000	0.000	0.000	0.663
8	0.000	0.219	0.000	0.500	0.721	0.427	1.000		0.000	0.210	0.000	0.144	0.108	0.000	0.000
9	0.064	0.492	0.273	0.774	0.639	0.427	0.727	0.727		0.210	0.000	0.000	0.000	0.000	0.715
10	0.064	0.413	0.437	0.500	0.680	0.000	0.000	0.000	0.273		0.000	0.505	0.000	0.195	0.495
11	0.064	0.413	0.437	0.500	0.660	0.000	0.000	0.500	0.273	1.000		0.000	0.320	0.000	0.098
12	0.000	0.219	0.000	0.500	0.670	0.427	1.000	0.500	0.727	0.000	0.000		0.108	0.195	0.000
13	0.064	0.413	0.437	0.500	0.665	0.000	0.500	0.000	0.273	1.000	1.000	0.000		0.000	0.000
14	0.936	0.368	0.563	0.000	0.668	0.573	0.000	0.500	0.000	0.000	0.000	0.000	0.000		0.000
15	0.064	0.413	0.437	0.500	0.666	0.000	0.500	0.000	0.273	1.000	1.000	0.000	1.000	0.000	

注：表中左下角为自然区 15 个优势植物种间的生态位相似性比例，右上角为工程区 15 个优势植物种间的生态位相似性比例，物种编号同表 6-16。

6.3.5　北川物种多样性与土壤养分和地形因子的关系

土壤养分因子与地形因子之间的相关性如图 6-6 所示。坡度和坡位因子与其他因子没有任何相关性；海拔与坡位显著强正相关(0.554)。AK 与 AP(0.656)、SOC(0.723)、SWC(0.615)强正相关。TK 与 SWC(0.595)、TN(0.877)、AN(0.849)和 TP(0.864)强正相关。AP 与 SOC(0.650)强正相关。TP 和 AN 均与 SWC、pH、SOC、TN、AN 强相关。pH 与 TN(−0.680)强负相关。SOC 与 SWC(0.743)和 pH(−0.640)强相关。pH 与 SWC(−0.708)强负相关(相关系数见表 6-18)。

物种多样性和环境因子 RDA 等级图第 1 轴的特征值为 0.711，第 2 轴的特征值为 0.170，物种多样性变异的前两轴累计解释率为 88.1%。图 6-6 显示了 RDA 排序图，与其他环境变量相比，TK、TN、AN 和 pH 对植被恢复多样性的影响较大。木本层多样性受 AN 和 TP 的影响较大，其中对 $R(W)$ 的影响最大。草本层多样性 $R(H)$、$D(H)$ 和 $H(H)$ 主要受 pH 的影响。

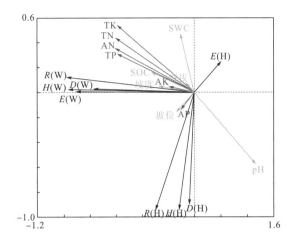

图 6-6　北川植被物种多样性与土壤养分和地形因子关系 RDA 分析结果排序

注：土壤养分因子包括 pH、SOC、SWC、AK、AN、AP、TK、TN、TP，地形因子包括海拔、坡度、坡向；

缩略语见表 6-9

表 6-18　北川生境因子蒙特卡罗检验相关系数表

栖息地影响因子	SWC	pH	SOC	TN	AN	TP	AP	TK	AK	坡位	海拔
pH	−0.708**										
SOC	0.743**	−0.640*									
TN	0.522	−0.680*	0.374								
AN	0.721**	−0.877**	0.638*	0.820**							
TP	0.759**	−0.811**	0.736**	0.789**	0.945**						
AP	0.312	−0.090	0.650*	0.132	0.151	0.235					
TK	0.595*	−0.776	0.488	0.877**	0.849**	0.864**	0.095				
AK	0.615*	−0.479	0.723**	0.303	0.499	0.503	0.656*	0.463			
坡位	−0.132	−0.085	0.080	−0.060	−0.033	0.028	0.178	−0.166	−0.132		
海拔	−0.315	−0.169	0.052	−0.286	−0.173	−0.218	−0.063	−0.290	−0.274	0.554*	
坡度	−0.033	−0.152	−0.072	0.082	0.079	0.025	−0.497	0.168	−0.013	−0.523	−0.002

注：**表示 $P<0.01$，相关性显著；*表示 $P<0.05$，相关性显著。

6.3.6　讨论

　　物种组成是群落结构的重要特征，也是研究群落演替的基础，尤其是优势物种的变化是群落演替的重要标志[38]。研究区共有植物 74 种，隶属于 40 科 71 属，在工程区调查样地的 52 种植物中，乡土种有 22 科 43 属 44 种，比恢复初期的乡土物种明显增多，说明工程区植被正向自然区植被方向发展；同时人工种较少，这与李子经济林有关，导致物种单一。工程区物种与自然区优势种截然不同

（表 6-16），施工初期坡体整体种植刺槐、核桃等经济树种，2015 年大部分改造为李子经济林。目前木本植物每个样方有 3 种，李子是其优势种，自然区木本植物每个样方有 6 种，优势种是柏树。草本层中，工程区的优势种为鬼针草，其原因可能与鬼针草适应性强、种子容易传播的习性有关；自然区林下环境相对荫蔽，更适宜喜阴湿的扁竹兰生长。此外，工程区草本植物数(8 种/样方)略高于自然区(7 种/样方)，其原因可能是自然区林分郁闭度较高，林下光线阴暗，微生物活性较小，土壤有机质和枯落物分解速度较慢，限制了林下草本植物的生长。

有学者研究认为海拔通过直接影响温度、湿度和土壤等环境条件间接作用于植被物种组成[39]。本研究中 CCA 分析结果表明：海拔＞坡度＞坡向＞pH＞AP＞C：P＞SOC＞TK＞AK＞TN＞TP＞N：P＞C：N＞SWC＞AN＞坡位，工程区Ⅰ类群的两型豆(14)、薯蓣(15)、藜(16)和桤木(40)等与坡度密切相关，分布在坡度较大的调查样地；Ⅱ类群中半边莲(25)、小蓬草(37)、苋菜(34)、毛竹(50)等与 pH 关系最为紧密；Ⅲ类群中稗(22)、桑树(46)、节节草(21)和鸭跖草(32)等分布在水分含量和 AP 较高的调查样地。自然区几个环境因子对物种分布的影响均较大；Ⅰ类群狗尾草(4)、棕榈(43)、山胡椒(72)分布在向阳的调查样地，说明在本研究所调查区域内的大部分植物喜光，适宜在向阳的坡面种植。Ⅱ类群蛇葡萄(53)、半边莲(25)、牛奶子(49)等的分布与坡位密切相关，分布在高坡位调查样地，说明这几种植物能适应高坡位生存。因此在今后的震损坡植被修复工程中，需根据修复地不同的环境条件种植相适应的植物，这样可达到更好的修复效果。Ⅲ类群天名精(62)、蛇莓(63)、秆叶薹草(64)等主要分布在坡度较大、TN 和 N：P 较高的调查样地，说明这几种植物能适应较大坡度的地形，这可为今后不同地形的植物搭配设计提供参考依据。

对于北川及其他地理环境相似的地区来说，Ⅱ类群适宜在坡位相对高处种植，坡度最大处可选Ⅲ类群植物。酢浆草(*Oxalis corniculata*)、鬼针草(*Bidens pilosa*)、李子(*Prunus cerasifera*)在所有的生境中具有均匀分布的特点，在该工程区各生境中均适应其生长。比较 16 个环境因子对不同调查区物种分布的影响力，可以看出与自然区中各因子影响力均有较大不同，海拔、坡度和坡向是影响工程区物种分布的主要因素，其原因主要是受损坡在人工干预下的植被修复时间短，尚未形成稳定的顶级群落，物种组成和分布容易受到环境因子的影响。

Mohammadi 等[40]认为坡位与草本层的物种分布和丰富度的关联性很强，但本研究中坡位仅对工程区草本层有略微影响(图 6-6)。这可能与本研究样地大多分布在低山区、坡位间海拔跨度低等因素有关。RDA 分析显示，影响工程区草本层多样性指数的环境因子主要是 pH，而影响木本层的主要是 TK、TN、AN 和 TP。León 等[41]对智利巴塔哥尼亚的人为和天然泥炭地生态环境及其多样性调查发现，水体 pH 随着泥炭藓的丰度而下降。在工程区草本层中，土壤 pH 随物种丰富度的增加而增加，这可能是由经济林人为施肥导致。值得注意的是，样地

23 为人工刺槐林，施工结束后的人为影响较小，木本层的 Margalef 指数（1.668）与自然区相近，表明无人为干扰的工程区的植被多样性恢复较好。欧芷阳等[42]对广西西南喀斯特山区木本植物群落的研究表明，群落物种的丰富度分布主要受生物与人为干扰的相互作用的影响。本研究发现，工程区植被多样性受环境因子的影响不同，而环境因子对自然区的影响均较大，这可能是工程区恢复期较短且后期受人为干扰较大所致，同时也说明稳定的自然生态系统的发展过程受各因素的影响是均衡的，工程区植被未来的发展趋势较好。

　　一般来说，一个种群的生态位宽度越大，对环境的适应性就越强，相对于生态位宽度窄的种群，在竞争中处于优势地位，常成为该群落的优势种群。与张德魁等[43]的研究结果相似，工程区中重要值大的物种（李子、鬼针草、风轮菜）其生态位宽度也大，与其他物种的生态位相似性比例和生态位重叠值也大。与自然区相比，工程区的生态位相似性比例低（共 105 对，88 对分布在 0.0～0.4），说明工程区物种对环境资源利用的相似程度不高，种间竞争不强，其原因可能是工程区处于植被恢复初期，人为控制因素导致其趋向于独立占据一定资源，以形成局部生长优势。根据工程区生态位及相似性结果可知，李子、马桑、鬼针草、风轮菜为目前北川震后山体工程植被中生态位较相似的优势种，种间竞争较激烈。人工经济种——李子占据最大生态位，与自然区不协调。为增加木本植物的物种多样性与周边自然的协调性，建议工程区在后期维护过程中增植自然区木本优势植物，如柏树（*P. orientalis*）、润楠（*M. pingii*）、棕榈（*T. fortunei*）等。

6.4　汶川崩塌体的植被恢复评价

6.4.1　工程概况

　　汶川工程位于中国西南地区四川省汶川县绵虒镇和谐新村（原克约村）（北纬 31°19′，东经 103°28′）。坡体主要由震后坍塌体构成，距汶川绵虒镇大禹故里约 500m，坡度角约为 42°，土壤厚度约为 8.1cm，土壤为震后坍塌物，为土石混合物，工程于 2012 年 6 月完工，目前坡下部位仍有小面积砾石堆。坡地植被恢复工程面积为 1.27hm²。其属暖温带大陆半干旱季风气候区，年平均气温为 13.5℃，年平均降水量为 598.6mm。它位于岷江上游的干旱河谷，是一个多山的山谷，气候干燥，降水量少、蒸发量大、日照时间长、干旱趋势明显，光、热、水分布不均。

　　2008 年大地震后，汶川山体受到地震的严重破坏，造成大面积的滑坡、崩塌和泥石流等地质灾害，使大面积的植被遭到严重破坏，也造成了严重的水土流失。北川经日本治山技术实施后，国内学者学习了日本技术并应用于汶川坡面，主要工法有土袋阶梯、挡土袋和挡土墙等，其恢复状况是对日本技术学习后应用效果的检验。

6.4.2　植被物种评价

根据汶川样方物种统计(表 6-19)，共有植物 46 种，隶属于 22 科 42 属。其中木本植物有 22 种，草本植物有 24 种；工程区有植物 42 种，其中人工种 8 科 11 属 11 种，乡土种 13 科 30 属 31 种；3 个自然区调查样地有植物 12 种。两个调查区域相同的种为苎麻、构树、朴树、臭椿、小薹草、小蓝雪花、火棘、刺槐和黄连木。工程区的群落下坡主要由构树和刺槐构成，伴生种由胡枝子、核桃、鞍叶羊蹄甲、朴树、刺槐和圆锥山蚂蟥等构成。中上坡群落主要由高山松、刺槐和臭椿构成，伴生种主要由矮生嵩草、醉鱼草和淡黄香青等构成。自然群落主要由构树、朴树和黄连木构成，伴生种主要有火棘和刺槐。

表 6-19　汶川样方物种统计

物种编号	科	属	种名	拉丁名	物种编号	科	属	种名	拉丁名
1	苦木科	臭椿属	臭椿	*Ailanthus altissima*	15	禾木科	羊茅属	苇状羊茅	*Festuca arundinacea*
2	莎草科	嵩草属	矮生嵩草	*Kobresia humilis*	16	菊科	蒿属	艾	*Artemisia argyi*
3	豆科	刺槐属	刺槐	*R. pseudoacacia*	17	莎草科	嵩草属	四川嵩草	*Kobresia setchwanensis*
4	桑科	构属	构树	*B. papyrifera*	18	菊科	千里光属	千里光	*Senecio scandens*
5	马钱科	醉鱼草属	醉鱼草	*Buddleja lindleyana*	19	莎草科	薹草属	小薹草	*Carex parva*
6	松科	松属	高山松	*Pinus densata*	20	菊科	蒿属	蒙古蒿	*Artemisia mongolica*
7	榆科	朴属	朴树	*C. sinensis*	21	漆树科	黄栌属	黄栌	*Cotinus coggygria*
8	菊科	鬼针草属	鬼针草	*B. pilosa*	22	豆科	槐属	白刺花	*Sophora davidii*
9	菊科	香青属	淡黄香青	*Anaphalis flavescens*	23	豆科	山蚂蝗属	圆锥山蚂蝗	*Desmodium elegans*
10	禾本科	早熟禾属	早熟禾	*Poa annua*	24	毛茛科	铁线莲属	铁线莲	*Clematis florida*
11	禾本科	结缕草属	结缕草	*Zoysia japonica*	25	漆树科	黄连木属	黄连木	*Pistacia chinensis*
12	柏科	柏木属	柏树	*P. orientalis*	26	蔷薇科	蔷薇属	野蔷薇	*R. multiflora*
13	豆科	苜蓿属	紫苜蓿	*Medicago sativa*	27	豆科	羊蹄甲属	鞍叶羊蹄甲	*Bauhinia brachycarpa*
14	萝藦科	鹅绒藤属	鹅绒藤	*Cynanchum chinense*	28	大麻科	大麻属	青檀	*Pteroceltis tatarinowii*

续表

物种编号	科	属	种名	拉丁名	物种编号	科	属	种名	拉丁名
29	禾本科	白茅属	白茅	*Imperata cylindrica*	38	白花丹科	蓝雪花属	小蓝雪花	*Ceratostigma minus*
30	禾本科	雀稗属	双穗雀稗	*Paspalum distichum*	39	葡萄科	蛇葡萄属	蛇葡萄	*Ampelopsis glandulosa*
31	薯蓣科	薯蓣属	薯蓣	*D. opposita*	40	禾本科	蜈蚣草属	假俭草	*Eremochloa ophiuroides*
32	胡桃科	核桃属	核桃	*J. regia*	41	楝科	香椿属	香椿	*Toona sinensis*
33	蔷薇科	悬钩子属	山莓	*Rubus corchorifolius*	42	豆科	胡枝子属	胡枝子	*Lespedeza bicolor*
34	禾本科	荞麦属	荞麦	*Fagopyrum esculentum*	43	荨麻科	苎麻属	苎麻	*B. nivea*
35	豆科	黧豆属	常春油麻藤	*Mucuna sempervirens*	44	莎草科	嵩草属	嵩草	*Kobresia myosuroides*
36	蔷薇科	火棘属	火棘	*Pyracantha fortuneana*	45	莎草科	薹草属	秆叶薹草	*Carex insignis*
37	菊科	紫菀属	小舌紫菀	*Aster albescens*	46	芸香科	花椒属	花椒	*Z. bungeanum*

工程区与自然区物种组成与环境因子 CCA 分析如图 6-7 所示，工程区［图 6-7(a)］CCA 四轴的解释量分别为 22.9%、19.4%、13.7%、13.1%，累计解释了物种与栖息地因子关系信息的 69.1%。第 1 轴与 AP($r=0.9725$)、SOC($r=0.8089$)和 pH($r=-0.8323$)等显著强相关；第 2 轴与海拔($r=-0.7835$)和 TN($r=-0.7180$)显著强相关；第 3 轴与坡度($r=0.5538$)显著强相关；第 4 轴与 AK($r=0.5506$)、AN($r=0.5123$)显著强相关。

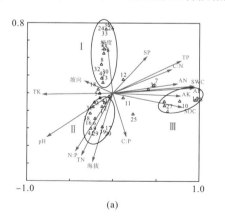
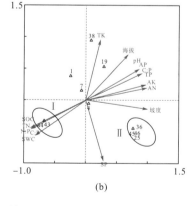

图 6-7　物种分布与环境因子关系：(a)汶川工程区；(b)自然区

注：缩略语见表 6-9，物种编号同表 6-19

工程区各环境因子的影响力依次为：AP＞SWC＞TP＞pH＞海拔＞TN＞N：P＞TK＞AN＞C：N＞SOC＞AK＞坡度＞C：P＞坡位＞坡向，根据排序图，工程区物种大致可分为 3 个类群，位于排序图第二象限的 I 类群，双穗雀稗(30)、核桃(32)、山莓(33)和紫苜蓿(13)等与坡度密切相关，分布在坡度较大的调查样地；II 类群物种包括艾(16)、小蓝雪花(38)、小舌紫菀(37)和苇状羊茅(15)等，与海拔、N：P 和 TN 关系紧密，分布在海拔、N：P、TN 较高的样地；III 类群中鹅绒藤(14)、青檀(28)和早熟禾(10)等分布在水分含量、有机质含量和 AP 较高的调查样地。

自然区[图 6-7(b)]CCA 前两轴的解释量分别为 58.7%、41.3%，前两轴累计解释了物种与栖息地因子关系信息的 100%。第 1 轴除与 TK 和 SP 相关性较弱外，与坡度($r = 0.9908$)、N：P($r = 0.9866$)等均显著强相关。第 2 轴与坡度($r = 0.9844$)、AK($r = 0.9664$)和 TP($r = 0.8990$)等显著强相关。

自然区几个环境因子对物种分布的影响均较大；根据排序图大致分为 2 个类群，I 类群苎麻(43)、嵩草(44)等的分布与 N：P、C：P 和 SWC 密切相关，分布在 N：P、C：P 和 SWC 较高的调查样地；II 类群包含火棘(36)和秆叶薹草(45)等，主要分布在坡度较高、向阳的调查样地。

6.4.3　汶川优势种生态位宽度

以物种重要值为分析指标来确定研究区域优势种的数量，自然区与工程区的物种差异较大，因此分别选取工程区、自然区排名前 15 的植物作为优势种植物，分别对样地内工程区、自然区 15 种优势植物进行生态位宽度的计算。汶川优势种的生态位宽度见表 6-20。

表 6-20　汶川工程区和自然区 15 种优势种植物的生态位宽度

物种编号	工程区		自然区	
	种名	生态位宽度	种名	生态位宽度
1	臭椿	0.73	苎麻	0.12
2	矮生嵩草	0.58	构树	0.12
3	刺槐	0.65	朴树	0.13
4	构树	0.29	臭椿	0.17
5	醉鱼草	0.40	矮生嵩草	0.19
6	高山松	0.43	小薹草	0.33
7	朴树	0.39	小蓝雪花	0.33
8	鬼针草	0.21	火棘	0.33
9	淡黄香青	0.33	刺槐	0.33

续表

物种编号	工程区		自然区	
	种名	生态位宽度	种名	生态位宽度
10	早熟禾	0.22	秆叶薹草	0.33
11	结缕草	0.22	黄连木	0.33
12	柏树	0.43	花椒	0.33
13	紫苜蓿	0.31	—	—
14	鹅绒藤	0.11	—	—
15	苇状羊茅	0.22	—	—

从表 6-20 可以看出,木本层的优势植物均为人工种,草本层的优势种全为自然种,其中臭椿、矮生嵩草和刺槐在群落中占据很大的优势;自然区仅记录到 12 种植物,分别是苎麻、构树、朴树、臭椿、矮生嵩草、小薹草、小蓝雪花、火棘、刺槐、苔草、黄连木、花椒;工程区与自然区共有优势种为矮生嵩草、朴树、构树、刺槐、臭椿。

对汶川样地内工程区和自然区 15 个优势种的生态位相似性比例进行计算后可以发现(表 6-21),汶川工程区生态位相似性比例大于 0.8 的有 0 对,0.7~0.8 有 1 对,0.6~0.7 有 5 对,0.5~0.6 有 9 对,0.4~0.5 有 13 对,0.3~0.4 有 20 对,0.2~0.3 有 17 对,0.1~0.2 有 6 对,0.0~0.1 有 34 对;汶川自然区 0.9~1.0 的有 7 对,0.8~0.9 有 2 对,0.7~0.8 有 3 对,0.6~0.7 有 2 对,0.5~0.6 有 8 对,0.4~0.5 有 9 对,0.3~0.4 有 2 对,0.2~0.3 有 11 对,0.1~0.2 有 0 对,0.0~0.1 有 22 对。汶川工程区大多数种对的生态位相似性比例较低,77 对在 0.0~0.4;汶川自然区的生态位相似性比例也较低,自然区物种较少。汶川工程区生态位相似性比例较大的种对依次是:高山松-淡黄香青、刺槐-醉鱼草、臭椿-高山松、鬼针草-紫苜蓿。汶川自然区生态位相似性比例较大的种对依次是:构树-朴树、苎麻-构树、小薹草-秆叶薹草、小蓝雪花-火棘。

表 6-21 汶川工程区和自然区 15 个优势种的生态位相似性比例

物种编号	1	2	3	4	5	6	7	8	9	10	11	12	13	14	15
1		0.573	0.618	0.224	0.499	0.662	0.312	0.354	0.462	0.082	0.302	0.355	0.082	0.400	0.400
2	0.848		0.549	0.255	0.473	0.387	0.329	0.295	0.201	0.263	0.411	0.613	0.334	0.000	0.186
3	0.727	0.861		0.391	0.689	0.405	0.534	0.391	0.297	0.000	0.188	0.535	0.442	0.000	0.239
4	0.747	0.595	0.494		0.357	0.265	0.511	0.000	0.269	0.215	0.000	0.202	0.000	0.215	0.000
5	0.590	0.572	0.494	0.791		0.379	0.423	0.261	0.256	0.000	0.264	0.466	0.388	0.000	0.379
6	0.253	0.405	0.506	0.000	0.000		0.000	0.158	0.731	0.000	0.000	0.000	0.224	0.000	0.570

物种编号	1	2	3	4	5	6	7	8	9	10	11	12	13	14	15
7	0.273	0.255	0.293	0.474	0.683	0.000		0.339	0.000	0.365	0.127	0.531	0.339	0.365	0.000
8	0.273	0.255	0.293	0.474	0.683	0.000	1.000		0.000	0.000	0.138	0.340	0.620	0.000	0.158
9	0.474	0.340	0.201	0.526	0.317	0.000	0.000	0.000		0.000	0.000	0.000	0.000	0.000	0.314
10	0.253	0.405	0.506	0.000	0.000	1.000	0.000	0.000	0.000		0.435	0.326	0.000	0.565	0.000
11	0.253	0.405	0.506	0.000	0.000	1.000	0.000	0.000	0.000	1.000		0.596	0.451	0.000	0.000
12	0.253	0.405	0.506	0.000	0.000	1.000	0.000	0.000	0.000	1.000	1.000		0.472	0.000	0.000
13														0.000	0.224
14															0.000

注：表中左下角为自然区 15 个优势植物种间的生态位相似性比例，右上角为工程区 15 个优势植物种间的生态位相似性比例，物种编号同表 6-20。

6.4.4 汶川物种多样性与土壤养分和地形因子关系

土壤因子与地形因子之间的相关性如表 6-22 所示。海拔和坡位因子与其他因子没有任何相关性；pH 与 SWC 显著强负相关(-0.737)，与 TK(0.730)显著强正相关。SWC 与 SOC(0.941)、TN(0.870)、AP(0.809)和 AK(0.808)强正相关，与 TK(-0.826)强负相关。SOC 与 TN(0.770)、AN(0.825)、AP(0.842)、TK(-0.723)和 AK(0.868)强相关。AN 与 TP(0.831)、AP(0.873)和 AK(0.875)强正相关。TP 与 AP(0.786)和 AK(0.713)强正相关。

表 6-22 汶川生境因子蒙特卡罗检验相关系数表

生境因子	SWC	pH	SOC	TN	AN	TP	AP	TK	AK	坡位	海拔
pH	-0.737**										
SOC	0.941**	-0.659*									
TN	0.870**	-0.644*	0.770**								
AN	0.697*	-0.382	0.825**	0.352							
TP	0.633*	-0.445	0.652*	0.267	0.831**						
AP	0.809**	-0.336	0.842**	0.509	0.873**	0.786**					
TK	-0.826**	0.730**	-0.723**	-0.663*	-0.462	-0.530	-0.676*				
AK	0.808**	-0.279	0.868**	0.612*	0.875**	0.713**	0.930**	-0.538*			
坡位	0.147	-0.237	0.186	-0.009	0.208	0.422	0.189	-0.319	0.185		
海拔	-0.258	0.551	-0.274	-0.080	-0.375	-0.412	-0.099	0.115	-0.124	-0.507	
坡度	-0.586*	0.554	-0.649*	-0.682*	-0.335	-0.186	-0.341	0.496	-0.379	0.224	-0.169

注：**表示 $P < 0.01$，相关性显著；*表示 $P < 0.05$，相关性显著。

图 6-8 显示了 RDA 结果排序，物种多样性和环境因子 RDA 等级图第 1 轴的特征值为 0.542，第 2 轴的特征值为0.359，物种多样性变异的前两轴累计解释率为 90.1%；与其他环境变量相比，坡度、TN 和 pH 对植被恢复多样性的影响较大。木本层多样性主要受坡度、pH、海拔和 TN 的影响，pH 对木本植物的影响最大。pH 对草本层多样性中 R(H)、D(H) 和 H(H) 的影响较大。

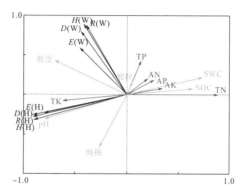

图 6-8　汶川植被物种多样性与土壤养分和地形因子关系的 RDA 结果排序图

注：土壤养分因子包括 pH、SOC、SWC、AK、AN、AP、TK、TN、TP，地形因子包括海拔、坡度、坡向；

缩略语见表 6-9

6.4.5　讨论

汶川调查样方共有植物 46 种，隶属于 22 科 42 属。工程区有植物 42 种，其中人工种 8 科 11 属 11 种，乡土种 13 科 30 属 31 种，人工种占工程区总种数的 26%，说明人工种的存活率不高；3 个自然区调查样地有植物 12 种，说明该气候条件下自然生长的植物较单一，具有独特的适应性。

环境因子是调控物种分布格局的主要因子之一[44]，工程区与自然区有 5 个共同优势种，说明工程区与自然区有一定的协调性。汶川工程区各因子的影响力依次为：AP＞SWC＞TP＞pH＞海拔＞TN＞N∶P＞TK＞AN＞C∶N＞SOC＞AK＞坡度＞C∶P＞坡位＞坡向，根据排序图，工程区 I 类群中双穗雀稗(30)、核桃(32)和紫苜蓿(13)等与坡度密切相关，能适应坡度较大的调查样地；II 类群中艾(16)、小蓝雪花(38)和苇状羊茅(15)等与海拔、N∶P 和 TN 关系紧密，适宜生长在海拔、N∶P、TN 较高的样地；III 类群中鹅绒藤(14)、青檀(28)和早熟禾(10)等对水分含量、有机质含量和 AP 的要求较高。在后期的维护过程中，可根据植物的生长喜好和土壤养分关系合理调整并搭配植物。

自然区 I、II 类群植物对土壤养分含量的要求较高。III 类群中火棘(36)和秆叶薹草(45)等适宜生长在坡度较高、向阳的位置。

与其他环境变量相比，TK、TN 和 pH 对植被恢复多样性的影响较大。木本层多样性主要受坡度、pH、海拔和 TN 的影响，其中 pH 对木本植物的影响最大，说明 pH 在汶川工程中是最主要且最重要的影响因素，在后期维护过程中可通过调控土壤 pH 来提高恢复效率。土壤 pH 对土壤养分含量具有指示作用，它对草本层多样性 R(H)、D(H) 和 H(H) 的影响较大，说明草本植物对 pH 更敏感，应着重考虑。在汶川的植被恢复中，土壤 pH 对其具有较大影响，汶川土壤的 pH 偏中性，pH 大于庆丰矿和北川，说明汶川的土壤养分条件最差，这可能与其气候条件有关。土壤缺乏植被和枯枝落叶覆盖，微生物活动弱，导致土壤含水量低[45,46]。汶川的 SWC 与 SOC (0.941) 强正相关，这可能是由于缺乏植被和枯枝落叶覆盖，土壤保持水土的能力较低，土壤含水量较低。

木本优势植物均为人工种，草本层的优势种全为自然种，其中臭椿、矮生嵩草和刺槐在群落中占据很大的优势，这说明人工种已在坡面上占据主导地位。自然区仅记录到 12 种植物，植物种类较少，这可能与当地的气候条件有关，自然原生物种较单一。汶川工程区大多数种对的生态位相似性比例较低，大多数在 0.0～0.4；汶川自然区的生态位相似性比例也较低，自然区物种较少；这说明工程区与自然区物种对环境资源利用的相似程度均不高，种间竞争不强。汶川工程区的生态位相似性比例较大的种对依次是：高山松-淡黄香青、刺槐-醉鱼草、臭椿-高山松、鬼针草-紫苜蓿，主要是人工种，原因可能是工程区处于植被恢复初期，一些物种独立占据一定资源，形成局部生长优势。根据工程区的生态位相似性结果，高山松、臭椿和刺槐为目前汶川震后山体工程植被中生态位较相似的优势种，种间竞争较激烈，也比较有优势，在该群落中能稳定存在，对外界影响具有一定的抵抗力。

6.5 植被修复工程效果的比较

将三个样地的植被工程恢复情况做对比分析，希望在不同生境条件、不同边坡破坏驱动因素而形成的不同地质环境基础上，根据不同的边坡生态恢复工程技术方法措施，确认植被恢复效果的控制因素，把握差异性、发现共性，进一步找出可能支撑边坡生态工程的规律，丰富边坡生态工程理论。样地的主要比较信息见表 6-23。

表 6-23 样地的主要条件

研究区域	恢复年限/a	土壤来源	工程区域面积/hm²	气候类型
庆丰矿	13	人工土壤	7.0	北亚热带南缘的季风海洋性气候
北川	7	震后滑坡体	2.03	北亚热带湿润季风气候
汶川	7	震后坍塌体	1.27	暖温带大陆半干旱季风气候

6.5.1　研究区的土壤养分含量

植被恢复受到较多因素的影响，尤其是在不同的气候条件下，其恢复速度和恢复效果存在差异。本书分别分析了三个样地的数量生态学特征后，希望从土壤养分的角度进行横向比较分析，进一步挖掘足以评价边坡土壤生态环境恢复情况的表征信息。

从总体上看，除自然区 pH 小于工程区外，自然区大部分的养分含量均高于工程区，三个样地自然区和工程区的养分含量存在较大差异（表 6-24）。三个样地工程区的 SWC 均存在显著差异，且低于自然区。

表 6-24　三个样地自然区和工程区土壤养分含量

土壤养分	工程区			自然区		
	庆丰矿	北川	汶川	庆丰矿	北川	汶川
SWC/%	13.07±0.86c	17±1.67b	4.2±0.89d	15.27±1.75b	24±0.88a	8.88±0.32c
pH	6.56±0.21b	6.97±0.00a	7.07±0.01a	6.19±0.26b	6.88±0.04ab	6.97±0.06ab
SOC/(g/kg)	50.82±1.82b	32.88±3.60c	32.58±4.84c	64.74±3.77a	41.3±5.95bc	66.43±0.60a
TN/(g/kg)	0.58±0.07d	0.77±0.10d	0.06±0.01e	1.83±0.01c	3.33±0.34a	2.56±0.11b
AN/(mg/kg)	145.92±12.77ab	61.32±11.89b	86.41±44.83b	206.26±7.16a	238.23±37.23a	192.03±31.33a
TP/(g/kg)	0.50±0.03b	0.47±0.02b	0.62±.06a	0.64±0.06ab	0.74±0.05a	0.73±0.01a
AP/(mg/kg)	17.48±1.66a	17.55±7.19a	4.22±0.97b	27.98±3.61a	13.96±0.84ab	8.29±1.76ab
TK/(g/kg)	19.28±0.37c	5.15±0.70d	31.09±1.13a	20.37±2.43b	19.06±3.34c	25.14±1.34b
AK/(mg/kg)	210.62±18.3ab	91.46±20.0b	84.68±23.22b	258.24±8.86a	126.71±23.52b	222.99±56.82ab
C∶N	109.12±18.26b	45.99±5.78b	667.48±176.45a	35.34±2.21b	12.91±2.72b	25.99±0.84b
C∶P	106.47±9.59a	68.05±4.99b	54.12±7.04b	102.26±6.85a	54.77±4.50b	90.93±2.94ab
N∶P	1.24±0.18d	1.644±0.18d	0.13±0.03e	2.93±0.36c	4.58±0.82a	3.51±0.23b

注：表中数据为平均值±标准误差（n=15、13、12，ANOVA，$P<0.05$）。

1. 同一研究区域的工程区与自然区比较分析

研究区庆丰矿、北川和汶川自然区和工程区的 SWC 差异显著。三个样地自然区大部分的土壤养分含量显著高于工程区。庆丰矿自然区的 SOC 和 TK 显著高于工程区。汶川工程区的 SOC（32.58）远小于自然区（66.43）；北川自然区的 TP 显著高于工程区。三个样地自然区的 TN 显著高于工程区。北川和汶川自然区的 AN 显著高于工程区。北川自然区的 TP 显著高于工程区。汶川工程区的 TK 和 C∶N 显著高于自然区。三个样地自然区的 N∶P 显著高于工程区。

2. 各研究区间的比较分析

（1）工程区：汶川和北川工程区的 pH 显著高于庆丰矿；庆丰矿和北川工程区的 SOC 和 AP 显著高于汶川；庆丰矿和北川工程区 TN、N∶P 和 C∶P 显著高于汶川；汶川工程区的 TP、C∶N 和 TK 显著高于北川和庆丰矿。

（2）自然区：庆丰矿自然区的 AK、AP 和 C∶P 显著高于汶川和北川；北川和汶川自然区的 TN 和 N∶P 显著高于庆丰矿；汶川和庆丰矿自然区的 SOC 和 TK 显著高于北川。

6.5.2　物种多样性分析

如表 6-25 所示，总体来说，庆丰矿和北川自然区大部分的多样性指数显著高于汶川自然区，庆丰矿和汶川工程区大部分的多样性指数显著高于北川工程区。庆丰矿和北川自然区的多样性高于工程区，汶川工程区的多样性高于自然区。

表 6-25　三个样地工程区和自然区的物种多样性平均值

多样性指数	工程区			自然区		
	庆丰矿	北川	汶川	庆丰矿	北川	汶川
Margalef 指数（木本）	1.29±0.13ab	0.74±0.16b	1.22±0.19ab	1.63±0.12a	1.82±0.20a	0.79±0.05b
Simpson 指数（木本）	1.29±0.11a	1.66±0.14a	1.61±0.10a	1.10±0.11a	1.49±0.58a	0.55±0.11b
Shannon-Wiener 指数（木本）	0.63±0.04a	0.34±0.10b	0.64±0.5a	0.73±0.04a	0.74±0.04a	0.49±0.08ab
Pielou 指数（木本）	0.71±0.02ab	0.77±0.02a	0.67±0.03b	0.71±0.03ab	0.68±0.07b	0.66±0.09b
Margalef 指数（草本）	1.32±0.11ab	0.63±0.14d	1.27±0.14b	1.55±0.10a	1.53±0.14a	0.94±0.13c
Simpson 指数（草本）	1.47±0.09ab	1.7±0.09a	1.30±0.07b	1.37±0.11ab	1.44±0.26ab	0.62±0.15c
Shannon-Wiener 指数（草本）	0.73±0.05a	0.48±0.08c	0.80±0.33a	0.82±0.08a	0.85±0.04a	0.68±0.09b
Pielou 指数（草本）	0.81±0.02ab	0.74±0.05b	0.87±0.04ab	0.89±0.03a	0.85±0.01ab	0.60±0.11b

注：表中数据为平均值±标准误差（n=15、13、12，ANOVA，$P<0.05$）。

1. 同一研究区域的工程区与自然区对比分析

（1）木本层：庆丰矿工程区与自然区的多样性无显著差异。北川自然区木本层的 Margalef 和 Shannon-Wiener 指数显著高于工程区；汶川工程区木本层的 Simpson 指数显著高于自然区；北川工程区木本层 Pielou 指数的差异显著高于自然区。

（2）草本层：北川自然区草本层的 Margalef 和 Shannon-Wiener 指数显著高于工程区；汶川工程区草本层的 Margalef、Shannon-Wiener 和 Simpson 指数差异显著高于自然区。

2. 不同研究区中工程区的对比分析

（1）木本层：汶川和庆丰矿工程区木本层的 Margalef 和 Shannon-Wiener 指数显著高于北川；北川工程区木本层的 Pielou 均匀度指数显著高于汶川。

（2）草本层：庆丰矿工程区草本层的 Margalef 丰富度指数显著高于北川和汶川；北川工程区草本层的 Simpson 指数显著高于汶川；汶川和庆丰矿工程区草本层的 Shannon-Wiener 指数显著高于北川。

3. 不同研究区中自然区的对比分析

（1）木本层：北川和庆丰矿自然区木本层的 Margalef、Simpson 和 Shannon-Wiener 指数显著高于汶川。

（2）草本层：北川和庆丰矿自然区草本层的 Margalef、Shannon-Wiener 和 Simpson 指数显著高于汶川；庆丰矿自然区草本层的 Pielou 均匀度指数显著高于汶川。

6.5.3　研究区排前 15 名的优势种重要值

重要值是计算和评估物种多样性的重要指标，以综合数值表示植物物种在群落中的相对重要性。植物物种的重要值受不同因素的影响（包括样地生境、治理措施、人为干预等）。如图 6-9 所示，物种的主导地位因三个不同地区而异。

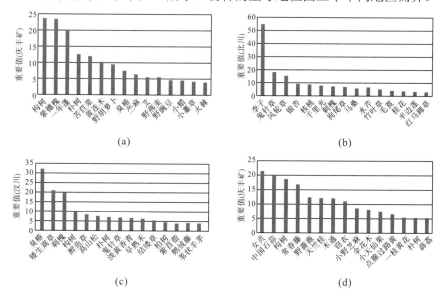

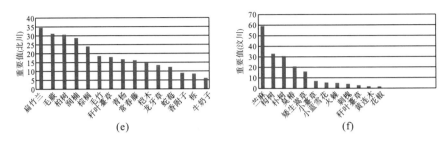

图 6-9　庆丰矿、北川和汶川工程区[(a)～(c)]及自然区[(d)～(f)]排名前 15 名优势种的重要值

工程区排名前 15 名的优势种中，构树(*B. papyrifera*)在庆丰矿工程区群落中的相对重要性最大，女贞(*L. lucidum*)在庆丰矿自然区群落中的相对重要性最大；在庆丰矿工程区和自然区有两种相同的优势种：构树(*B. papyrifera*)和朴树(*C. sinensis*)。李子(*P. cerasifera*)在北川工程区群落中的相对重要性最大，扁竹兰(*I. confusa*)是北川自然区中最优势的物种；北川工程区和自然区有两个共同的优势种。臭椿(*A. altissima*)在汶川工程区占主导地位，苎麻(*B. nivea*)在汶川自然区群落中的相对重要性最大，汶川自然区和工程区有 5 种相同的优势种：臭椿(*A. altissima*)、矮生嵩草(*K. humilis*)、刺槐(*R. pseudoacacia*)、构树(*B. papyrifera*)和朴树(*C. sinensis*)。自然区优势种重要值：北川＞庆丰矿＞汶川。工程区优势种重要值：庆丰矿＞北川＞汶川，汶川自然区的物种较少。

6.5.4　物种多样性与环境因子的 RDA 综合分析

同一环境状态下的各环境因子总是相互联系和相互影响的，为进一步探究其具体关系，将三个样地的各因子与物种多样性进行综合矩阵分析，以探究三个样地分别表现出的规律。

植被多样性与土壤和地形因子的 RDA 分析结果图第 1 轴的特征值为 0.377，第 2 轴的特征值为 0.157，物种多样性变异的前两轴累计解释率为 53.4%(图 6-10)；蒙特卡罗排列实验表明，植被恢复与受试环境因子有关($P < 0.05$)。图 6-10 RDA 排序显示，与其他环境变量相比，AN、TP、TK 和 SOC 对植被多样性的影响较大。木本层多样性受 TK、TP 和 AN 的影响较大，对 $D(W)$ 的影响最大。草本层多样性 $R(H)$、$D(H)$、$H(H)$ 和 $E(H)$ 主要受 AP 影响，也受到地形因子的一定影响。

土壤养分因子与地形因子之间的相关性如图 6-11 所示。坡位和坡向因子与土壤因子没有任何明显的相关性，海拔与 C：P(-0.6179)显著强负相关，与 N：P(0.6162)显著强正相关，与 TK(-0.6009)显著强负相关。SOC 与 AN(0.7558)、AK(0.7827)和 C：P(0.6623)显著强正相关。TN 与 N：P(0.9603)显著强正相关。AN 与 TP(0.6615)和 AK(0.6802)显著强正相关。

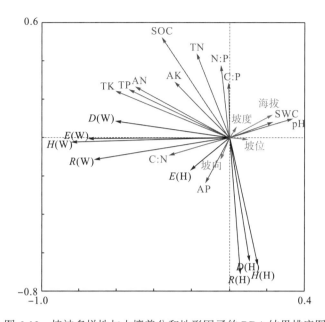

图 6-10 植被多样性与土壤养分和地形因子的 RDA 结果排序图

注：土壤养分因子包括 pH、SOC、SWC、AK、AN、AP、TK、TN、TP，地形因子包括海拔、坡度、坡向；

缩略语见表 6-9

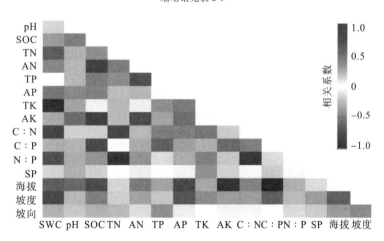

图 6-11 研究区影响因素的相关分析

注：缩略语见表 6-9

6.5.5 讨论

边坡受损后，其土壤养分含量发生了很大的变化。可通过改善有机碳含量和有效养分、人类活动等来减少对土壤退化和生物多样性丧失的影响[47]。陡峭岩质边坡上的土壤短缺是植被恢复失败的主要原因[48]，人工恢复土壤后，与天然坡地土壤相比，岩石坡面上的人工土壤质量较低[49]。从总体上看，三个样地自然区大部分的土壤养分含量显著高于工程区(表6-24)。汶川工程区的 TK 显著高于自然区，汶川工程区的 C∶N 显著高于自然区，这可能与后期的人为施工有关，具体原因不明，还有待深入研究和探讨。植物凋落物还可以通过促进土壤动物和微生物的活动来提高土壤肥力，植物和土壤之间的相互作用可以继续影响土壤质量。与天然植被土壤相比，切坡土壤的有机质要少得多[50]，这解释了三个样地工程区的 SWC 均存在显著差异且低于自然区的原因。三个样地自然区的 SWC 均有显著差异，原因可能是三个样地的气候均存在差异。在造林过程中，地上和地下生态系统同时发生变化，使土壤条件得到改善。土壤 pH 是影响植物多样性的重要因素[51,52]，之前有报道称碱性土壤环境不利于 SOC 储存，并且通常具有非常低的 SOC 水平[53]。pH 低有利于植物生存，这与书中结果一致。以往的研究表明，边坡人工土壤养分含量随坡度和恢复年限的增加而增加[54]，从总体的土壤养分来看，庆丰矿高于北川和汶川，且庆丰矿工程区的 pH 显著低于汶川和北川，汶川工程区的 SOC 显著低于庆丰矿和北川(表6-24)，原因可能是庆丰矿已经恢复了 13 年，随着恢复年限的增加，SOC 逐渐增加，而有机物的积累可使 pH 降低[55]。汶川自然区 SOC(66.43)最高，具体原因不明；汶川工程区的 SOC(32.58)和 TN(0.06)显著低于自然区(表 6-24)，原因可能是汶川工程区的砾石较多，使 SOC 和 TN 较低，C∶N 异常高。汶川工程区的 TN、TP、C∶P、N∶P 显著低于北川和庆丰矿；汶川工程区的 TP 显著高于庆丰矿和北川，NP 显著低于庆丰矿和北川，说明在汶川的气候条件下，工程区 P 的转化较弱，汶川土壤养分的恢复较差。客土喷播广泛用于边坡植被恢复，客土喷播中使用的人工土壤可以改善坡地的土壤条件和养分，有助于促进植物的生长和演替。庆丰矿使用了人工土壤，土壤条件较好，且恢复时间最长，庆丰矿工程区的 SOC、AK 和 C∶P 均显著高于北川和汶川。氮素积累依赖于大气氮沉降和豆科植物共生氮的固定[56,57]，自然区 TN：北川＞汶川＞庆丰矿，北川和庆丰矿工程区的 TN 显著高于汶川，原因可能是庆丰矿工程区的豆科植物在群落中的相对重要性最大(图6-10)。汶川(含工程区和自然区)部分土壤养分因子除外，自然区土壤养分含量高于工程区，原因可能是人工植被对土壤养分含量产生了作用，所以与工程区产生了差别。不同植物种类对土壤条件的影响通常需要很多年才能达到平衡，而土壤条件可能对植物具有相对快速的影响。庆丰矿工程区的养分含量与自然区的养分含量较接近，说明庆丰矿工程区经过13年的恢复，已经与自然区较接近。

　　在暖温带大陆半干旱季风气候的恢复工程区，可以考虑增加土壤微生物含量，以提高土壤养分的转化速度；也可通过降低土壤 pH 来提高 SOC，提高植被的恢复效率。

　　前人认为，植被恢复成功的部分原因可能与选择原生乔木和灌木物种、适应当地气候和土壤及那些不具有侵入风险的物种有关。汶川工程区和自然区有 5 种相同的优势种，在景观上与自然区最协调；庆丰矿有 2 种，具有一定的协调性；北川有 0 种(图6-9)。庆丰矿工程区的优势种为构树(B. papyrifera)和朴树(C. sinensis)，其适应性强、繁殖能力强、生长快、绿化效果好、空气净化效果明显，它们是城市园林绿化的理想树种，特别是矿区修复工程。但构树在群落中最具生长优势，有侵占整个坡面的危险，应对其进行适当管理。北川没有共同的优势种，表明工程区和自然区的异质性明显，原因可能是工程区后期转变为李子经济林。庆丰矿和汶川的优势种形成一个紧密的簇，北川形成高度分散的簇(图 6-9)。这说明北川优势种形成了独立的生长优势，植被生长不均衡，这与实际情况相符。因此，在植被恢复管理的过程中，应重视植被的均衡性，提高植被恢复的效率。

近年研究中，多使用 Margalef 丰富度指数、Shannon-Wiener 多样性指数和 Pielou 均匀度指数来表征边坡的物种多样性[58,59]。从三个工程区的植被多样性指数来看，它们都已得到一定的恢复。

北川工程区木本层的 Margalef 丰富度指数和 Shannon-Wiener 多样性指数显著低于汶川和庆丰矿；汶川自然区木本层的 Margalef 丰富度指数显著低于北川和庆丰矿，说明北川工程区的植被恢复较差，原因可能是种植经济林降低了北川的物种多样性。汶川自然区木本层和草本层的 4 个多样性指数均显著低于北川和庆丰矿，说明汶川在自然状态下的植被生长状态比北川和庆丰矿差，原因可能是汶川属于暖温带大陆半干旱季风气候，自然植被生长较差，物种种类较少。

汶川工程区木本层的 Simpson 指数显著高于自然区，说明汶川工程区有一定的植被恢复效果，这可能与坡面受损面积小、破坏力小、坡面原有植物部分留存有关，所以工程区与自然区共有优势种较多(图 6-9)。汶川工程区木本层的 Pielou 均匀度指数显著低于北川，原因可能是汶川坡面为滑坡体，坡面上部岩石滚落至坡面下部，部分区域被砾石覆盖，植被无法生长，而一些区域植物未被破坏，从而导致坡面植被分布不均匀。草本植物多样性与灌木和树木层的过度生长呈负相关[60]。植物多样性在草本层中最大，而在木本层中最低[61]，这与书中结果一致，木本层多样性高的样地草本层多样性低。

庆丰矿和北川木本层的多样性指数大于工程区，而汶川则小于工程区(表6-25)，说明人工恢复植被具有一定的效果，在当地气候条件下，原生植物种类较少，人工种的加入增加了工程区的植被多样性。北川自然样地木本层的各多样性指数与庆丰矿相当，汶川最低，这与汶川的当地气候有关，在干热的气候条件下，植被更难恢复。

庆丰矿和北川自然区草本层的物种多样性略小于工程区(表6-25)，汶川自然区草本层的多样性比工程区小得多，这是因为自然区木本层的覆盖度较高，草本物种较少。

汶川自然区木本层的 4 个多样性指数均显著低于北川和庆丰矿(表6-25)，原因可能是北川自然区属北亚热带湿润季风气候，其降雨充沛、气候温和、干湿分明、水热条件最好。庆丰矿工程区与自然区的多样性无显著差异，原因可能是恢复时间长达 13 年，物种多样性已与自然区接近，恢复效果显著。

汶川坡面还有大量碎石堆积，建议加强山体的稳固性，从而提高植被恢复效果。此外应尽量减少人工干预，尽量选择适应当地气候的原生物种。

Li 等[62]调查发现地形因素对客土喷播修复的岩质边坡植被恢复和人工土壤质量有显著影响。地形的变化对土壤的理化性质和土壤的水分特征有明显的影响[63]，这与本书结果一致，坡度与 SWC（-0.4202）负相关，SWC 可能会显著影响植被恢复。海拔与 C：P（-0.6179）强负相关，与 AK（-0.5352）负相关，这说明地形的变化确实会对土壤性质产生影响。坡度与海拔（0.5701）正相关，原因可能是下坡坡度较小，上坡坡度较大。

土壤中 C、N、P 是重要的驱动微生物组成的因素，它在土壤植物相互作用和陆地养分限制中起着至关重要的作用[64]。土壤中 C 和 N 之间存在显著的正相关关系[65]。本研究中，大多数土壤养分含量之间呈正相关关系，少数呈负相关关系［如 SWC 与 TK（-0.6009）强负相关、C：N 与 N：P（-0.5152）负相关等］，原因是 SWC 可能会显著影响植被恢复，工程区的土壤环境条件相对较差，工程区的 C：N（表6-24）远高于自然区，C：N 偏高不利于土壤微生物的活动，从而导致了土壤中一些养分含量偏低。因此，在恢复工程覆土时，应在土壤养分配比时注意调整 C：N 的值，尽量调控在微生物适宜活动的范围内。

Wang 等[66]认为土壤因子对植被恢复的影响高于地形因子。另有学者发现 AK 和 TN 对植被生长和发育具有显著影响[67]。前人研究发现，影响中国龙角山林区的植物多样性空间分布的主要因素是坡向和海拔，当海拔变化小于 300m 时，海拔对植被发育的影响不大[68]。本研究中，木本层多样性受 AK、AP 和 AN 的影响最大，草本层的多样性除受 AP 影响外，还受到地形因子的影响，该结果在一定程度上支持了前人的研究。本研究中，海拔因子对植被的影响很小，这可能是因为调查区域的海拔变化约为 100m，对于海拔变化较大的区域，应考虑地形因子的影响。

6.6 小 结

不同地理环境条件下，其物种差异显著，这类生态学的基本认知可在边坡植被恢复评价调查研究中予以确认，进而说明生态学的基本规律也是边坡生态恢复的理论基础。由于边坡生态恢复是一种特殊的人工干预情景，所以需要人为因素与自然过程相结合，其结果如何需要长期观测和深入认识。通过对边坡生态修复的调查研究认识到一些在边坡生境下出现的特殊现象与内在规律，初步总结如下。

（1）人工干预明显影响植被物种，形成工程物种和人为持续干扰物种，如人工种植经济林等。

（2）自然环境中的植被受各环境因子的影响力度各不相同，随着自然过程的长期演进，逐渐趋于稳定，此消彼长的动态平衡特点突出。与之相对，工程区受各环境因子的影响力度复杂，不同生境地带、不同恢复年限和不同形成背景条件下，植被多样性受不同环境因子的影响力度不同。例如，物种分布受土壤养分因子和地形因子影响的程度不同，有的物种分布主要受土壤养分的影响，有的主要受地形因子的影响。

（3）人工物种的导入对植被物种多样性的增加效果显著，在恢复的初期阶段（5～8年）工程区的物种多样性可能高于自然区，特别是在立地条件较差时容易出现。而植被土壤等条件较好的立地，经过大约13年的自然适应，自然区与工程区的物种多样性指数无显著差异，物种多样性已接近自然状态。

（4）重要值大的物种其生态位宽度也大，与其他物种的生态位相似性比例相比也较高，在未来群落的发展过程中较稳定。边坡植物群落中出现了个别物种占据主要生态位的现象（如构树、刺槐、胡枝子等），物种重要值大的有形成单一植物群落的趋势。

（5）自然区与工程区共有优势种多，工程恢复植被与周边自然边坡在景观上的协调性高。

（6）立地条件是植被恢复的重要限制因子，特别是基岩构成控制了植被的恢复过程。人工创面岩石边坡完全没有土壤条件，需要构建人工土壤；崩塌坡体堆积砾石层较厚，砾石层内部空隙大、土粒沉底，导致初期植物恢复难以迅速生根，影响其成活率和覆盖度，特别是制约了来自周边自然坡的多年生草本植物的进入，自然恢复力弱、物种少，形成斑秃。

（7）治山技术要与边坡植被恢复技术相结合，优势互补才能取得良好的效果。日本治山技术的特点是先治山后造林，这符合自然逻辑，且具有工法简单、易于操作、效率高等特点，还特别适宜当地居民参与，社会经济性突出。但是在像汶川这样的崩塌体边坡治理中，未能充分考虑砾石堆积边坡的特性，其土壤不足、养分水分条件都极差，没有改良土壤或重建土壤的基础，一味迁就低造价优势，结果优势反而变成了制约因素。

（8）边坡生态系统是一个活的系统，恢复效果的显现与系统自身的不断发展完善和自组织系统要素功能相联系，初期及发展阶段一般需要约20年，其间会经历的种间竞争均比自然区弱，生态位可供其他植物占有，这意味着在漫长的植被群落重建和演替过程中变化是长期存在的，不能根据一时的效果否定或肯定工程的最终定性，还需要看趋势，即其科学的发展趋势是正向演替还是逆向演替。

综上可进一步认识到边坡生态修复评价的意义与价值。①微生境、微立地的认识与把握决定了边坡生态工程的成效。自然地理环境因子对不同物种的影响差异巨大,已有的关于自然山体植被群落演替的认知不一定适用于工程边坡。例如,阴坡坡面的植被恢复比较容易进行,代价相对较小,可根据不同物种的适应性因地制宜地搭配种植植物,利用好坡面朝向,决定导入植物的方式,诱导自然恢复、播种、容器苗、栽植苗木,甚至重建经济林木。②物种多样性受人为干扰影响严重,人工物种优先占据了较易生存区,且牢牢地控制了生态位,不易被周边物种替代,对植被恢复演替路径起到了决定性的作用。人工导入物种选择既应是经济林木,又要兼顾周边森林的群落特征,合理配置生态位,即使是人工经济林也要尽可能地不与自然区产生违和感。同时不留生态位给外来物种(如一枝黄花等),减小侵入风险。边坡生态工程竣工养护期结束后的恢复期有可能出现较为单一的木本优势植物(如构树),此时应增加林业管护措施,考虑间伐和补植自然区木本优势植物[庆丰矿的情况补植柏树(*P. orientalis*)、润楠(*M. pingii*)、棕榈(*T. fortunei*)等],同时也可增强生态景观效果。③边坡生态恢复工程设计和后期管护的成效与对不同环境因子的影响力度、把握程度密切相关。例如,工程设计要细化,应考虑上坡、中坡和下坡,分别确定导入草本种子密度和控制钾肥,在一定程度上抑制草本植物生长,为木本植物提供充足的生态位,特别是工程前期,草本、木本种子混播尤为重要。钾肥施用要在了解坡面钾元素本底的前提下采用缓释肥。

　　植被恢复是一个漫长的过程,修复工程恢复时间较短,需进行长期监测,才能评估其修复效果。作者对边坡修复工程研究已有多年,有一定研究样地和时间序列上的积累,并对不同样地、不同生境条件和恢复措施进行了经验总结,包括对自然恢复、工程修复、人工造林、外来种引进等情况下生态恢复效果的差异性研究,以期为后续生态修复工程方案的选择提供理论支撑。但在评价研究时也仅是以点带面地得到了一些认知,还需要不断地积累和深入。生态恢复评价应建立生态恢复评估框架体系,包括参照系筛选标准和适用情况,明确指标系的筛选原则,建立生态恢复标准阈值,包括时间和不同恢复阶段的阈值,在进行边坡生态修复评价时,恢复效果评价只能与自然区对比,不同生境条件缺乏标准对比阈值,只有通过大量的比较分析才能上升到理论认知,这是一个长期研究积累的过程。我国地域广阔,生境多样,具体的样地情况也比较复杂,获取大样本量比较艰难,所以需要引入智能化的新方法、新技术,变困难为容易,使不可能成为可能。今后可以在大量样本的支持下,加强在技术框架流程、指标体系分类归纳、生态恢复标准阈值和生态恢复评价应用等方面的研究,为边坡生态恢复工程提供参数支持,进一步完善和发展评价方法,深入揭示边坡生态工程的内在规律,夯实理论基础,反映生态恢复评价结果对边坡生态系统的科学认知,为生态系统管理提供科学基础。

参 考 文 献

[1] 於方，周昊，许申来. 生态恢复的环境效应评价研究进展[J]. 生态环境学报，2009，18(1)：374-379.

[2] 杨兆平，高吉喜，周可新，等. 生态恢复评价的研究进展[J]. 生态学杂志，2013，32(9)：2494-2501.

[3] 许小娟. 舟山海岛矿山人工边坡植被生态恢复研究[D]. 成都：四川大学，2012.

[4] 董方帅，徐礼根. 岩质边坡植被重建后的生态评价指标体系构建[J]. 科技通报，2009，25(4)：503-509，514.

[5] 潘秀雅，陈文，邸利，等. 型框喷播技术与植生喷播技术优势对比研究[J]. 生态科学，2017，36(1)：177-184.

[6] Kim L H. Monitoring and modeling of pollutant mass in urban runoff：Washoff，buildup，and litter[D]. Los Angeles：University of California，2002.

[7] Trombulak S C，Frissell C A. Review of ecological effects of roads on terrestrial and aquatic communities[J]. Conservation Biology，2000，14(1)：18-30.

[8] 夏振尧. 向家坝水电站扰动边坡人工植被群落初期演替过程与稳定性研究[D]. 武汉：武汉大学，2010.

[9] 郭雪姣，艾应伟，王克秀，等. 不同年限铁路边坡人工土壤团聚体中碳氮磷分布特征[J]. 水土保持学报，2015，29(4)：207-211.

[10] 裴娟，艾应伟，刘浩，等. 坡面和坡向对遂渝铁路岩石边坡创面人工土壤植被恢复的影响[J]. 水土保持通报，2009，29(2)：197-201.

[11] 杨喜田，杨晓波，苏金乐，等. 黄土地区高速公路边坡植物侵入状况研究[J]. 水土保持学报，2001，15(6)：74-77.

[12] 刘春霞. 高速公路裸露坡面植被恢复机理的研究[D]. 北京：北京林业大学，2006.

[13] 王英宇，宋桂龙，韩烈保，等. 京承高速公路岩石边坡植被重建 3 年期群落特征分析[J]. 北京林业大学学报，2013，35(4)：74-80.

[14] 李松，王志泰. 基于群落演替原理的石质边坡植被建植技术研究[J]. 公路交通科技(应用技术版)，2016(11)：40-44.

[15] 杨阳. 皖西大别山区高速公路边坡人工植被恢复特征及其质量评价[D]. 北京：北京林业大学，2016.

[16] 朱凯华，潘树林，尹金珠，等. 舟山本岛岩质边坡植被恢复植物多样性及群落演替[J]. 北方园艺，2012(5)：108-112.

[17] 叶文涛. 红层边坡植物群落的长期稳定性研究[D]. 成都：西南交通大学，2012.

[18] 王志泰. 黔中岩溶地区高速公路石质边坡人工植被特征研究[D]. 兰州：甘肃农业大学，2012.

[19] 刘尧尧，辜彬，王丽. 北川震后植被恢复工程植物群落物种多样性及优势种生态位[J]. 生态学杂志，2019，38(2)：309-320.

[20] 胡兴，陈璋，李成俊，等. 植物护坡工程质量的等级评价研究[J]. 水土保持通报，2013，33(3)：180-185.

[21] 龙凤，李绍才，孙海龙，等. 岩石边坡生态护坡效果评价指标体系及应用[J]. 岩石力学与工程学报，2009，28(S1)：3095-3101.

[22] 贾致荣，张玮. 公路边坡植被恢复质量评价指标及方法研究[J]. 水土保持通报，2008，28(1)：115-118.

[23] 唐清山. 公路路域植被退化评价指标体系应用研究[D]. 西安：长安大学，2011.

[24] 王友生. 稀土开采对红壤生态系统的影响及其废弃地植被恢复机理研究[D]. 福州：福建农林大学，2016.

[25] 余海龙，顾卫. 高速公路边坡生态护坡效果定量评价研究[J]. 水土保持通报，2011，31(1)：203-206.

[26] 周云艳，陈建平. 植被护坡工程质量评价模型研究[J]. 湖北农业科学，2010，49(3)：762-765.

[27] 武帅楷，岳俊生，刘红，等. 库岸带植物群落生态特征与植被生态恢复设计研究：以重庆市开州区鲤鱼塘水库为例[J]. 三峡生态环境监测，2017，2(2)：61-69.

[28] 白晓航，张金屯，曹科，等. 小五台山亚高山草甸的群落特征及物种多样性[J]. 草业科学，2016，33(12)：2533-2543.

[29] 简尊吉，马凡强，郭泉水，等. 三峡水库峡谷地貌区消落带优势植物种群生态位[J]. 生态学杂志，2017，36(2)：328-334.

[30] 孙丽文，史常青，赵廷宁，等. 汶川地震滑坡治理区植被恢复效果研究[J]. 中国水土保持科学，2015，13(5)：86-92.

[31] 张金屯. 数量生态学[M]. 2版. 北京：科学出版社，2011.

[32] Virtanen R，Luoto M，Rämä T，et al. Recent vegetation changes at the high-latitude tree line ecotone are controlled by geomorphological disturbance，productivity and diversity[J]. Global Ecology and Biogeography，2010，19(6)：810-821.

[33] Belkhiri L，Narany T S. Using multivariate statistical analysis，geostatistical techniques and structural equation modeling to identify spatial variability of groundwater quality[J]. Water Resources Management，2015，29(6)：2073-2089.

[34] Liu J G，Ashton P S. Simulating effects of landscape context and timber harvest on tree species diversity[J]. Ecological Applications，1999，9(1)：186-201.

[35] Liu S，Ma K，Fu B，et al. The relationship between landform，soil characteristics and plant community structure in the Donglingshan Mountain region，Beijing[J]. Chinese Journal of Plant Ecology，2003，27(4)：496-502.

[36] 张昌顺，谢高地，包维楷，等. 地形对澜沧江源区高寒草甸植物丰富度及其分布格局的影响[J]. 生态学杂志，2012，31(11)：2767-2774.

[37] 梁超，赵廷宁，史常青，等. 基于NDVI的汶川大地震前后北川县次生地质灾害区植被破坏评估[J]. 中国水土保持科学，2013，11(4)：86-92.

[38] 金艳强，李敬，刘运通，等. 围封对元江稀树灌草丛林下植被物种组成及生物量分配的影响[J]. 生态学杂志，2017，36(2)：343-348.

[39] 曹梦，潘萍，欧阳勋志，等. 飞播马尾松林林下植被组成、多样性及其与环境因子的关系[J]. 生态学杂志，2018，37(1)：1-8.

[40] Mohammadi M F，Jalali S G，Kooch Y，et al. The influence of landform on the understory plant community in a temperate Beech forest in northern Iran[J]. Ecological Research，2015，30(2)：385-394.

[41] León C A，Martínez G O，Gaxiola A. Environmental controls of cryptogam composition and diversity in anthropogenic and natural peatland ecosystems of Chilean Patagonia[J]. Ecosystems，2018，21(2)：203-215.

[42] 欧芷阳，苏志尧，袁铁象，等. 土壤肥力及地形因子对桂西南喀斯特山地木本植物群落的影响[J]. 生态学报，2014，34(13)：3672-3681.

[43] 张德魁，王继和，马全林，等. 古浪县北部荒漠植被主要植物种的生态位特征[J]. 生态学杂志，2007，
     26(4)：471-475.

[44] Sattler T，Borcard D，Arlettaz R，et al. Spider，bee，and bird communities in cities are shaped by environmental
     control and high stochasticity[J]. Ecology，2010，91(11)：3343-3353.

[45] Ren C J，Sun P S，Kang D，et al. Responsiveness of soil nitrogen fractions and bacterial communities to
     afforestation in the Loess Hilly Region (LHR) of China[J]. Scientific Reports，2016，6：28469.

[46] Ren C J，Zhao F Z，Kang D，et al. Linkages of C：N：P stoichiometry and bacterial community in soil following
     afforestation of former farmland[J]. Forest Ecology and Management，2016，376：59-66.

[47] Ilunga E I W，Mahy G，Piqueray J，et al. Plant functional traits as a promising tool for the ecological restoration
     of degraded tropical metal-rich habitats and revegetation of metal-rich bare soils：A case study in copper vegetation
     of Katanga，DRC[J]. Ecological Engineering，2015，82：214-221.

[48] Bochet E，García-Fayos P. Factors controlling vegetation establishment and water erosion on motorway slopes in
     Valencia，Spain [J]. Restoration Ecology，2004，12(2)：166-174.

[49] Fu D Q，Yang H，Wang L，et al. Vegetation and soil nutrient restoration of cut slopes using outside soil spray
     seeding in the plateau region of southwestern China[J]. Journal of Environmental Management，2018，228：47-54.

[50] Claassen V P，Zasoski R J. A comparison of plant available nutrients on decomposed granite cut slopes and adjacent
     natural soils[J]. Land Degradation & Development，1998，9(1)：35-46.

[51] Roem W J，Berendse F. Soil acidity and nutrient supply ratio as possible factors determining changes in plant
     species diversity in grassland and heathland communities[J]. Biological Conservation，2000，92(2)：151-161.

[52] Ma M J，Baskin C C，Yu K L，et al. Wetland drying indirectly influences plant community and seed bank
     diversity through soil pH[J]. Ecological Indicators，2017，80：186-195.

[53] Tavakkoli E，Rengasamy P，Smith E，et al. The effect of cation-anion interactions on soil pH and solubility of
     organic carbon[J]. European Journal of Soil Science，2015，66(6)：1054-1062.

[54] Huang J，Wu P，Zhao X. Impact of slope biological regulated measures on soil water infiltration[J]. Transactions of
     the Chinese Society of Agricultural Engineering，2010，26(10)：29-37.

[55] Šourková M，Frouz J，Šantrůčková H. Accumulation of carbon，nitrogen and phosphorus during soil formation on
     alder spoil heaps after brown-coal mining，near Sokolov (Czech Republic)[J]. Geoderma，2005，124(1/2)：203-214.

[56] Knops J M H，Tilman D. Dynamics of soil nitrogen and carbon accumulation for 61 years after agricultural
     abandonment[J]. Ecology，2000，81(1)：88-98.

[57] Frouz J，Vobořilová V，Janoušová I，et al. Spontaneous establishment of late successional tree species English oak
     (Quercus robur) and European beech (Fagus sylvatica) at reclaimed alder plantation and unreclaimed post mining
     sites[J]. Ecological Engineering，2015，77：1-8.

[58] 尤业明，徐佳玉，蔡道雄，等. 广西凭祥不同年龄红椎林林下植物物种多样性及其环境解释[J]. 生态学报，
     2016，36(1)：164-172.

[59] 武文娟，辜彬. 震后边坡植被多样性与土壤特性的相关性研究[J]. 四川大学学报(自然科学版)，2016，
     53(6)：1415-1422.

[60] Gautam M K，Manhas R K，Tripathi A K. Overstory structure and soil nutrients effect on plant diversity in unmanaged moist tropical forest[J]. Acta Oecologica，2016，75：43-53.

[61] Foroughbakhch R，Alvarado-Vázquez M A，Carrillo-Parra A，et al. Floristic diversity of a shrubland in northeastern Mexico[J]. Phyton-international Journal of Experimental Botany，2013，82：175-184.

[62] Li R R，Zhang W J，Yang S Q，et al. Topographic aspect affects the vegetation restoration and artificial soil quality of rock-cut slopes restored by external-soil spray seeding[J]. Scientific Reports，2018，8(1)：12109.

[63] Dessalegn D，Beyene S，Ram N，et al. Effects of topography and land use on soil characteristics along the toposequence of Ele watershed in southern Ethiopia[J]. CATENA，2014，115：47-54.

[64] Zhou Z H，Wang C K，Jiang L F，et al. Trends in soil microbial communities during secondary succession[J]. Soil Biology and Biochemistry，2017，115：92-99.

[65] Zhao Q Q，Bai J H，Zhang G L，et al. Effects of water and salinity regulation measures on soil carbon sequestration in coastal wetlands of the Yellow River Delta[J]. Geoderma，2018，319：219-229.

[66] Wang J M，Wang H D，Cao Y G，et al. Effects of soil and topographic factors on vegetation restoration in opencast coal mine dumps located in a loess area[J]. Scientific Reports，2016，6：22058.

[67] Wang Z J，Jiao J Y，Rayburg S，et al. Soil erosion resistance of "Grain for Green" vegetation types under extreme rainfall conditions on the Loess Plateau，China[J]. CATENA，2016，141：109-116.

[68] 王应刚，朱宇恩，张秋华，等. 龙角山林区维管植物物种多样性[J]. 生态学杂志，2006，25(12)：1490-1494.

第7章 无人机在边坡生态恢复中的应用

边坡生态工程的智能化和智慧化是融入现代技术发展浪潮的必然之路，智能化是现代技术发展的新格局，边坡生态工程领域涉及多学科和广泛的技术集成，智能化的尝试可能带来对边坡生态恢复的革命性认知。边坡生态工程与信息技术(大数据、云计算、GIS 等)、重复观测技术(卫星遥感、无人机调查等)及模式识别等技术关系紧密，一旦设定专业认知和判别规则，便能实现生态工程的智能化。

卫星重复观测技术在生态领域的应用普遍而深入，甚至推动了景观生态学突飞猛进的发展，促进了生态规划和景观管理。目前无人机技术突飞猛进的发展给各行各业带来了新的希望和变革，生态领域也不例外。边坡生态工程学中，无人机技术在工程对象调查、植物分类、立地条件判别、工程监理、管理和监测等方面都有广泛的应用前景。边坡工程条件恶劣，调查人员无法近距离观测规模巨大而险峻的坡面，因此第一手资料不完整或不详细，达不到工程调查比例尺要求的精度，给设计和施工带来了困难，影响了生态恢复效果。鉴于此，本书从边坡植物分类和立地条件分类两个方面对无人机的应用性能进行重点探索。

无人机普及前，借助遥感技术和智能化数据处理技术的新型集成网络监测方法，能有效地拓展生态监测的实用性，无论是监测数据的细化还是监测能效的提升，这使得长时间、大范围的生态恢复监测成为可能。然而目前的发展已遇到精度和时效等瓶颈问题，虽然众多研究者已对其进行了艰难探索，但效果不佳。无人机生态遥感技术不同于传统生态领域的遥感技术，是否可行还需要试验探索，加之边坡地形复杂会影响无人机的飞行方式和数据质量与信息的挖掘，边坡植物层次丰富，高低搭配，这也使得其对植物的分类具有一定难度，目前还没有相对成形的在边坡条件下使用无人机调查植物物种的研究报道，因此无现成的研究方法可借鉴。

现有的无人机植物物种分类研究基本是在地势平坦、没有明显起伏的地区进行，且分类对象较为简单。不管是从地形还是群落结构的角度观察边坡，都与现存研究对象有很大不同。我国地质环境丰富，但自然灾害频繁，经常遭遇地震灾害或自然滑坡，加之采矿或施工建设等活动也会破坏自然植物，所以形成了许多裸露的边坡，对边坡的修复也成为常态高频的需求，并且边坡修复的效果需要通过边坡调查评价来评估。但是目前在边坡条件下无人机调查植物物种的研究尚未有报道，因此本书对用于平地无人机遥感分类的方法做了创新尝试，以促进无人机在边坡植被调查中的应用。

7.1 边坡无人机遥感植物分类

"3S"技术的发展促进了多个学科领域的革命发展，是研究全球变化的重要手段，也促进了景观生态学研究和保护区建设等生态环保领域的发展与提升，其特征就是大尺度和多时效。由于像元尺度的局限无法获得高精度数字高程，所以卫星遥感影像植物分类最多可达到群丛程度，对植物群落分类困难，对物种分类几乎不可能。无人机的出现给小尺度生态调查，特别是植物识别带来了新的可能，成为多个学科领域的研究热点。边坡生态工程调查地物分类是基础工作，借助无人机调查植物后进行进一步分类是一个前沿的研究课题。

7.1.1 无人机遥感植物分类概述

国内外学者尝试使用多光谱影像联合已分类的 LiDAR(激光雷达)点云或归一化数字表面模型(nDSM，或称数字高度模型 DHM)对植物进行分类。2017 年至今，国外已有将植物分类到属或种的研究。Nevalainen 等[1]利用三维重建得到的点云和高光谱图像拼接技术研究了北方森林的单株树木检测和物种分类，准确率达 40%～95%。Tuominen 等[2]使用经过三维重建校正的高光谱影像和经过三维重建得到的点云对芬兰科沃拉市植物园乔木的属和种进行分类，属的分类精度达 86.7%，种的分类精度达 82.3%。Lu 和 He[3]使用红、绿、蓝、近红外 4 种波段对加拿大安大略省的高茎草草地进行植物分类，并持续观测群落变化，总体精度达 85%。Sankey 等[4]使用高光谱无人机影像和 LiDAR 点云数据对美国西部半干旱的林地乔木进行分类，精度达 84%～89%。Bork 和 Su[5]研究比较了 LiDAR 数据、三波段的多光谱数据和与多光谱信息相结合的 LiDAR 数据的适用性，并使用它们对加拿大西部阿斯彭公园的空间复杂植被进行分类，其中包括对一般植被类别进行分类，限于落叶林、灌木丛和草地的三个主要地层和八个详细的植被类别，包括高地混合草原和羊茅草原、封闭和半开放的白杨森林、西部雪莓和银莓灌木丛、新鲜和盐水河岸(低地)草甸。根据 LiDAR 数据开发的数字高程模型(DEM)和表面高程模型(SEM)并结合整个景观中社区定位的地形和生物偏差，使用多光谱数据分别测试原始数字图像拼接、混合彩色合成和强度色调饱和度(IHS)图像，最终的植被分类是通过整合来自数字图像和 LiDAR 数据的信息来完成的。Feng 等[6]借助无人机遥感用随机森林(random forest)和纹理分析进行城市植被的制图研究。Holmgren 等[7]通过将高分辨率 LiDAR 数据与多光谱图像相结合，对树木物种进行识别。Husson 等[8]结合光谱数据无人机系统图像数据和数字表面模型(DSM)，用以改进对非沉水水生植被的分类。Lisein 等[9]从无人机系统(UAS)图像的时间序列中判别落叶树种，他们收集了高分辨率 UAS 图像的时间序列，确定何时是实现物种歧视的最佳时间窗口，他们认为基于 UAS 采集的时间分辨率是小型无人机最有前景的特征之一。Michez 等[10]使用来自无人机系统的多时间和超空间图像对利比里亚的森林物种和其健康状况进行分类。Sankey 等[11]将点云数据与 SPOT 5 多光谱数据相结合的方法用于山地植被分类。

国内外无人机影像分类与识别针对的对象主要有地质灾害(如山体滑坡)、建筑物、水体、植物、动物，研究内容主要是通过对分类器的校正和改进以提高分类的精度，或者是增加光谱数量和提高数据的维度，以增加对象的辨识度。以植物为对象的无人机影像分类研究主要集中在：①利用以多光谱为基础的植被指数作为分类的基础，这种分类方法的精度能达到属的级别，也有以这种方法进行种的分类的实验，但精度还有待验证；②利用多光谱、高光谱传感器结合点云或 LiDAR 进行林冠层尺度的树种分类，这种方法的精度高达 80% 以上。

遥感根据高度和适用场景可主要分为三类[12]，即卫星遥感、航天遥感(有人机遥感)、近地面遥感(无人机遥感)。卫星遥感、航天遥感和无人机遥感在时效性、时空分辨率、飞行高度、机动性、机场基础设施需求、飞行人员技能要求、体型及成本等维度的对比结果如表 7-1 所示。

表 7-1　三种类型遥感的多维对比

特点	无人机遥感	航天遥感	卫星遥感
时效性	高	中	低，固定重访周期长
时空分辨率	高	不高	低
飞行高度	低空云下	受云雾遮挡	离地几百公里，经常受云雾遮挡
机动性	优	差	最差
机场基础设施需求	不需要	需要	需要
飞行人员技能要求	不高	高	高
体型	小	大	大
便携灵活性	好	差	差
成本	低	较高	高

无人机遥感技术的快速发展为遥感领域注入了新鲜血液，与传统的遥感技术和平台相比，无人机遥感具有费用低廉、分辨率高、时效性好、不受遮挡、云层下成像和移动性能强等显著优势[13](表 7-2)。这些优点使无人机遥感成为遥感领域的重要分支，在生态监测、物种解析、灾害防控等领域应用广泛，这也为本研究奠定了坚实的技术基础。

表 7-2   无人机遥感的应用优势

优势	具体描述
高分辨率	具有近距离获取超级高分辨率地面影像的能力，精度甚至可达厘米级别，能极大程度地提升图像分辨率
高时效性	采集信息快速，甚至可以实现信息的实时传输，使得整个信息采集分析过程能压缩在以天为单位的周期内完成，部分小型需求甚至可压缩至当天完成
云层下成像	无人机的飞行领域属于云下低空飞行，主要对标物是航空遥感，可有效缓解卫星因天气或受云层遮挡无法准确获取甚至不能获取图像的困境
移动性能强	无人机平台的体积小、重量轻，计重单位降至千克，便于移动运输，普通家用汽车均可满足运输需求
费用成本低	无人机对飞行场地的要求特别低甚至可以说无专业要求，不需要专业的机场基础设施，对操作人员的专业要求也不高，在使用成本上较为低廉，易于普及

7.1.2　无人机与边坡植物分类

边坡生态工程包括规划设计、工程施工、工程监理、工程验收、工程管理和工程研究六个主要环节，其中工程监理、工程验收、工程管理和工程研究四个环节的开展都需要聚焦植物的空间分布，无论是工程监理中的工序和质量，还是工程验收中的稳定性评估，再到工程管理中的养护、补植、间伐和长势管理，抑或工程研究中的群落空间格局、生物多样性演替、生态评价等，都需要以动态高频的植物空间分布数据作为基础。而在植物空间分布的监测中最重要的一个数据维度则是植物分类。

从现实的实用性角度来考虑，潘树林等[14]在岩石边坡生态恢复工程质量监理的研究中，提出施工阶段和完工验收阶段的要点是一切让数据说话，无论是事前控制角度的问题定位，还是事后的验收评估，生态数据的获取都至关重要。周京[15]在研究和评价大连石灰石矿的矿坑边坡生态修复效果时，将植被覆盖度、物种多样性和群落稳定性作为评估生态修复效果的重要维度。杨劲瑕等[16]从生态恢复植被的基础聚焦露天开采矿山的自然生态环境重建工程技术，重点描述基于生态思想的水土保持与生物多样性的协调、人工土壤-重建基础和重视露采矿山生态环境调查相结合的植被重建方法。陈影等[17]认为废弃矿山边坡生态修复的最终目的是建立稳定的植物群落，以太行山北段白云岩矿山为例，在对目标植物群落类型进行归纳分类的基础上总结了生态修复的设计原则。

目前这些边坡植物分类均以地面调查方法为主，耗时费力，成本较高。无人机遥感以其轻便快捷的优势，或可成为边坡生物多样性调查的重要方法。然而由于边坡环境复杂，可能影响无人机的飞行方式，因此不易获取清晰的影像，加之边坡群落的结构复杂，所以以无人机遥感作为获取边坡生态数据方法的研究并不多。故本书探讨了将无人机应用于边坡遥感分类和生态数据提取的方法。

无人机的出现给小尺度生态调查，特别是为植物识别带来了新的可能。现有的关于无人机植物物种分类的研究基本是在地势平坦、没有明显起伏的地区进行的，且分类对象基本是群落组成单一的草地或乔木等。边坡环境不论是从地形还是群落结构的角度而言，都与已有研究对象有很大的不同。边坡环境使植物分布复杂，地形会影响无人机的飞行方式、信息挖掘和数据质量。

边坡地形起伏大，坡度高陡，坡面顺直度低，微地形较多，故拟合数字地形模型（DTM）困难，需要较高密度的地面高程点插值才能得到与真实地形接近的DTM。边坡植被群落是人工群落，物种数量较多，且种间距离近，乔木较少，灌草混搭较多，相比自然植物群落，对边坡植物物种进行分类更加困难。下面基于 nDSM 和正射影像分类原理，试验边坡无人机植被调查的飞行模式，尝试进行植物分类并讨论分类精度。

7.1.3　边坡环境下无人机遥感植被分类的方案设计

1. 器材准备与样地设置

对研究区域的调查并研究相应器材对于试验的开展至关重要，研究飞行路线与图像分类需要地面调查的基础数据作为支撑，设置北川和汶川两个样地（表 7-3 和表 7-4，样地概括同第 6 章），并为无人机飞行安全做了充分调查与考虑。同时基于试验扩展性和可用性的考虑，确定相对适宜的分析软件，目前市面上现成的无人机可扩展性较差，费用极为高昂，无法支撑对多种研究方法的尝试，所以最终选择自组器材，这为研究奠定了良好基础。

表 7-3　北川样地的试验设置

分类	飞行方法	分类	数据处理(变量)
实验一	定高均分间隔采样	自然山地	nDSM + 正射影像
	定高均分间隔采样	人工边坡	nDSM + 正射影像
对照实验	定高均分间隔采样	自然山地	正射影像
	定高均分间隔采样	人工边坡	正射影像

表 7-4　汶川样地的试验设置

分类	飞行方法(变量)	分类	数据处理
实验二	沿等高线飞行	自然山地	正射影像
	沿等高线飞行	人工边坡	正射影像
对照实验	定高均分间隔采样	自然山地	正射影像
	定高均分间隔采样	人工边坡	正射影像

2. 北川自然样地

北川植被垂直分带的土壤类型和植被类型分布见表 7-5，北川自然样地坡高为
75m，坡长为150m，坡比为1：2，将在设计沿等高线飞行实验中使用坡比数据。

表 7-5   北川植被垂直分带的土壤类型和植物类型分布

垂直分层(由上至下)	植被类型	土壤类型
第一层	高山草甸	高山草甸土
第二层	亚高山灌丛草甸	亚高山草甸土
第三层	针阔叶混交林	暗棕壤
	常绿落叶混交林	黄棕壤
	常绿阔叶林	黄壤

在选择研究区域时，主要从样本典型性、样本科学性、样本代表性、研究可
行性、研究安全性和研究现实性等维度做了考量。

(1)样本典型性："5•12"汶川地震震损崩塌体边坡和滑坡体边坡位于不同
的自然生态环境区域，引进日本治山技术进行植被恢复，现已经过了五年时间，
植被恢复情况具有差异性。

(2)样本科学性：在选择两个人工修复边坡的同时，选择了两个自然样地作
为对比样本，增加对照实验结果，从而增加实验结果的可信度，使数据更具有说
服力。

(3)样本代表性：两地生境具有差异，治山技术下植被恢复受到立地条件的
制约而呈现差异分布，从植物丰茂到乱石裸露，其种类繁多，因此可以代表边坡
植被恢复不同阶段的样态，满足调查研究的需要，同时自然山地和人工修复边坡
的环境相对复杂，可满足性能构设的基础条件。

(4)研究可行性：充分考察当地的地形特征，距离主干线相对较近，交通便
利，两个采样地点均不在航空管制区域内，允许无人机飞行进行数据采集，同时
也有相对可靠的样地能支撑完成地面调查，这为植物遥感分类奠定了基础。

(5)研究安全性：无人机的最大航迹长度受无人机动力系统的限制，地形的
变化会使无人机在采样过程中增加爬升和下滑负荷，极易造成安全事故。在飞行
前，提前实地探查当地情况、避开障碍物，选择升落场地，并且根据采样重叠
度、分辨率等要求规划无人机航线。经研究分析，发现四个样地旁均无大型建筑
物或高植株，能有效避免过高植株遮挡无人机的航线，避免造成飞行事故(第一
次飞行时，因为没能充分考虑地形对无人机飞行的影响，飞丢了一架无人机)。

(6)研究现实性：在气候维度充分研究了当地的气候特征，避开湿润多雨的
季节，选择相对干爽无风的初冬季节完成飞行实验，获得了相对有效的数据。

3. 实验流程

实验开展的主要流程详见图 7-1，主要分为三步进行。

第一步：无人机制造与样地调查，包括自组无人机、确定样地、地面调查及近地影像获取。

第二步：根据样地设定两组完全独立的实验，主要包括无人机遥感影像不同采样方法的实现及 nDSM 加工方法。

汶川样地，探究使用沿等高线飞行方式采样对植物分类结果的影响。

北川样地，探究边坡条件下加入 nDSM 对植物分类结果的影响。

第三步：植物遥感分类，主要包括构建分类模型并检验模型的精度，最终应用于无人机遥感影像分类。

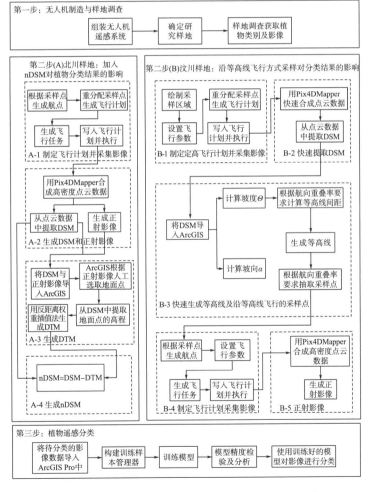

图 7-1　基于边坡环境的无人机遥感研究方案论证路线图

4. 自组四旋翼无人机系统

因为飞行区域属于边坡，其地形复杂，对设备性能的要求较高，故采用自组无人机以满足试验需求。

无人机系统主要由机架、传感器模块、自动驾驶仪组成。选用的机架为四旋翼碳纤维机架，其具有高强度、低密度、高性价比的特性。传感器模块包含图像摄影单元和定位导航单元。图像摄影单元由两部分组成：三轴摄像机云台，用于削弱图像位移模糊；一部飞萤 8S 运动摄像机，该摄像机的 CMOS（互补金属氧化物半导体）图像传感器采用 Sony IMX117，它具有非常好的宽动态范围成像效果，可以将图片中的阴影部分拍摄得很清楚，摄像头的具体参数如图 7-2 所示，其中第 6 点视场角（field of view，FOV）参数将用于沿等高线飞行中的等高距测算。定位导航单元采用双 GPS 的方式，可以采集双份坐标信息做参考，同时也能避免飞行任务的执行过程中因单个 GPS 故障导致时空计算错误带来的设备损失。自动驾驶仪硬件系统采用 Pixhawk 2.4.8，软件系统为 Autopilot，该组合的优势包括集成多线程操作系统的运行环境（指令响应速度更灵敏且执行任务更可靠），类 Unix 编程环境（方便程序扩展），更加人性化的自动驾驶功能（可通过可视化人机交互界面制定飞行任务，也可通过程序接口导入飞行计划），如复杂的任务脚本和飞行行为[18]。组成无人机的总质量大约为 2.5kg。地面站是安装有 ArduPilot Mission Planner（version 1.3.58）软件的笔记本电脑，用于制定无人机飞行任务、实时监测和控制无人机的飞行状况和任务执行进度。摄影测绘软件用 Pix4DMapper，用 ArcGIS Pro v2.30 进行数据管理、影像分割、分类和空间统计。

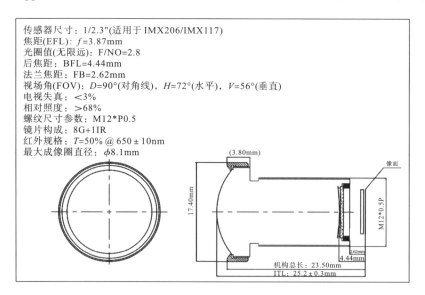

图 7-2　摄像头参数

7.1.4　无人机边坡采样方法

无人机飞行采样非常重要,在采样过程中有诸多因素会影响影像质量,尤其是在地形复杂的边坡采样环境中,这对无人机飞行任务的设计、数据采集质量等都提出了新的挑战。合适的采样方法能极大程度地提高影像分类的精度。因此,首先分析常态无人机遥感的飞行方法——定高飞行的特点,将其运用于边坡环境面临的问题:定高均分间隔采样的坡顶影像航向覆盖率低于坡脚;定高飞行采样的坡脚影像分辨率低于坡顶。基于此,本书尝试引入沿等高线飞行的方法探索在边坡遥感条件下无人机可采用的工作模式。

1. 定高均分间隔采样飞行

一般而言,在平地的植物分类研究中,无人机飞行计划中的航点处于固定高度,这种采样方式称为定高采样。在定高采样的飞行计划中,通常会借助无人机的飞行任务制定软件、设定无人机的飞行速度、摄像机曝光的间隔时间,无人机飞行控制系统在飞行任务中按照固定的时间触发摄像机快门,以此来达到等距离摄像机曝光的效果,此种方法称为定高均分间隔采样。

基于无人机定高飞行的原理和优势,最终确定定高飞行的方案:无人机飞行到设置的 GPS 位点,然后悬停一段时间(本研究中是 1s),在这个时间内触发相机快门,获取影像。同时对间距进行平均分配,即各采样点间的水平距离是一致的,即为定高均分间隔采样方式,如图 7-3 所示,图中坡地的坡度角为 α,h_1、h_2、h_3 为无人机距离地面的铅垂距离,b_1、b_2、b_3 分别对应三条航带在 P_1、P_2、P_3 航点的影像的实际地面画幅。

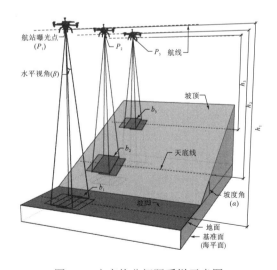

图 7-3　定高均分间隔采样示意图

在设计飞行路线时，充分考虑了无人机姿态稳定性差、不易操纵导致的影像航向重叠和旁向重叠度不规则、影像倾角大且没有规律的局限性[19]，故对常态的无人机定高飞行方案进行局部创新，即增加了悬停动作，悬停的目的是让无人机到达采样位点后稳定姿态，降低飞行过程中的运动模糊，使获取到的影像更加清晰，利于辨别，这样能极大程度地保证采样的图像质量。

虽然悬停能极大程度地保证采样图像的质量，但与之相伴的是对电量的挑战，每个采样点的减速及再加速阶段均需要消耗一定程度的电量，这无疑加重了线路设计的难度，所以只有在前期飞行数次才能最终相对精确地设计采样线路，获得相对清晰的采样图像。

2.边坡条件下定高均分间隔采样的难点

无人机固定高度飞行时通常以某一个高度作为采样平面，设置无人机的飞行速度后，根据图像传感器的视场角及像元尺寸可计算出一个采样间隔时间，以此来完成不同航向覆盖率的飞行计划任务。然而，在边坡飞行中，因地形起伏较大，在坡顶时如果按照同样的采样间隔和飞行速度，那么势必会造成坡顶的采样重叠率达不到要求。同时，坡脚图片与坡顶图片的纹理和清晰度的差异过大，会增加分类模型训练的难度，并且可导致分类的准确度下降。

1)定高均分间隔采样的坡顶影像航向覆盖率低于坡脚

坡顶影像航向覆盖率过低会导致后续在三维重建时产生空洞，甚至无法完成三维重建，以至于无法继续完成后续的正射影像的生成。

(1)原因分析。

可以从图 7-3 和图 7-4 中得出以下信息：当无人机沿固定飞行高度 H 飞行时，对坡度角为 α 的山坡进行采样，其中三条航线到地面的投影为天底线（无人机在地

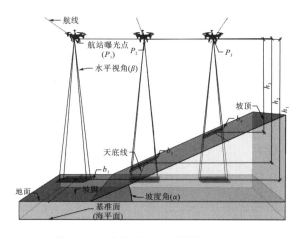

图 7-4　定高均分间隔采样剖面示意图

面上的航迹），所拍摄的照片沿天底线依次重叠排开，因无人机在航线上是等间距采样，假设航向上的采样间距为 c，图中无人机搭载的摄像机的垂直视角为 β，因此采集的影像投影到地面对应的实际宽度为 b。

那么，采样航向覆盖率 p 关于地面高度 h 的公式为

$$\begin{cases} p(h) = 1 - \dfrac{c}{b(h)} & (0 < c < 1) \\ b(h) = 2\tan\left(\dfrac{\beta}{2}\right) \cdot (H - h) & \left(0 \leqslant \beta \leqslant \dfrac{\pi}{2}, H > h\right) \end{cases} \tag{7-1}$$

由式(7-1)得

$$p'(h) = \frac{-c}{2\tan\left(\dfrac{\beta}{2}\right) \cdot (H - h)^2} \quad \left(0 < c < 1, 0 \leqslant \beta \leqslant \frac{\pi}{2}, H > h\right) \tag{7-2}$$

因此 $p'(h) < 0$，故采样航向覆盖率与地面高度 h 呈负相关，这也说明，坡顶影像航向覆盖率低于坡脚，当航向覆盖率低于一般航摄要求时，在三维重建中可能导致空洞。

（2）解决方案。

为了保证无人机在坡顶和坡脚采样航向的覆盖率保持恒定为 p，那么需要建立采样间距 c 与地面高度 h 的公式关系，即

$$c(h) = 2\tan\left(\frac{\beta}{2}\right) \cdot (1 - p) \cdot (H - h) \quad \left(0 \leqslant \beta \leqslant \frac{\pi}{2}, H > h\right) \tag{7-3}$$

根据原来的定高均分采样点的方法，修改为按照式(7-3)随样地地面高度的增加来设置采样间距，因此得到修正后的航点图，航向覆盖率为 90%。

定高飞行采样中，增加了坡顶的航点密度（图 7-5），这样做可保证坡顶和坡脚的航向覆盖率保持一致，同时也能有效避免坡顶影像在三维重建中可能导致的空洞。本研究在此前的三维重建过程中，曾多次发生坡顶影像出现空洞的情况，该方法的运用可有效避免此类情况的重复发生。

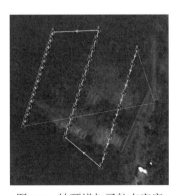

图 7-5　坡顶增加了航点密度

2)定高飞行采样的坡脚影像分辨率低于坡顶

坡脚图片与坡顶图片的纹理和清晰度的差异过大会增加分类模型训练的难度,并且导致分类的准确度下降。下面将分析产生的原因,并且通过修改飞行任务来避免这个问题。

(1)原因分析。

无人机遥感图像采集属于近距离图像采集,因此山坡的起伏会对图像传感器的实际采样尺寸造成影响,并且这种影响是不能忽略的。从式(7-1)可以知道,地面样地的采样宽度 b 与地面高度 h 呈负相关。当地面高度越低时,无人机采集的实际样地尺寸越大,由于图像传感器的像元尺寸是固定的,因此采样图像中的分辨单元将增加,这会导致所合成的正射影像中坡脚部分的图像清晰度和纹理特征下降。

(2)解决方案。

由原来的定高飞行改为沿等高线飞行模式,因设计无人机沿等高线飞行的方式较为复杂,因此在 7.2 节中将专门介绍等高线飞行的原理及方法。

3.沿等高线飞行采样的原理及方法

1)沿等高线飞行采样的原理

沿等高线飞行采样顾名思义就是设计一个飞行计划任务,让无人机的飞行高度随地面高度的变化而变化,而组成这个飞行计划的各个航线中的各个航点分布在相同等高线所在的面上,具体表现为在研究样地的所有等高线上加上一个固定高度(无人机距离地面的固定高度)即为无人机在每条等高线区域的航线高度。此方法的飞行模式如图 7-6 所示。

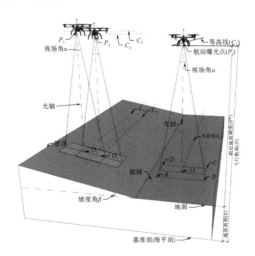

图 7-6 沿等高线飞行采样示意图

图 7-6 中地面高程为 h，坡面的坡度角为 β，无人机在飞行过程中的天底线与相应的等高线共面，航站曝光点 P_1 与摄像机光轴投影到地面的点 O_1 之间的距离 P_1O_1 即无人机相对地面的高度 H'，这个高度是预先设定好的固定值。在图中，由于坡面角度的影响可以看到无人机在 P_2、P_3 航点拍摄的投影区域已经与平地上 P_1 航点拍摄的照片发生了变化，因此需要进行三维重建，然而在三维重建中，需要保证一定的旁向重叠率，研究中将旁向重叠率设定为 60%，为此尝试对沿等高线飞行采样的可行性论证。

2) 沿等高线飞行采样的方法

无人机沿等高线飞行采样的方法是在为无人机规划航线时，将无人机距离地面的高度设定为一个恒定值，这个值是根据实际采样的分辨率、无人机续航能力等需求而设定的，本研究设定为 50m，采集到的影像分辨率高、纹理强，实践证明在后续的分类中也提高了植被分类的分辨率。

飞行任务的具体流程不同于定高均分间隔采样方法，而是在其基础上增加一个飞行架次来快速获取等高线。将沿等高线飞行采样任务的制定方法归纳为如下五个步骤。

(1) 制定定高飞行任务采集影像：在此方法中，使用了前面分析的在坡顶增加航点密度的飞行方式。

(2) 快速生成数字表面模型(DSM)：将采集到的影像现场导入 Pix4DMapper 中，使用低密度点云合成方案，快速完成三维重构图形，并且得到稀疏的 DSM，DSM 是合成等高线的必要数据。

(3) 计算等高距：因为合成等高线的必要参数是等高距，而等高距的计算需要根据坡度、摄像机镜头参数、无人机距离地面的恒定高度计算，7.2 节将重点介绍等高距的计算方法。

(4) 提取等高线：在 ArcGIS 中导入上一步得到的 DSM，并使用等值线提取工具，提取出等高线。

(5) 生成航点：在 ArcGIS 中使用沿线提取点的工具提取出无人机飞行的航点，如图 7-7 所示。

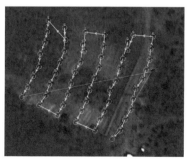

图 7-7　无人机沿等高线飞行的航线

沿等高线飞行执行二次采样：将生成好的坡度、航点数据导入无人机中，并且执行采集任务，图 7-8 是无人机飞行任务中的摄像机 GPS 高程记录日志。

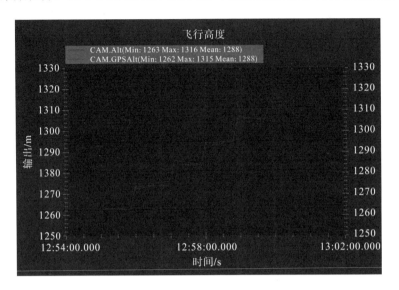

图 7-8　无人机飞行任务中的摄像机 GPS 高程记录日志

无人机沿等高线飞行采样的具体流程大致分成五个步骤：第一步，定高飞行采集整体影像；第二步，使用 Pix4DMapper 软件快速合成点云并生成 DSM；第三步，根据 DSM 数据计算边坡的坡度和坡向并提取等高线，进而使用 ArcGIS 的沿线生成点的工具生成航点；第四步，将航点导入无人机飞行控制系统，进行二次沿等高线飞行采样；第五步，使用 Pix4DMapper 生成高密度点云和正射影像。

3) 结果分析

沿等高线飞行采样方式得到的照片如图 7-9 所示，结果显示采用沿等高线飞行后，无论是自然山地还是人工边坡，图像纹理和分辨率均有显著提升。

 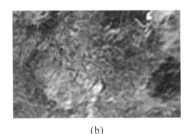

(a)　　　　　　　　　　　　　　　　(b)

(c)　　　　　　　　　　　　　　　　(d)

图 7-9　沿等高线飞行采样方式得到的照片:(a)汶川边坡坡脚沿等高线飞行采样方式得到的
照片;(b)汶川边坡坡脚定高均分间隔飞行采样方式得到的照片;(c)汶川自然山地坡脚沿等高
　线飞行采样方式得到的照片;(d)汶川自然山地坡脚定高均分间隔飞行采样方式得到的照片

7.1.5　无人机边坡遥感的数据处理方法——nDSM 的生成

　　现有无人机植物物种分类的研究基本是在地势平坦、没有明显起伏的地区进行的,且分类对象基本是群落组成单一的草地或乔木,在边坡环境下,无人机遥感数据处理方法是否适用尚未可知。本章梳理了常态 nDSM 的提取方法,并将其置于边坡环境下做了探索并加以运用。

　　1. 常态 nDSM 的提取方法

　　nDSM 是标准化数字表面模型,主要用于描述裸露地球上物体的相对高度,在本研究中,它代表植物高度。植株高度的获取是实现植物物种分类的关键。nDSM 的计算可以通过从密集点云创建的数字表面模型(DSM)中减去数字地形模型(DTM)来得到。DSM 代表独特的地形特征,创建 DTM 的关键步骤是识别地面点和非地面点。

　　21 世纪初,LiDAR 点云数据可用来生成 DTM 数据,DTM 是去掉非地面点的 LiDAR 点云插值后得到的,目前已有很多从原始 LiDAR 点云中去除非地面点得到 DTM 的方法。Raber 等[20]提出过去的 DTM 产生方法存在精度良莠不齐的现象,因此提出一种自适应的算法,将平均绝对值误差提高至 0.1～1.3m;Zhang 等[21]使用一种渐进滤波器去除非地面点,实验结果显示去除的准确率达 97%;Clark 等[22]使用 LiDAR 点云生成 DTM 并与 3000 多个地面控制点生成的 DTM 做对比,发现均方根误差达 0.54m,并对比了反距离插值法和普通克里金插值法在拟合上的表现,发现普通克里金插值法优于反距离插值法;Shan 和 Aparajithan[23]使用线性回归标记城市地面点,精度达 97.3%,以上研究均是在平坦地势进行的。Salleh 等[24]测绘缓坡林地,使用 LiDAR 点云生成 DSM,使用地面控制点生成 DTM,实验结果表明均方根误差达 0.89m。现有研究无论是使用 LiDAR 点云还是使用三维重建生成点云,研究对象基本是平地或是坡度角小于15°的缓坡,对我们的研究有一定的借鉴意义。

2. 边坡环境下 nDSM 的提取方法

研究样地包括自然山地和人工边坡，两者具有典型的山地特征，并且微地形复杂，坡度高陡，人工群落的结构复杂，乔、灌、草分布无规律可循，本书决定放弃通过算法排除地面点的方式，而采用人为手工选择地面点生成 DTM，且考虑到点云是三维重建得到的，在乔木密集的林地地区，三维重建点云相比 LiDAR 点云的地面点会更加稀疏，同样考虑到经过数字微分纠正得到的正射影像可能会有部分拉伸或缺失等问题，所以在乔木密集的地区并未选择地面点。

生成 DSM：DSM 表示真实的地表高程信息，在本研究中，DSM 代表植物真实的海拔高程。使用 Pix4DMapper 中实现的算法创建 DSM，如图 7-10 所示，得到分辨率为 $1 \times GSD$（5.59cm/像元）的 DTM。

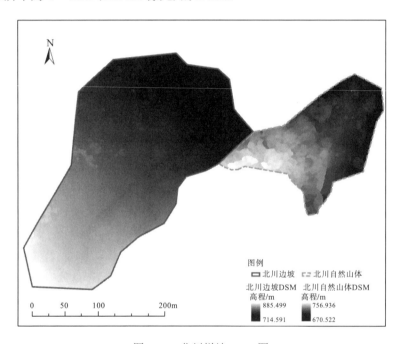

图 7-10   北川样地 DSM 图

生成正射影像：传统的数字正射影像上的植被具有投影差[25]，随着植物高度等的增加，高大植物的顶面会不同程度地偏离其正确位置，偏离程度与摄影中心、摄影高度、偏离方向等因素有关，最终导致植株的偏离方向不同，这可能会遮挡其他植物，造成对植物的漏判或精度降低。而这里的正射影像是将传统正射影像进行垂直视角纠正，采用相邻像素修正的方法，纠正植物影像的投影差，这可以更准确地展现地面上的植物。通过 Pix4DMapper 生成的正射影像如图 7-11 所示。

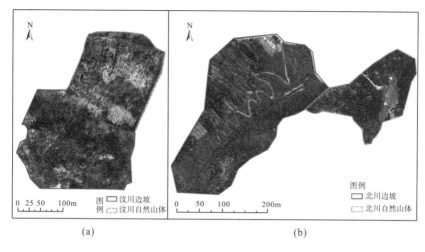

图 7-11　样地的正射影像图：(a)汶川样地；(b)北川样地

获取 DTM：DTM 代表独特的地形特征，它只包含地面高程信息。归一化数字表面模型(nDSM)描述了裸露地球上物体的相对高度，在本研究中代表植物高度。

植株高度的取得是实现在边坡环境下对植物物种分类的关键。nDSM 的计算可以通过从密集点云创建的 DSM 中减去 DTM 来得到。

创建 DTM 的关键步骤是识别地面点和非地面点。因此，本节对比了现有研究中关于获取 DTM 的方法，并且针对本研究样地的特殊性提出了计算方法。

使用反距离插值拟合DTM：考虑到点云是三维重建得到的，三维重建点云相比 LiDAR 点云，在乔木密集的林地地区，其地面点更加稀疏，同样考虑到经过数字微分纠正得到的正射影像可能会有部分拉伸或缺失等问题，因此共选择了1200 多个地面点，如图 7-12(a) 所示。使用反距离插值法[26]进行内插拟合DTM，虽有研究证明克里金系列算法优于反距离插值法，但选择的地面点大部分是某一微地形的极值点，反距离插值法的好处在于其拟合值不会超过输入值的极值，所以此处采用反距离插值法。

DTM 的生成结果如图7-12(c) 所示，DTM 的均方根误差为 0.28m，从图中可以明显看出坡度阶梯性地提升。另外如图 7-12(b) 所示，可以直观地看到在正射影像中植株比较高的区域已经被平滑处理。

得到 nDSM：根据逻辑公式 nDSM=DSM−DTM 可生成 nDSM 影像，nDSM影像的生成结果如图 7-13 所示，从图中可以清晰地看出中间的小道及周边较高的植株分布。

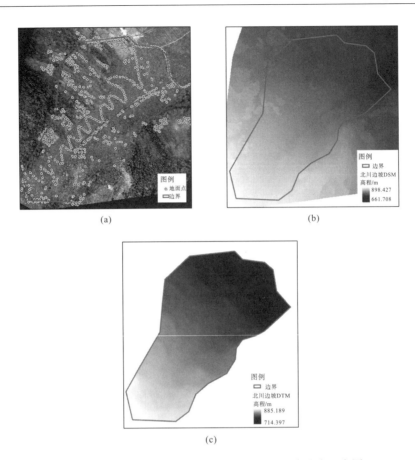

图 7-12　使用反距离差值法拟合 DTM：(a)地面点分布示意图；
(b)DSM 示意图；(c)DTM 示意图

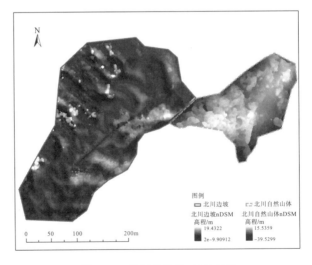

图 7-13　北川样地的 nDSM 图

本章通过对常态 nDSM 提取方法的梳理，发现将其运用于边坡环境存在一定的局限性，针对边坡特性对常态 nDSM 的提取方法做了局部改进，提出采用人工选择地面点的方式拟合得到 DTM，DTM 的均方根误差为 0.28m，同时可以直观看到正射影像中冠层比较高的区域已经被平滑处理，进而得到相对精准的 nDSM。

7.1.6　植物遥感分类

在数据初加工之后可得到相对成形的数据，但具体的分类精度如何尚未可知，这就需要在后续的分类环节进行精度校验，本节将梳理无人机遥感植物分类的一般方法和流程，并基于该方法和流程设立两组独立样地实验，用于评估飞行方法和数据处理对植物分类精度的影响效果。

无人机遥感植物分类是研究的最终目的，本节系统地梳理了常用的植物遥感分类方法，最终确定采用基于监督分类的方式对影像进行像素分类，监督分类方式是指人工划分类别，在分类完成后检查生成的分类数据集，并基于人工经验对分类结果进行校验修正。该方法的优点在于可根据样地特性，自定义植物物种类别，研究的样地具有典型性和复杂性，采用此方法能更有效且精准地进行分类。像素分类是指将各个像素按照其自身特征划分所属的类。该方法不考虑来自相邻像素的任何信息，分析过程中使用该方法将更为纯粹，从而使本研究能更精准地进行植物物种分类。

1. 主要流程

(1)人工分类：将近景照片和地面人工样方调查相结合，分辨出植物样地中的种类与特征，精度检验使用人工分类结果来确定分类结果的准确性。

(2)构建训练样本管理器：根据人工标注的植物种类与特征，分别构建方案管理和生成训练样本库。

方案管理：将人工分辨出的种类添加到 ArcGIS 中，生成方案管理类别。

生成训练样本库：按照方案管理生成的类别，在正射影像中圈出待分类的对象类别，生成样本库。

(3)训练模型：将样本训练管理器基于方案管理类别和样本库生成的 ecd 文件再结合分类方法作用于影像中，得出影像的分类结果。本研究采用随机树的分类方法，即使用随机森林算法进行特征选择和对乔木的物种多样性进行估测。

(4)精度检验：随机生成一定数量的精度评估点，与人工分类集做对比，得出精度评估点分类的准确性，最终生成精度检验结果集。

精度分析：用精度检验结果集生成混淆矩阵。根据计数、用户精度、生产者精度和 F 分数等维度数据分析分类精度，根据卡帕(Kappa)得分评估分类模型的适用性。

2. 样本训练

设定飞行计划，让无人机分别悬停于距离每个地面采样点 30m 的位置进行近景摄影，共拍摄了 21 张地面样方的照片作为训练样本选择的参考，其中北川样地 13 张，汶川样地 8 张。选择训练样本时，首先通过地面调查确定该样方的植物种类，再通过无人机定点采集的影像确认每一种植物的形态，最后在正射影像中手动选择训练样本，最终北川样地的边坡样地所选择的训练样本总数为 187 个，自然样地为 78 个；汶川样地的边坡训练样本总数为 147 个，自然样地的训练样本总数为 143 个，它们的分布情况如表 7-6 所示。图 7-14 为北川样地训练样本的分布示意图。

表 7-6　样本数量

样地位置	类型	采集照片	训练样本数
北川样地	边坡	9	187
	自然山地	4	78
汶川样地	边坡	5	147
	自然山地	3	143

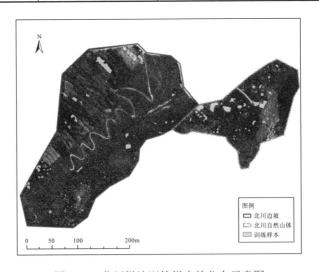

图 7-14　北川样地训练样本的分布示意图

本章从 nDSM 获取和沿等高线飞行两个维度出发分别探讨了其对分类精度的影响。设定汶川样地采用定高飞行模式和沿等高线飞行模式，北川样地采用定高飞行模式并加入 nDSM 数据和不加入 nDSM 数据做分类依据，以这两块样地的最终分类结果来说明 nDSM 和沿等高线飞行对分类结果的影响。

3.精度检验

精度检验使用人工分类结果来确定分类结果的准确性。为确定分类模式的有效性,在识别的李子、马桑等和其他地物上分别在北川样地的人工边坡和北川样地的自然山地选取 595 个、352 个随机样点作为精度检验点,如图 7-15 所示为北川样地精度检验点的分布情况。根据精度检验,生成混淆矩阵列表。

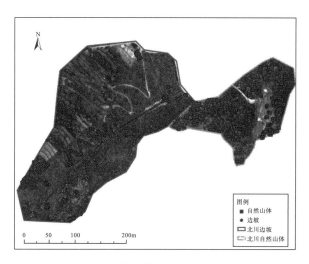

图 7-15 北川样地精度检验点的分布情况

4.分类结果

北川样地和汶川样地使用随机森林分类器进行分类的结果如图 7-16 所示,其中图 7-16(a)是汶川样地沿等高线飞行的分类结果,图 7-16(b)是北川样地定高飞行并加入 nDSM 数据的分类结果。

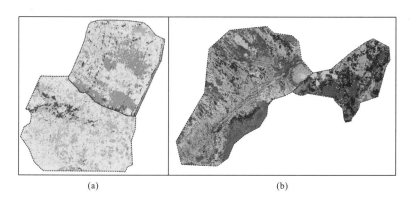

(a)   (b)

图 7-16 分类结果:(a)汶川样地沿等高线飞行的分类结果;
(b)北川样地定高飞行并加入 nDSM 数据的分类结果

1) 北川样地

实验结果将未使用真实株高的数据作为对比：其中边坡样地在使用 nDSM 的情况下，总体精度达 86.6%，Kappa 系数为 83.5%；在未使用株高的情况下，总体精度为 62.4%，Kappa 系数为 54.7%，如表 7-7 所示。自然样地在使用株高的情况下，总体精度达 85.5%，Kappa 系数为 83.6%；未使用株高时总体精度为 70.7%，Kappa 系数为 67.1%，如表 7-8 所示。

表 7-7 北川边坡数据预处理方式的分类结果分析

编号	中文名	拉丁名	nDSM+正射影像		正射影像	
			用户精度	生产者精度	用户精度	生产者精度
1	白茅	*Imperata cylindrica*	75.0%	46.2%	37.5%	11.5%
2	艾	*Artemisia argyi*	75.0%	90.0%	46.7%	70.0%
3	芒	*Miscanthus sinensis*	62.5%	60.0%	23.5%	16.0%
4	苎麻	*Boehmeria nivea*	69.2%	90.0%	61.5%	80.0%
5	川滇高山栎	*Quercus aquifolioides*	71.4%	76.9%	16.7%	15.4%
6	青杨	*Populus cathayana*	96.9%	81.6%	45.7%	55.3%
7	风毛菊	*Saussurea japonica*	66.7%	100.0%	42.1%	80.0%
8	狗尾草	*Setaria viridis*	50.0%	80.0%	38.1%	80.0%
9	野豌豆	*Vicia sepium*	87.5%	70.0%	77.8%	70.0%
10	马桑	*Coriaria nepalensis*	61.5%	80.0%	29.2%	70.0%
11	菝葜	*Smilax china*	90.9%	100.0%	47.1%	80.0%
12	毛茛	*Ranunculus japonicas*	90.0%	90.0%	71.4%	50.0%
13	野棉花	*Anemone vitifolia*	66.7%	60.0%	12.5%	20.0%
14	酢浆草	*Oxalis corniculata*	76.9%	100.0%	53.8%	70.0%
15	柏树	*Platycladus orientalis*	90.6%	100.0%	65.5%	65.5%
16	李子	*Prunus cerasifera*	75.0%	90.0%	38.1%	80.0%
17	银杏	*Ginkgo biloba*	58.8%	100.0%	40.0%	80.0%
18	桂花	*Osmanthus fragrans*	98.8%	97.6%	75.0%	56.5%
19	核桃	*Juglans regia*	90.0%	90.0%	28.6%	20.0%
20	竹叶草	*Oplismenus compositus*	75.0%	90.0%	41.7%	50.0%
21	其他		95.5%	88.7%	89.8%	77.0%
总体精度			86.6%		62.4%	
Kappa 系数			83.5%		54.7%	

表 7-8　北川自然样地数据预处理方式分类结果分析

编号	中文名	拉丁名	nDSM+正射影像		正射影像	
			用户精度	生产者精度	用户精度	生产者精度
1	川滇高山栎	*Quercus aquifolioides*	96.9%	95.5%	90.9%	75.8%
2	箭竹	*Fargesia spathacea*	80.0%	85.7%	60.0%	64.3%
3	黑壳楠	*Lindera megaphylla*	81.8%	90.0%	53.8%	70.0%
4	两型豆	*Amphicarpaea edgeworthii*	85.9%	80.9%	81.4%	70.6%
5	桤木	*Alnus cremastogyne*	100.0%	94.7%	94.1%	84.2%
6	构树	*Broussonetia papyrifera*	75.0%	42.9%	72.7%	38.1%
7	马桑	*Coriaria nepalensis*	100.0%	47.6%	66.7%	47.6%
8	风毛菊	*Saussurea japonica*	94.0%	97.9%	63.1%	85.4%
9	柏树	*Platycladus orientalis*	90.9%	76.9%	44.4%	30.8%
10	桉树	*Eucalyptus robusta*	88.9%	88.9%	33.3%	33.3%
11	小薹草	*Carex parva*	61.5%	88.9%	59.4%	70.4%
12	其他		95.7%	100.0%	91.3%	95.5%
总体精度			85.5%		70.7%	
Kappa 系数			83.6%		67.1%	

精度检验发现，27 种植物的分类精度都有所提升，特别是白茅、芒、川滇高山栎、青杨、毛茛、野棉花、柏树、桂花、核桃、竹叶草、桉树、小薹草，提升幅度明显。

通过统计精度点的混淆矩阵(表 7-9 和表 7-10，其他类似略去)，发现在没有加入 nDSM 的情况下，白茅易与艾、芒、野棉花混淆(有 12%误分为艾、12%误分为芒、24%误分为野棉花)；芒易与马桑、野棉花混淆(28%误分为马桑、16%误分为野棉花)；川滇高山栎易与苎麻、柏树混淆(15%误分为苎麻、38%误分为柏树)；青杨易与桂花混淆(36%误分为桂花)；毛茛易与芒、野豌豆、马桑、酢浆草混淆(都为12.5%)；野棉花易与银杏混淆(30%误分为银杏)；柏树易与川滇高山栎混淆(20%误分为川滇高山栎)；桂花易与青杨混淆(28%误分为青杨)；核桃易与马桑、竹叶草、农田混淆(都为 20%)；竹叶草易与核桃、农田混淆(都为20%)；桉树易与柏树、川滇高山栎混淆(22%误分为柏树、30%误分为川滇高山栎)；小薹草易与马桑、柏树混淆(都为 22%)。

表 7-9　北川边坡样地不含 nDSM 的混淆矩阵

编号	1	2	3	4	5	6	7	8	9	10	11	12	13	14	15	16	17	18	19	20	21	总计
1	3	0	0	0	0	0	0	0	0	0	0	0	0	1	0	0	0	0	0	0	4	8
2	3	7	3	0	0	0	0	0	0	0	0	0	0	0	0	0	0	0	0	0	2	15
3	4	0	4	0	2	1	0	0	0	0	0	1	1	0	0	0	0	3	0	0	1	17
4	0	0	0	8	1	0	0	0	0	0	0	0	0	2	1	0	0	0	0	1	0	13
5	0	0	3	0	2	1	0	0	0	0	0	0	0	0	3	0	0	2	0	0	1	12
6	0	0	0	0	1	21	0	0	0	0	0	0	0	0	0	0	0	24	0	0	0	46
7	1	0	0	0	0	0	8	1	0	0	2	0	0	0	0	0	0	1	0	0	6	19
8	1	0	0	0	0	0	0	8	0	0	0	0	1	0	0	0	0	0	0	0	11	21
9	0	0	0	0	0	0	0	7	1	0	1	0	0	0	0	0	0	0	0	0	0	9
10	1	3	7	0	1	0	0	0	0	7	0	1	0	0	0	2	0	0	2	0	0	24
11	0	0	0	0	0	0	1	0	0	0	8	0	0	0	0	0	0	0	0	0	8	17
12	0	0	0	0	0	1	0	0	0	0	0	5	0	1	0	0	0	0	0	0	0	7
13	6	0	4	0	0	0	0	0	0	0	0	0	2	0	0	0	0	0	0	0	4	16
14	0	0	0	0	0	0	0	2	0	0	0	0	7	2	0	0	0	1	0	0	0	13
15	0	0	0	1	5	0	0	0	0	0	0	0	0	0	19	0	0	2	0	0	2	29
16	3	0	2	0	0	0	0	0	1	0	0	0	0	0	0	8	1	1	0	0	3	21
17	0	1	0	0	0	0	0	0	0	0	0	0	0	3	0	0	0	8	0	0	9	20
18	0	0	0	0	0	14	0	0	0	1	0	0	0	0	0	0	0	48	0	0	1	64
19	0	0	1	0	0	0	0	0	0	0	0	0	0	0	1	0	0	0	2	2	1	7
20	0	0	0	0	0	0	0	0	0	0	0	0	0	0	3	0	0	0	2	5	2	12
21	4	0	1	1	1	1	1	1	0	0	0	0	0	0	0	0	0	5	3	2	184	205
总计	26	10	25	10	13	38	10	10	10	10	10	10	10	10	29	10	10	85	10	10	239	595

表 7-10　北川边坡样地含 nDSM 的混淆矩阵

编号	1	2	3	4	5	6	7	8	9	10	11	12	13	14	15	16	17	18	19	20	21	总计
1	0	0	0	0	0	0	0	0	0	0	0	0	0	0	0	0	0	0	0	0	0	0
2	0	63	0	0	0	0	1	0	1	0	0	0	0	0	0	0	0	0	0	0	0	65
3	0	0	12	0	0	0	0	1	0	0	0	2	0	0	0	0	0	0	0	0	0	15
4	0	1	0	9	0	0	1	0	0	0	0	0	0	0	0	0	0	0	0	0	0	11
5	0	1	0	1	55	0	1	6	0	0	0	0	0	0	0	0	0	0	0	0	0	64
6	0	0	0	0	0	18	0	0	0	0	0	0	0	0	0	0	0	0	0	0	0	18
7	0	0	0	0	2	0	9	0	0	0	0	0	0	0	0	0	0	0	0	0	0	12
8	0	0	0	0	0	0	0	0	10	0	0	0	0	0	0	0	0	0	0	0	0	10

续表

编号	1	2	3	4	5	6	7	8	9	10	11	12	13	14	15	16	17	18	19	20	21	总计
9	0	0	0	0	0	0	0	0	47	3	0	0	0	0	0	0	0	0	0	0	0	50
10	0	0	0	0	0	0	0	0	0	10	0	1	0	0	0	0	0	0	0	0	0	11
11	0	0	0	0	0	0	1	0	0	0	8	0	0	0	0	0	0	0	0	0	0	9
12	0	1	2	0	0	0	8	4	0	0	0	24	0	0	0	0	0	0	0	0	0	39
13	0	0	0	0	0	0	0	0	0	0	0	0	0	0	0	0	0	0	0	0	0	0
14	0	0	0	0	0	1	0	0	0	0	0	0	0	22	0	0	0	0	0	0	0	23
15	0	0	0	0	5	0	0	0	0	0	0	0	0	0	0	0	0	0	0	0	0	5
16	0	0	0	0	0	0	0	0	0	0	0	0	0	0	0	14	0	0	0	0	0	14
17	0	0	0	0	1	0	0	0	0	0	0	0	0	0	0	0	0	0	0	0	0	1
18	0	0	0	0	0	0	0	0	0	0	0	0	0	0	0	0	0	0	0	0	0	0
19	0	0	0	0	5	0	0	0	0	0	0	0	0	0	0	0	0	0	0	0	0	5
20	0	0	0	0	0	0	0	0	0	0	0	0	0	0	0	0	0	0	0	0	0	0
21	0	0	0	0	0	0	0	0	0	0	0	0	0	0	0	0	0	0	0	0	0	0
总计	0	66	14	10	68	19	21	21	48	13	9	27	0	22	0	14	0	0	0	0	0	352

　　白茅、艾、芒为绿白色，野棉花为白色，因为颜色较为接近，所以易混淆，然而白茅、芒的株高高于芒和艾，芒的株高高于白茅，因此在加入 nDSM 后，分类精度有所提升，但因白茅的株高接近芒，白茅中仍然存在 10%的点被误分为芒，芒中有 15%的点被误分为白茅；川滇高山栎、苎麻、小蘘草、马桑为墨绿色，柏树为深绿色，因此易混淆，但柏树的株高明显高于另外四种植物，川滇高山栎、苎麻、马桑又高于小蘘草，因此在加入 nDSM 后精度得到了改善；青杨因株高接近桂花的两倍，所以在加入 nDSM 后，分类精度有所提高，但因株高接近柏树，所以仍有 8%被误分为柏树；毛茛为黄白色，与芒、野豌豆的颜色较为接近，但三者的株高明显不同，因此在加入 nDSM 后，精度得到了显著改善；野棉花的株高低于芒和白茅，与艾接近，但因不排除拟合 DTM 错误的情况，仍有 10%的点被误分为芒、白茅和艾；核桃、竹叶草、农田的颜色为浅绿色，但核桃与另外两者的高度具有明显差异，因此在加入 nDSM 后，精度显著提高，核桃有 10%被误分为桂花，竹叶草有 10%被误分为农田；桉树、柏树、川滇高山栎的颜色接近，但桉树、柏树的株高明显高于川滇高山栎，因此在加入 nDSM 后，桉树的分类精度显著提升，但因桉树、柏树的株高接近，故仍有 23%被误分为柏树。

　　边坡正射影像在生成的过程中因存在坡顶和坡脚图像比例尺变化大、透视变化大的问题，会影响正射影像整体的纹理效果，又因种间间隔小，彼此相互交叉，故导致不同种植物的纹理色彩接近，因此单纯使用可见光三波段正射影像难以进行植物物种分类。加入 nDSM 后，在区分乔、灌、草时，nDSM 样本对模型的解释力更强，在 nDSM 和可见光正射影像的配合下，分类精度得到显著提高。

截取北川边坡的一个小区域，如图 7-17 所示，从图中可以更加直观地看出加入 nDSM 的分类结果与未加入时的分类结果，nDSM 将乔木、灌木和其他地物明显地区别开来，乔木在 nDSM 中呈现亮白色，灌木呈现灰白色，高度较低的地物呈黑色。通过对比两种分类结果图，不难看出加入 nDSM 后分类精度得到了明显的改善，特别是对位于左侧和左下侧的乔木和灌木而言，它们在分类结果中的完整性和准确性都优于未加入 nDSM 的结果，虽然位于左上角的农田在两个分类结果中都存在误分现象，但在加入 nDSM 后，农田被误分为高度与农田相近的竹叶草，且还有正确分类的农田；而未加入 nDSM 的却被误分为颜色和高度都与农田不相近的核桃等植物，出现了明显的错误。由此可见，加入 nDSM 对分类精度和分类结果的完整性都有显著的提升。

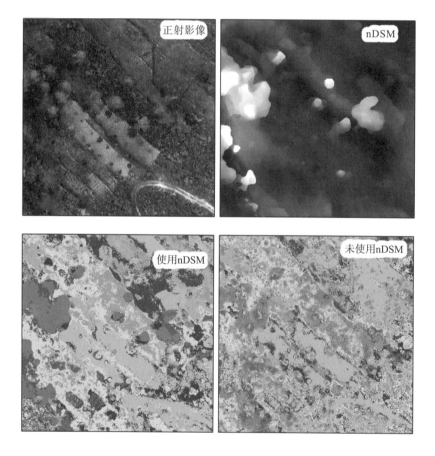

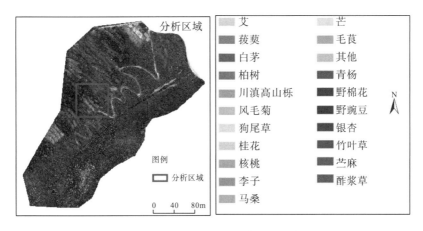

图 7-17　边坡预处理方式局部分类

2)汶川样地

实验结果将未使用真实株高的数据作为对比：其中边坡样地在使用沿等高线飞行方式的情况下，总体精度达 94.9%，Kappa 系数为 93.6%；在未使用株高的情况下，总体精度为 83.9%，Kappa 系数为 80.7%，如表 7-11 所示。自然山地使用沿等高线飞行的情况下，总体精度达 95.5%，Kappa 系数为 94.2%；未使用株高时总体精度为 80.9%，Kappa 系数为 75.5%，如表 7-12 所示。

表 7-11　汶川边坡样地沿等高线采样实验分析结果

编号	中文名	拉丁名	等高线飞行		定高飞行	
			用户精度	生产者精度	用户精度	生产者精度
1	朴树	*Celtis sinensis*	92.8%	96.3%	89.2%	82.5%
2	刺槐	*Robinia pseudoacacia*	96.6%	95.5%	87.8%	80.9%
3	苇状羊茅	*Festuca arundinacea*	76.7%	85.2%	45.7%	77.8%
4	柏树	*Platycladus orientalis*	87.5%	66.7%	50.0%	66.7%
5	高山松	*Pinus densata*	100.0%	96.8%	94.8%	88.7%
6	火棘	*Pyracantha fortuneana*	85.2%	92.0%	80.0%	48.0%
7	其他		99.3%	99.3%	98.3%	96.7%
总体精度			94.9%		83.9%	
Kappa 系数			93.6%		80.7%	

表 7-12　汶川自然山地沿等高线采样对照组实验分析结果

编号	中文名	拉丁名	等高线飞行		定高飞行	
			用户精度	生产者精度	用户精度	生产者精度
1	火棘	*Pyracantha fortuneana*	95.9%	97.2%	93.9%	95.8%
2	小蓝雪花	*Ceratostigma minus*	94.1%	94.6%	81.6%	82.8%
3	苇状羊茅	*Festuca arundinacea*	94.1%	98.5%	66.2%	75.4%
4	白刺花	*Sophora davidii*	100.0%	98.0%	84.8%	76.5%
5	柏树	*Platycladus orientalis*	93.5%	100.0%	68.5%	86.0%
6	其他		97.6%	89.0%	74.3%	57.1%
总体精度			95.5%		80.9%	
Kappa 系数			94.2%		75.5%	

　　截取汶川自然山体中山脚的一个小区域，如图 7-18 所示，从图中可以更加直观地对比沿等高线飞行和定高飞行两种采样方式下的分类结果，如图所示，在沿等高线飞行方式下，影像的纹理质量明显优于定高飞行。通过对比两种分类结果图不难看出，沿等高线飞行方式的分类精度明显得到了提升。

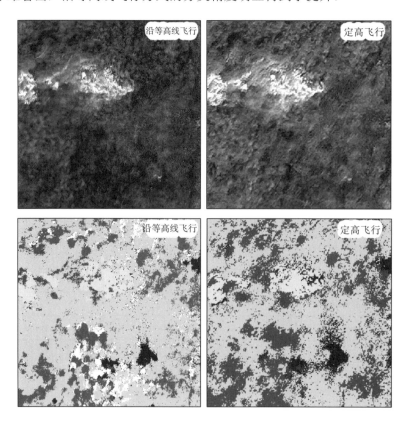

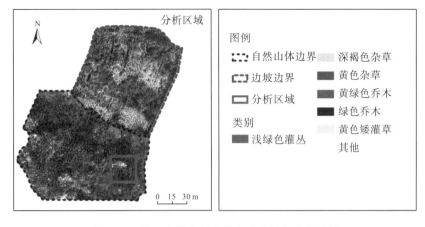

图 7-18　沿等高线飞行采样方式的局部分类结果

7.1.7　小结

实验结果证明，在复杂的边坡环境下，无人机遥感分类同样可以发挥巨大的作用，并且分类精度可以达到种，调查结果能用于估计并分析群落结构、株高、生物量等，能有效扩展生物多样性监测的维度，服务于生物多样性保护或相关政策的制定。未来针对如震后生物多样性受损情况评估、震损边坡生态修复调查评价等环境复杂、人工调查力度和精度无法精准适用的领域，无人机遥感分类或可发挥更好的作用，为地面调查以点概面地提供信息支撑。本节通过上述研究探索得到了一些有益的认识。

（1）在复杂的边坡环境下，无论是植被恢复良好的北川边坡，还是植被恢复有待提升的汶川边坡，无人机遥感分类同样可以发挥巨大作用，并且在种的维度下，分类精度能达到 90%。

（2）采用自组移动遥感飞行系统完成研究的方式是可行的，能有效提升实验器材的扩展性，使得实验器材能有效地为实验目的服务。

（3）沿等高线飞行能有效提升坡脚正射影像的清晰度及纹理，进而提升植物分类的精度，提升幅度约为 12%。

（4）在边坡环境下，加入 nDSM 结合正射影像的分类方法，遥感影像中纹理相似的植物种类也能得到较好的区分，植物物种的分类精度得到明显提升，提升幅度为 15%～20%。采用人工选择地面点的方式拟合得到 DTM，DTM 的均方根误差为 0.28m，进而得到相对精准的 nDSM，有效地提高了分类精度。

（5）ArcGIS 和 Pix4DMapper 的组合是无人机遥感植物分类的有效工具，在地面调查和无人机近景摄影的支持下，植物分类过程中训练样本的选择更加高效和准确。

边坡地形复杂进而影响无人机的飞行方式和数据质量与信息挖掘深度，边坡植物的层次丰富，高低搭配，这使得对植物的分类也具有一定难度，还需进一步结合模式数据库进行深度学习，提高其精度和分辨率。无人机结合地面调查的方法高效快速，单次实验仅花费数小时，其短频快速的方式在后续可运用于小区域范围的应急或高频次遥感调查，如处理突发事件、救援调查等。

7.2 无人机遥感在边坡生态工程设计中的应用研究

边坡生态修复设计可划分为三个部分，即立地条件调查、立地条件分类和植物群落设计与工法配置，其中立地条件是纽带。边坡环境复杂多变，立地条件分类是在立地条件调查后，认识边坡立地条件、把握边坡整体情况的一种手段，也是后续边坡植物群落设计与工法配置的基础。本研究以高陡狮子山的矿山边坡为对象，将无人机、摄影测量技术和面向对象的解译技术导入边坡立地条件认知，形成了边坡无人机立地条件调查方法和基于无人机调查的立地条件的分类方法，为边坡生态修复设计提供了新方法。

7.2.1 边坡无人机立地条件的调查方法

立地条件是指边坡的坡高、坡度、地物分布(岩性、岩石风化程度)等因子，边坡陡峭、微地形丰富、岩性及风化程度不均匀，每个区域的立地条件都可能不一样。不同的植物群落、工法适应不同的立地条件，立地条件决定如何设计群落、配置工法。立地条件调查是获取边坡因子的方法，立地条件分类是认识因子并将边坡划分为不同类型、不同区域的手段。

立地条件的分类依据立地条件调查结果，其中对群落设计和工法配置影响最大的是坡度因子和地物分布。边坡的微地形复杂，人工立地条件的调查工作中所采用的测绘地形高程点的比例尺在 $1:1000$ 左右，在此比例尺下，地形高程点计算的坡度不能代表微地形的真实坡度；因地形复杂，某些区域人难以攀登，因此人工立地条件调查获取的地物分布信息是局部的信息，没有覆盖整个边坡。

人工立地条件调查的不足之处主要是测绘时忽略了微地形，且地物分布信息也较为片面，而无人机摄影测量技术可以获取高密度的高程点数据(点云)，计算的坡度比人工测绘计算的更接近真实的微地形，通过遥感解译技术分类正射影像获取地物分布图，地物分布图是可视化的影像数据，其具有直观的特点，通过人工去除误差，遥感解译结果与真实地物分布可以完全吻合。

高分辨率无人机影像的地物细节丰富，传统的面向像素分类的技术存在多椒盐噪声、无法充分利用地物空间特征等缺点，不适宜用于高分辨率无人机影像。面向对象的解译技术是一种新的遥感解译技术，它可提取地物作为最小单元，充分利用对象地物的形态特征作为分类依据，弥补了传统分类技术的不足。

　　图像分割技术是提取地物的方法，是面向对象解译技术的核心，其分割尺度通常决定了提取地物的质量，目前还没有研究将均值偏移(mean-shift)图像分割技术用于高分辨率的边坡无人机影像，因此分割尺度是其难点。本书通过反复实验，探索出适合于边坡无人机影像的 mean-shift 图像分割尺度。

　　1. 实验样地

　　本实验样地为浙江省舟山市狮子山矿山边坡，狮子山宕口边坡位于定海区白泉镇洪家村，中心地理坐标为东经122°13′35″，北纬30°3′39″，西临东岙底水库，水库环境优美，交通方便，边坡表层残坡积层厚度一般小于1.0m，局部基岩裸露，由于受人工采石的影响，微地貌被破坏，形成了高陡边坡，边坡最大高度达 106m 左右。实验区属亚热带南缘海洋性季风气候区，温暖湿润，四季分明，光照充足，春季降水丰富且历时长，初夏因冷热高压对峙，造成连绵不断的梅雨天气；盛夏受太平洋副热带高压的控制，盛行东南风；秋季过渡时期，天气干燥、冷暖变化大；冬季受副极地大陆气团控制，盛行西北风，以晴冷干燥天气为主。项目的边坡区及其附近山体的规模较大，有一定的汇水面，雨季以坡面流为主，局部有岩体裂隙渗水，地表水不发育。图 7-19 为狮子山人工测绘高程点图，黑色线框为边坡的规划红线，散点为高程点，图中高程点的密度分布较低，约为0.3 个/100m^2，基本符合工程测量规范要求的 1∶1000 比例尺(每隔 30m 测量一个地形高程点)[26]。

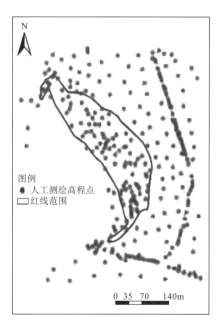

图 7-19　狮子山人工测绘高程点图

2. 飞行路线设计

实验使用 MAVIC PRO 小型 4 轴无人机完成航摄任务。飞行高度、视场角（FOV）、分辨率是直接影响地面采样间隔的因素，根据国家标准的规定[27,28]，工程摄影测量的平均地面采样间隔应达到 0.05m，根据航空摄影测量学的相关知识可得，摄影物距的计算式为

$$D = \frac{GSD \times n}{2 \times \tan\dfrac{FOV}{2}} \tag{7-4}$$

式中，D 为飞行高度；n 为视场角方向的分辨率，n=4000 像素；GSD 为地面采样间隔；FOV 为视场角，MAVIC PRO 的视场角为 78°。因此，只有在距离地面 81m 的飞行距离下才能达到工程摄影测量的要求。

狮子山边坡的平均坡度角大于45°，坡高大于100m，按照公式，需要距离坡中 81m，也就是当距离坡顶小于 31m 时，平均地面采样间隔才能小于 0.05m。由于边坡的坡顶并非边坡所在山体的顶端，顶端高程大约为 223m，高于边坡坡顶 43m，植物的高度在 5m 左右，当飞行高度为 31m 时会发生危险，因此出于安全考虑将飞行高度设置为距离坡顶 50m。

规划航线需注意云台的倾角和航线的重叠度，根据《工程摄影测量规范》（GB 50167—2014)[28]，主航线重叠度(以下简称主重)应达到 80%，旁向重叠度(以下简称旁重)应达到 60%。本研究共规划了两条航线，第一条航线的主重为 90%，旁重为 70%，达到标准，云台垂直向下，机头始终朝向正北，由 10 条航带组成，共拍摄了 75 张照片。考虑到狮子山边坡的坡度高陡，垂直落差较大，为了获取更多的立面纹理，研究规划了一条单航带航线，云台朝向为倾斜向前 45°，机头朝向正北，共拍摄 18 张照片。

3. 无人机影像处理流程

本研究将两次飞行获取的 33 张照片同时进行合成，从 33 张无人机影像中提取出 1744182 个特征点，共有 618288 个特征点成功匹配，平均投影误差为 0.22676 像素，投影坐标 X 轴定位的均方根误差为 0.491773m，Y 轴为 0.590375m，Z 轴为 1.814768m，经过点云加密后共生成 36140716 个高程点，密度为 7619 个/100m²，共生成 6 个瓦片，DSM 和正射影像的平均采样间隔为 0.0565m(约为 1∶50 的比例尺[28])，分辨率为 8192×8192。

地理配准是遥感预处理的步骤之一，其主要目的是通过地面控制点对栅格数据做几何形变，与地理的矢量数据对齐。本研究在狮子山边坡上采集了 10 个地面控制点做地理配准，使用仿射变换、最小二乘法(LSF)拟合、双线性内插获取变换影像[29]。

本研究使用霍恩(Horn)的算法[30]进行坡度计算，Horn 的算法是通过 DSM 算出每一个对应像元的坡度，使用一个 3×3 的卷积模计算中心像元的坡度，卷积模会遍历整个 DSM，计算出每一个位于模中心的像元坡度，如图 7-20 所示。

a	b	c
d	e	f
g	h	i

图 7-20　卷积模示意图

Horn 的算法是 8 方向的坡度算法，首先通过 a、d、g 和 c、f、i 计算 e 像元横向的坡度变化率，再通过 a、b、c 和 g、h、i 计算 e 像元纵向的坡度变化率，最后通过反三角函数计算坡度角。图 7-21 为计算出的坡度角，除大部分坡度角小于 10°的区域(马道平台)外，大部分坡面的坡度角处于 25°～60°，属于陡边坡。

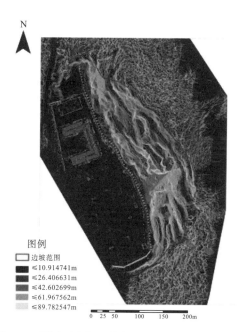

图 7-21　通过无人机测绘的 DSM 计算出的坡度角图

如图 7-22 所示，正射影像有高光，高光会影响对人工训练样本的选择，故需要进行图像增强。图像增强是遥感影像预处理中的常见方法，其目的是改善图像的视觉效果，使遥感影像能满足某些特定要求。为增强人眼对影像的判读能力(训练样本选择、目视解译等)和机器学习的效果(图像分割、解译等)，需将无人机图像进行图像增强。图像增强是适当扩充兴趣区域(主要研究对象)的灰度值范围,并使这些特征能更加容易地进行判读和分辨,图像增强不会使遥感影像中的相关信息因增加或是减少而改变原本的特征。

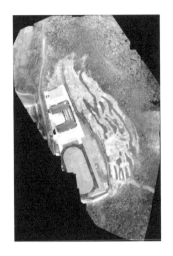

图 7-22　正射影像

图像增强的方法有很多,基本可分为从空间域来增强和从频率域来增强两种方式,常见方法为均值滤波、中值滤波、低通滤波、直方图均衡变换等,以上方法的主要作用是消除噪声影响。无人机是低空摄影测量,不会受大气折射、散射、吸收的影响,基本没有噪声,狮子山边坡无人机影像主要是受强太阳光辐射而导致影像整体泛白,因此使用伽马校正来进行图像增强。伽马校正是一种非线性变换,用于编码和解码亮度或三色值在视频或静止图像系统中的强度。图像的伽马校正是利用人类感知光和颜色的非线性方式,在编码图像或传输图像的带宽时优化比特的使用,人类对亮度的感知在普通的光照条件下(不是漆黑的,也不是耀眼的)遵循一个近似的幂函数,对暗色调之间的相对差异比浅色调之间的相对差异更敏感,这与史蒂文斯的亮度感知幂律一致。如果图像不是伽马编码的,那么它们会分配过多的比特或过多的带宽来突出显示人类无法区分的部分,而分配过少的比特或过少的带宽来隐藏人类敏感的值,因此需要更多的比特或带宽来保持相同的视觉质量。伽马校正的公式为

$$O = A \times I^{\gamma} \tag{7-5}$$

式中,O 为输出灰度值;A 为常数(通常取 1);I 为输入灰度值;γ 为指数。实验发现,当 γ 取 0.4 时,图像最适合人眼判读,如图 7-23 所示。

训练样本也称训练区,是指在遥感影像上人工确定出来的各种地物类型的典型分布区。训练样本的选择直接关系到分类的精度,是监督分类的必要步骤。监督分类又称训练分类法,是指用选定的已知类别的像元去识别其他未知类别像元

的过程，已被确认类别的样本像元是指位于训练区的像元，其类别属性是预先通过对工作区图像的目视解译、实地调查或通过分辨率更高的遥感影像作为判读依据等方法确定的。

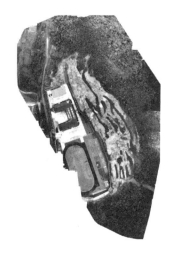

图 7-23　图像增强后的正射影像

　　根据现场调查结果发现无风化、微风化的岩石为凝灰岩，中风化、强风化的岩石为安山玢岩，如图 7-24 所示。以此作为训练样本的选择依据，图像增强后边坡影像部分的岩石仍然存在高光，高光区域只能在机器解译后通过人工重分类去除，因此将地表覆盖物分为 4 类：植物，无风化、微风化岩石，中风化、强风化岩石，高光岩石(因土壤面积较小，分布较集中，颜色与凝灰岩十分相似，因此通过后期目视解译加入凝灰岩)。共选择 80 个训练样本，如图 7-25 所示。

图 7-24　坡面岩性

图 7-25　训练样本

　　面向像元的解译方法主要考虑对象的光谱信息，但很难考虑到对象的形态结构信息，如影像的特征纹理、几何结构及地理语义等[30]。面向对象的解译方法弥补了该问题，面向对象的解译方法简而言之就是将对象的形态特征作为属性赋予像元，增加数据的维度，所以面向对象的解译过程在本质上即如何提取对象、如何选择形态特征。

　　1) mean-shift 图像分割

　　提取对象实质上就是图像分割，研究选择 mean-shift[31]作为图像分割的方法。该法最早由 Fukunaga 和 Hostetler[32]在 1975 年提出，是一种定位概率密度函数的局部极大值的过程。在 mean-shift 中，概率密度的局部极大值是多个分布于样本的点(mode)，因此 mean-shift 可简化为两个步骤，第一步是求概率密度函数，第二步是找寻分布于函数中的局部极大值。

　　对于图像数据而言，求其概率密度函数需要使用非参数的核密度估计(KDE)[31]，首先需要求出起始像元极大值的可能值，这个过程是通过自适应的梯度下降算法实现的，其次求这些可能值的重心，并向重心移动，最后将求得的重心点的值赋给起始像元。

　　在计算每个像元极大值的可能值时，涉及 mean-shift 的第一个分割尺度参数——空间带宽[31]：

$$f(x) = \sum_i K(x - x_i) = \sum_i k \frac{\|x - x_i\|^2}{h_1^2} \tag{7-6}$$

式中，$k = k(x)$ 为核密度函数，或称为 Parzen 窗口；h_1 为空间带宽，是 mean-shift 的分割尺度参数之一。通过每个像元极大值的可能值求重心：

$$y_{j+1} = \frac{\sum_{i=1}^n x_i g \left\| \frac{x - x_i}{h_2} \right\|^2}{\sum_{i=1}^n g \left\| \frac{x - x_i}{h_2} \right\|^2}, \tag{7-7}$$

$$g(x) = \begin{cases} 1 & (x \leqslant 1) \\ 0 & (其他) \end{cases}$$

式中，h_2 为光谱带宽[28]，是 mean-shift 的分割尺度参数之二。计算出重心后，移到该点并继续计算重心，经过反复迭代，当重心不再移动或位移较小时，停止该环节，并将该点的值赋给起始像元，该步骤要遍历图像的每一个像元，最后使用 Flood Fill 算法合并相似区域。

　　根据多次实验，研究发现在空间带宽为 30nm、光谱带宽为 30nm 的分割尺度下得到的图像分割影像最好。下面展示几个不同分割尺度得到的影像，图 7-26 为光谱带宽为 15nm、空间带宽为 15nm 的分割影像，图 7-27 为光谱带宽为 20nm、空间带宽为 20nm 的分割影像，图 7-28 为光谱带宽为 30nm、空间带宽为 30nm 的分割影像，图 7-29 为光谱带宽为 50nm、空间带宽为 50nm 的分割影像。

图 7-26　光谱带宽为 15nm、空间带宽　　　　图 7-27　光谱带宽为 20nm、空间带宽
　　　　为 15nm 的分割影像　　　　　　　　　　　为 20nm 的分割影像

图 7-28 　光谱带宽为 30nm、空间带宽为 30nm 　图 7-29 　光谱带宽为 50nm、空间带宽为 50nm
　　　　　的分割影像 　　　　　　　　　　　　　　　　　的分割影像

光谱带宽、空间带宽分别为 15nm 和 20nm 的影像其细节过于丰富,不利于对象提取,属于过度分割;光谱带宽和空间带宽均为 50nm 的影像高光突出,影像整体泛白,容易混淆;光谱带宽和空间带宽均为 30nm 的影像能准确区分开 4 种分类,利于充分提取对象并使用其形态特征,是最佳的高分辨率边坡无人机影像尺度。

2) 形态特征选择

形态特征是在提取对象后,根据每一类对象计算得出的,形态特征有对象光谱平均值、对象光谱标准差、对象平均数字值及对象长度、垂直度、紧密度等形状参数。这些特征在为解译提供了更多依据的同时也增加了同类地物之间的差异性,因此如果选择了不合适的参数既降低了分类的效率又降低了分类的精度。

考虑到本研究的对象(岩性及自然生长的植物)没有规则的形状,因此研究只选择了对象光谱平均值、对象光谱标准差、对象平均数字值作为形态特征。

3) 随机森林分类器

随机森林是一种用于分类、回归和其他任务的机器学习算法,它属于监督学习,它在训练时构造了大量决策树并输出类,根据任务即输出单个树的分类或均值回归曲线。随机森林解决了决策树对训练集过度拟合的问题,它最早由 Ho 提出[33],随机森林融合了引导聚集算法(又称装袋算法)和随机判别(分叉)的思想,即随机抽取样本生成决策树,决策树的判别节点(分叉)也是抽取随机特征属性生成的。

随机森林有 3 个参数,即生成的最大树数量、每棵树的最大分叉数量、每类样本使用的最大样本数量。在综合考虑训练精度、速度的情况下，选择生成的最大树数量为 50、每棵树的最大分叉数量为 30、每类样本使用的最大样本数量为 1000。

4. 面向对象与面向像素的解译结果对比

为了证明面向对象的解译技术优于面向像素的解译技术，本节研究了直接使用随机森林分类器重新对边坡进行分类，并生成了 500 个精度点均匀分布于影像以验证两次分类的精度。

图 7-30 为面向对象的解译结果，图 7-31 为面向像素的解译结果。如图所示，面向对象的解译结果的椒盐噪声少于面向像素的解译结果。椒盐噪声（椒盐效应）是指游离于图像上，图像分类后随机出现的错误分类。高分辨率影像的地物细节丰富，每类地物的光谱线性不可分，颜色相似，椒盐噪声不可避免，但椒盐噪声少，可减少后期人工重分类的工作量，因此应尽量避免椒盐噪声。

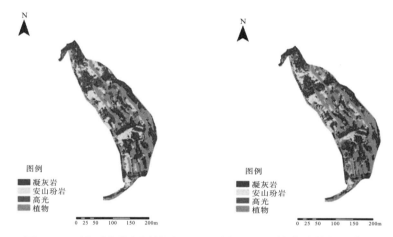

　　图 7-30　面向对象的解译结果　　　　　图 7-31　面向像素的解译结果

检验精度需要计算混淆矩阵（误差矩阵），表 7-13 为面向对象解译的混淆矩阵，表 7-14 为面向像素解译的混淆矩阵。

表 7-13　面向对象解译的混淆矩阵

编号	类	凝灰岩	安山玢岩	高光	植物	总和	用户精度	Kappa 系数
1	凝灰岩	101	1	1	8	111	0.91	0
2	安山玢岩	0	79	0	0	79	1	0
3	高光	1	0	35	0	36	0.97	0
4	植物	0	0	0	274	274	1	0
5	总和	102	80	36	282	500	0	0
6	生产者精度	0.99	0.99	0.97	0.97	0	0.98	0
7	Kappa 系数	0	0	0	0	0	0	0.96

表 7-14　面向像素解译的混淆矩阵

编号	类	凝灰岩	安山玢岩	高光	植物	总和	用户精度	Kappa 系数
1	凝灰岩	102	0	4	14	120	0.85	0
2	安山玢岩	0	78	13	0	91	0.86	0
3	高光	0	2	19	0	21	0.90	0
4	植物	0	0	0	268	268	1	0
5	总和	102	80	36	282	500	0	0
6	生产者精度	1	0.98	0.53	0.95	0	0.93	0
7	Kappa 系数	0	0	0	0	0	0	0.89

其中用户精度是指某一类别的正确分类数占该类样本总数的百分比,生产者精度(制图精度)是指某一类别的正确分类数占参考数据中该类别样本总数的百分比,Kappa 系数是交叉验证的分类总体精度。从此结果可见,面向对象的解译精度优于面向像素的解译精度,证明对于高分辨率的边坡无人机影像,面向对象的解译技术比面向像素的解译技术在抗椒盐噪声、分类精度上更优异。

研究发现,对于飞行高度距坡脚 150m,边坡高度近 100m 的高分辨率边坡无人机影像,在空间带宽 30nm、光谱带宽 30nm 的分割尺度下,mean-shift 能准确提取地物(以岩性为主),且在此分割尺度下,面向对象的分类技术在边坡影像的解译上优于传统分类技术,其抗椒盐噪声和精度(0.96>0.89)都优于传统分类技术。

7.2.2　基于无人机调查的边坡立地条件的分类方法

坡度图和遥感解译结果存在噪声和小区域,还不能直接用于立地条件分类。ArcGIS 重分类像元功能、合并要素类工具集、矢量化工具集可以很好地纠正错分的像元、合并小区域,将坡度图像分类后的结果矢量化和遥感解译结果合并从而完成立地条件分类。

通过对比基于无人机调查的边坡立地条件分类结果和基于人工调查的分类结果,发现基于人工调查的分类不够精细,本节研究讨论了其原因,反之证明基于无人机调查的边坡立地条件分类方法的精确性。

1. 边坡立地条件分类方法

过去的研究虽按因子对边坡进行了分类,但立地条件是一个整体,单因子无法对其分类,因此需要将边坡因子结合在一起。其中坡度、岩性、岩石风化程度,这三个因子对生态修复的影响更大,研究结合这三个因子,将边坡的立地条件分为 11 种类型(表 7-15)。

表 7-15　边坡立地条件分类

岩性	坡度分级	岩石风化程度	边坡立地条件类型
土质边坡	缓中坡	无	土质缓中坡
	陡坡		土质陡坡
土石边坡	缓中坡	无	土石缓中坡
	陡坡		土石陡坡
	急陡坡		土石急陡坡
岩质边坡	缓中坡	未风化、微风化	岩质未风化、微风化缓中坡
		中风化、强风化	岩质中风化、强风化缓中坡
	陡坡	未风化、微风化	岩质未风化、微风化陡坡
		中风化、强风化	岩质中风化、强风化陡坡
	急陡坡	未风化、微风化	岩质未风化、微风化急陡坡
		中风化、强风化	岩质中风化、强风化急陡坡

注：①因坡高对群落、工法的选择影响不大，所以未将坡高纳入分类体系；②缓坡和中坡在实际工程中，能适应的群落类型和工法基本相同，所以分为一类；③在工程实践中人工创面边坡很少会有急陡土质边坡，所以未纳入该类别。

2. 坡度重分类

根据边坡立地条件分类的方法，边坡坡度共可以分为 3 个等级：缓中坡、陡坡和急陡坡，缓中坡为 0°～30°的边坡；陡坡为 30°～60°的边坡；急陡坡为 60°～90°的边坡。随后去除小区域、离散点并矢量化。图 7-32 为矢量化后的坡度重分类图。

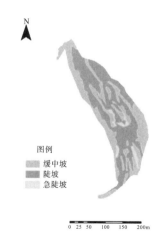

图 7-32　矢量化后的坡度重分类图

3. 解译结果去除误差

遥感解译结果还缺少土壤这一类型的地物，且高光类应该被去除。除此之外分类结果中还存在不少离散的像元、噪声和误分类，故不能直接与坡度图进行合并，需要消除这些离群值。首先通过众数滤波消除大部分离群值，再进行人工重分类并添加土壤这一分类，去除高光类并消除剩余的离群值，最后进行矢量化。众数滤波将卷积模中数量最多的像元值替换为中心像元值，和坡度计算一样，卷积模会遍历整个遥感影像完成滤波。考虑到狮子山正射影像的分辨率较高，选择101×101的卷积模进行众数滤波。图 7-33 为矢量化后的解译结果。

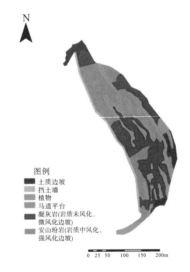

图 7-33　矢量化后的解译结果

4. 合并图像、去除小区域

使用 ArcGIS 的 Union 工具进行合并坡度矢量图和解译结果的矢量图，Union是 ArcGIS 合并要素类工具集之一，两个要素类使用 Union 合并时会处理相交部分，使之单独形成多部件要素，并保存所有的属性字段，使用 Union 可以将两矢量图进行简单合并，并组合为新的分区。合并后的图像存在许多小面积区域，因为每个小区域单独施工会增大工程量和施工难度，因此需要去除面积过小的分区，便于施工和管理。

5. 分类结果及比较

图 7-34 为去除小面积分区的立地条件分类结果。基于无人机调查的立地条件分类将边坡分为 8 个类型，共 34 个斑块。图 7-35 是基于人工调查的狮子山边坡立地条件的分类。根据人工立地条件调查的结果，按立地条件分类的方法将边

坡分为 1 区马道平台；2 区土质缓中坡；3 区岩质未风化、微风化缓中坡；4 区岩
质未风化、微风化陡边坡；5 区岩质中风化、强风化缓中坡；6 区岩质中风化、
强风化陡边坡，共 6 种类型，15 个斑块。通过对比发现，基于人工立地条件调
查的立地条件分类(以下简称人工分类)与基于无人机调查的立地条件分类(以下
简称无人机分类)差别较大，表 7-16 是除 1 区马道平台外，人工分类对应的无人
机分类。

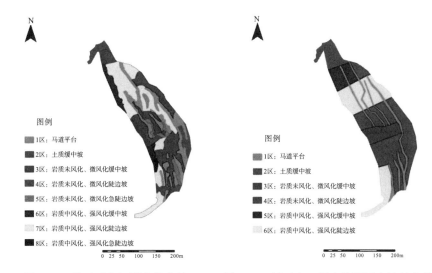

图 7-34　基于无人机调查的立地　　　图 7-35　基于人工调查的狮子山边坡立地
　　　　　条件分类结果　　　　　　　　　　　　　条件分类结果

表 7-16　分类结果对比

区域	人工分类	无人机分类
2	土质缓中坡	土质缓中坡
		岩质未风化、微风化缓中坡
		岩质未风化、微风化陡边坡
3	岩质未风化、微风化缓中坡	岩质未风化、微风化缓中坡
		岩质未风化、微风化陡边坡
		岩质未风化、微风化急陡边坡
		岩质中风化、强风化缓中坡
		岩质中风化、强风化陡边坡
4	岩质未风化、微风化陡边坡	土质缓中坡
		岩质未风化、微风化缓中坡
		岩质未风化、微风化陡边坡
		岩质未风化、微风化急陡边坡

区域	人工分类	无人机分类
4	岩质未风化、微风化陡边坡	岩质中风化、强风化缓中坡
		岩质中风化、强风化陡边坡
		岩质中风化、强风化急陡边坡
5	岩质中风化、强风化缓中坡	岩质中风化、强风化缓中坡
		岩质中风化、强风化陡边坡
6	岩质中风化、强风化陡边坡	岩质未风化、微风化缓中坡
		岩质未风化、微风化陡边坡
		岩质中风化、强风化缓中坡
		岩质中风化、强风化陡边坡
		岩质中风化、强风化急陡边坡

　　造成传统立地条件分类不精细的主要原因是计算的坡度精度不足和地物分布信息较片面。计算的坡度精度不足甚至存在错误的原因是测绘高程点的密度不足，因为高程点密度不够，计算的坡度与边坡的真实坡度存在较大的差距，忽略了微地形的存在。而边坡的微地形丰富，进行立地条件分类的目的原本就是对微地形做划分，以便于布置不同的工法与群落进行复绿。而传统的测绘方式达不到划分微地形的精度，所以需要使用更新的、精度更高的计算取而代之。为了更直观地展现人工立地条件调查的高程点与无人机立地条件调查的高程点在微地形上的表现力，本研究将展现两个高程点经过插值并使用 ArcScene 渲染之后的三维场景。如图 7-36 和图 7-37 所示为无人机测绘的地形图渲染得到的三维场景，图 7-38 和图 7-39 为人工测绘高程点插值得到的地形图经渲染得到的三维场景。图 7-36 和图 7-37 的马道平台突出，坡面的隆起和凹陷明显，微地形的细节丰富；图 7-38 和图 7-39 近似一个平面，并不能凸显出马道平台、隆起或凹陷等微地形。

图 7-36　无人机测绘三维场景 1　　　　　图 7-37　无人机测绘三维场景 2

图 7-38　人工测绘三维场景 1　　　　　　　图 7-39　人工测绘三维场景 2

从以上分析得出，地物分布信息较片面的原因是缺少获取地物分布信息的有效手段，以及能够使信息得以宏观展现的有效手段。人工调查在获取边坡地物分布信息时表现出以下缺点：①耗费大量的人力、物力和时间；②获得的数据具有片面性，以点概面；③某些危险的区域难以攀登，导致数据的缺失。以点概面的现场调查和拍摄的照片不如遥感解译的地物图直观，无法从宏观的角度去把握地物分布信息。

7.2.3　小结

边坡立地条件分类由坡度数据和地物分布信息决定，然而传统的边坡人工立地条件调查获取的坡度数据和坡向数据不能满足立地条件分类的要求。通过研究，本章探索了一种无人机边坡立地条件调查方法，并提出了基于无人机调查的立地条件分类方法。

1. 无人机立地条件调查方法

该方法是将无人机采集的数据用于补充人工立地条件调查数据，补充的内容为测绘高程点和地物分布信息。首先设计无人机飞行路线航测整个边坡，然后使用 Pix4DMapper、无人机影像、外方位元素进行摄影测量，经摄影测量后得到坡面测绘高程点（点云）、边坡的正射影像、边坡的 DSM。在进行地理配准后，使用 Horn 的算法计算 DSM，获得坡度影像，并进行重分类、矢量化，用于后续的立地条件分类。使用遥感解译对正射影像进行分类以获取地物分布信息。

研究使用面向对象的解译技术，将随机森林作为分类器，解译经过图像增强的边坡正射影像，并使用 mean-shift 作为面向对象解译的图像分割方法。随机森林属于监督分类，需要选择训练样本，每一类训练样本对应一类地物，根据现场调查结果并结合正射影像情况将训练样本分为 4 类：植物，无风化、微风化岩石，中风化、强风化岩石，高光岩石，共选择 80 个训练样本。因本研究是首次将面向对象的分类技术应用于亚分米级的高分辨率人工创面边坡遥感影像，在分割尺度的选择上并无先例，因此本章尝试了多种分割尺度，确定了最佳分割尺度。解译结束后对分类结果进行众数滤波、人工重分类去除误差并矢量化。合并坡度矢量图和坡向矢量图并去掉小区域形成立地条件分类结果，具体结果如下。

(1)无人机与低空摄影测量结合的方式实现了对边坡地形的高精度建模，平均地面采样间隔达到 0.0565m(约为 1∶50 比例尺)，高程点密度(7619 个/100m^2)远大于人工测绘(0.3个/100m^2，约为 1∶1000 比例尺)。在此精度下，能精确展现边坡的微地形，弥补了人工测绘高程点的密度低和计算的坡度不能代表微地形真实坡度的缺点。

(2)对于飞行高度距坡脚 150m，边坡高度近 100m 的高分辨率边坡无人机影像，在空间带宽 30nm、光谱带宽 30nm 的分割尺度下，mean-shift 图像分割技术能准确地提取地物(以岩性为主)。

(3)对于高分辨率的无人机边坡影像，面向对象的解译精度(0.96)优于面向像素的解译精度(0.89)，这也在一定程度上克服了椒盐效应，减少了人工重分类的工作量。

2. 基于无人机调查的立地条件分类方法

无人机立地条件调查的结果还不能直接用于立地条件分类，其中存在噪声和小区域，通过 ArcGIS 的重分类像元功能、合并要素类工具集、矢量化工具集纠正错分的像元、合并小区域，将分类后的结果矢量化及合并坡度图像和遥感解译结果作为立地条件分类。将基于无人机调查的立地条件分类结果与基于人工调查的立地条件分类结果做对比，证明了基于无人机调查的立地条件分类方法的精确性。通过对比基于无人机调查的立地条件分类结果和基于人工调查的分类结果，发现基于无人机调查的立地条件分类比基于人工调查的立地条件分类更精细(类型数量为 8 个、斑块数量为 34 个)，多于人工调查的立地条件分类(类型数量为 6 个、斑块数量为 15 个)，证明了无人机立地条件调查法和基于无人机调查的立地条件分类法的精确性，说明 1∶500 比例尺的边坡测绘设计精度、边坡人工现状环境调查确实会导致立地条件分类不精细，而基于无人机调查的边坡立地条件分类法是一种测绘精度高、获取地物分布信息准确且直观的手段，可以成为基于人工调查的立地条件分类的有效替代。

我国是个多山的国家，地质资源丰富，自然灾害频繁，经常遭遇地震灾害或自然滑坡，加之采矿或施工建设等活动也会破坏自然植物，故形成许多裸露的边坡，因此边坡修复成为高频常态需求。边坡生态恢复工程涉及生态调查、生态监测等阶段。传统生态调查以地面调查方法为主，耗时费力，且监测区域较小，结果具有一定的局限性。将其用于边坡场景时，更是面临巨大困难，边坡破坏痕迹重、场地高差大，人工操作难度大，生态调查员或会面临一定危险，不具有强操作性。将无人机遥感调查引入边坡生态调查，能提升调查的可行性和效率，同时降低操作难度和危险系数，这使得长时间、高频次、广范围的边坡生态调查成为可能。传统生态监测重点关注物种或样地水平，调查维度较为粗犷，调查周期漫长，通常一年内至多进行两次调查。而无人机遥感调查不需要匹配相应的基础设施和专业飞行员，对操作员的要求也相对较低，使用成本大幅度降低，加之无人机设备体型小、便携、灵活等特点，可以较好地避开云层的干扰，与地面数据衔接较好，增强了遥感影像资料的时效性，提高了遥感影像分辨率，这使得定制化、个性化、高频次获取精细维度数据成为新可能，也为边坡生态监测注入了新活力。

参 考 文 献

[1] Nevalainen O，Honkavaara E，Tuominen S，et al. Individual tree detection and classification with UAV-based photogrammetric point clouds and hyperspectral imaging[J]. Remote Sensing，2017，9(3)：185.

[2] Tuominen S，Näsi R，Honkavaara E，et al. Tree species recognition in species rich area using UAV-Borne hyperspectral imagery and stereo-photogrammetric point cloud[J]. ISPRS-International Archives of the Photogrammetry，Remote Sensing and Spatial Information Sciences，2017，XLII-3/W3：185-194.

[3] Lu B，He Y H. Species classification using unmanned aerial vehicle (UAV)-acquired high spatial resolution imagery in a heterogeneous grassland[J]. ISPRS Journal of Photogrammetry and Remote Sensing，2017，128：73-85.

[4] Sankey T T，McVay J，Swetnam T L，et al. UAV hyperspectral and lidar data and their fusion for arid and semi-arid land vegetation monitoring[J]. Remote Sensing in Ecology and Conservation，2018，4(1)：20-33.

[5] Bork E W，Su J G. Integrating LIDAR data and multispectral imagery for enhanced classification of rangeland vegetation：A meta analysis[J]. Remote Sensing of Environment，2007，111(1)：11-24.

[6] Feng Q L，Liu J T，Gong J H，et al. UAV remote sensing for urban vegetation mapping using random forest and texture analysis[J]. Remote Sensing，2015，7(1)：1074-1094.

[7] Holmgren J，Persson A，Söderman U. Species identification of individual trees by combining high resolution LiDAR data with multi-spectral images[J]. International Journal of Remote Sensing，2008，29(5)：1537-1552.

[8] Husson E，Reese H，Ecke F. Combining spectral data and a DSM from UAS-images for improved classification of non-submerged aquatic vegetation[J]. Remote Sensing，2017，9(3)：247.

[9] Lisein J，Michez A，Claessens H，et al. Discrimination of deciduous tree species from time series of unmanned aerial system imagery[J]. PLoS One，2015，10(11)：e0141006.

[10] Michez A，Piégay H，Lisein J，et al. Classification of riparian forest species and health condition using multi-temporal and hyperspatial imagery from unmanned aerial system[J]. Environmental Monitoring and Assessment，2016，188(3)：146-146.

[11] Sankey T T，Donager J，McVay J，et al. UAV lidar and hyperspectral fusion for forest monitoring in the southwestern USA[J]. Remote Sensing of Environment，2017，195：30-43.

[12] 孙新博. 无人机视频地理编码系统设计与实现[D]. 北京：中国测绘科学研究院，2017.

[13] 胡健波. 无人机遥感在生态学中的应用进展[J]. 生态学报，2018，38（1）：20-30.

[14] 潘树林，辜彬，杨晓亮. 岩石边坡生态恢复工程质量监理[J]. 宜宾学院学报，2011，11（12）：89-94.

[15] 周京. 大连石灰石矿矿坑边坡生态修复效果评价[D]. 大连：辽宁师范大学，2012.

[16] 杨劭现，潘树林，付诗雨，等. 露天开采矿山植被恢复策略与方法[J]. 宜宾学院学报，2013，13（12）：96-101.

[17] 陈影，张利，董加强，等. 废弃矿山边坡生态修复中植物群落配置设计：以太行山北段为例[J]. 水土保持研究，2014，21（4）：154-157.

[18] 李莹. 基于移动通信网络的无人机远程监测系统的研究[D]. 天津：天津大学，2016.

[19] 王琳. 高精度、高可靠的无人机影像全自动相对定向及模型连接研究[D]. 北京：中国测绘科学研究院，2011.

[20] Raber G T，Jensen J R，Schill S R，et al. Creation of digital terrain models using an adaptive lidar vegetation point removal process[J]. Photogrammetric Engineering and Remote Sensing，2002，68（12）：1307-1314.

[21] Zhang K Q，Chen S C，Whitman D，et al. A progressive morphological filter for removing nonground measurements from airborne LiDAR data[J]. IEEE Transactions on Geoscience and Remote Sensing，2003，41（4）：872-882.

[22] Clark M L，Clark D B，Roberts D A. Small-footprint lidar estimation of sub-canopy elevation and tree height in a tropical rain forest landscape[J]. Remote Sensing of Environment，2004，91（1）：68-89.

[23] Shan J，Aparajithan S. Urban DEM generation from raw LiDAR data[J]. Photogrammetric Engineering & Remote Sensing，2005，71（2）：217-226.

[24] Salleh M R M，Ismail Z，Rahman M Z A. Accuracy assessment of lidar-derived digital terrain model (DTM) with different slope and canopy cover in tropical forest region[J]. ISPRS Annals of the Photogrammetry，Remote Sensing and Spatial Information Sciences，2015，II-2/W2：183-189.

[25] 郭林凯. 利用倾斜摄影进行 TDOM 制作的研究[J]. 测绘通报，2017（2）：79-81，97.

[26] Bartier P M，Keller C P. Multivariate interpolation to incorporate thematic surface data using inverse distance weighting（IDW）[J]. Computers & Geosciences，1996，22（7）：795-799.

[27] 中华人民共和国住房和城乡建设部. 工程测量标准：GB 50026—2020[S]. 北京：中国计划出版社，2021.

[28] 中华人民共和国住房和城乡建设部. 工程摄影测量规范：GB 50167—2014[S]. 北京：中国计划出版社，2015.

[29] 杜培军，夏俊士，薛朝辉，等. 高光谱遥感影像分类研究进展[J]. 遥感学报，2016，20（2）：236-256.

[30] 陈健飞，连莲. 地理信息系统导论[M]. 北京：科学出版社，2003.

[31] Comaniciu D，Meer P. Mean shift：A robust approach toward feature space analysis[J]. IEEE Transactions on Pattern Analysis and Machine Intelligence，2002，24（5）：603-619.

[32] Fukunaga K，Hostetler L. The estimation of the gradient of a density function，with applications in pattern recognition[J]. IEEE Transactions on Information Theory，1975，21（1）：32-40.

[33] Ho T K . Random decision forests[C]//Proceedings of 3rd International Conference on Document Analysis and Recognition，Montreal，Canada，1995.

后　　记

历经 4 年,本书终于可以脱稿。在生态文明建设的新时代,能够把我多年从事边坡生态恢复的研究工作与实践经验总结成集,成为守护绿水青山时代大潮的一朵小小浪花,令我感到无比欣慰,并期望与同行分享。

我本可按计划进行写作,但写作过程中灵感频现而常打断思路,便常停笔思考追究细节,而离题跑偏;又或突发奇想,寻思查询资料,又以点带面涉猎了许多其他资料,反馈回来又觉得笔及之处又可以添加新内容,或增加论述层次又或补充有趣而又典型的案例,或又发现若干有趣且有创意的切入点,又凝练出系列科学问题;又发现创新点了,或可能找到解决关键问题的钥匙而豁然开朗不亦说乎,周而反复,时间流逝,难以收缰,致使著述迟迟不能付梓。写作过程犹如一次全新的研究体验。时而发现种种不足,如可以深入研究某些人工土壤构成与植物配置和演替关系等创新点;又如根据物种配置及工程效果可以设计更好的方案而追溯效果变化等。

边坡工程领域的新知识层出不穷,书稿内容挂一漏万,书中有对新技术、新方法把握不全面、不充分的地方还望同行、专家们海涵。

在写作团队的共同努力下本书得以完成。在此,首先感谢科学出版社黄桥编辑的帮助;感谢吴华、武文娟、喻明红、张浩然、邹蜜、刘尧尧、李林霞、翟浩、唐彬童、韩超等同志对本书编写作出的贡献。感谢浙江省自然资源厅,浙江省舟山市、嘉兴市、湖州市、台州市和杭州市、岱山县、海盐县等市县国土资源管理部门在研究上给予的支持;感谢杭州临安锦大绿产业技术有限公司、日本植生株式会社、フリー工业株式会社、简易吹付法枠协会、ウィングロック协会、太阳工业株式会社、エコスロープ协会、長繊維緑化协会、ライト工业株式会社等单位提供的资料。感谢王奇志、潘树林、朱凯华、许小娟、李杰华、杨晓亮、蔡胜、周顺涛、尹金珠、史翔宇、宋长明、骆翔宇等同志做的工作。

书稿虽已完成,但仍有许多不足之处,敬请业内专家、同行和读者批评指正。作者将结合意见,推进未来的相关研究,充实书稿的内容,以期对边坡生态工程的理论研究和实践有所裨益。

辜　彬

2024 年 10 月 31 日